# Die Wissenschaft des Subjekts

Raphael Beer

# Die Wissenschaft des Subjekts

 Springer VS

Raphael Beer
Münster, Deutschland

ISBN 978-3-658-37293-4          ISBN 978-3-658-37294-1   (eBook)
https://doi.org/10.1007/978-3-658-37294-1

Die Deutsche Nationalbibliothek verzeichnet diese Publikation in der Deutschen Nationalbiblio-
grafie; detaillierte bibliografische Daten sind im Internet über http://dnb.d-nb.de abrufbar.

Planung/Lektorat: Frank Schindler
Springer VS ist ein Imprint der eingetragenen Gesellschaft Springer Fachmedien Wiesbaden GmbH
und ist ein Teil von Springer Nature.
Die Anschrift der Gesellschaft ist: Abraham-Lincoln-Str. 46, 65189 Wiesbaden, Germany

# Inhaltsverzeichnis

# Wissenschaft und Subjekt

Für eine laienhafte Beobachtung stellt sich insbesondere die jüngere Wissenschaftsgeschichte als eine einzige Erfolgsgeschichte dar. Dank der Wissenschaften haben wir ein umfangreiches Wissen über unseren Planeten gewonnen, wir sind immer tiefer in die Geheimnisse unseres eigenen Körpers eingedrungen, wir sind in der Lage über große Distanzen miteinander zu kommunizieren und wir können Menschen in die Umlaufbahn um die Erde bringen. Um die Geschichte der Wissenschaften als Erfolgsmodel zu bewerten, brauchen wir nicht einmal spezielle wissenschaftliche Kenntnisse zu besitzen. Unser Alltag ist voll von nützlichen Dingen, die wir den wissenschaftlichen Erkenntnissen zu verdanken haben. Angefangen vom Kühlschrank und der Waschmaschine, über elektrisches Licht bis hin zum Automobil verfügen wir über Geräte, die es uns ermöglichen, in immer kürzerer Zeit immer mehr Aufgaben zu erledigen. Und nicht nur dies: Einige technische Geräte ermöglichen es uns, Dinge zu erledigen, die wir ohne diese Geräte gar nicht erledigen könnten. Zu denken ist etwa an Flugzeuge oder moderne Kommunikationsmedien, die es uns erlauben zu fliegen oder Informationen in kürzester Zeit rund um den Globus auszutauschen. Wenn wir krank sind, wenden sich die meisten Menschen an wissenschaftlich geschultes Personal, und wir dokumentieren damit ein Vertrauen in die Fähigkeiten der medizinischen Forschung, unseren Gesundheitszustand zu erhalten oder wiederherzustellen. Es verwundert daher nicht, dass in den Schulen und in den Medien immer wieder große Persönlichkeiten der Wissenschaftsgeschichte präsentiert werden, denen es gelungen war, der Natur ihre Rätsel zu entlocken, und die auf diese Weise dazu beigetragen haben, technische oder medizinische Entwicklungen in Gang zu setzen, die den Lebensalltag der Menschen erleichtern oder bereichern. Namen wie Newton, Einstein, Carl Friedrich Benz, Thomas Edison oder Marie Curie sind vielen Menschen zumindest dem Namen nach bekannt, auch wenn das Wissen und

Verständnis ihrer wissenschaftlich-technischen Leistungen vielleicht nicht mehr so verbreitet ist.

Es sind mehrere Aspekte, die den euphorischen Blick auf die Wissenschaften zu trüben vermögen. Ebenfalls noch für eine laienhafte Beobachtung stellen sich inzwischen Fragen nach den ökologischen Grenzen einer scheinbar grenzenlosen technischen Machbarkeit. Der moderne, auf den wissenschaftlichen Erkenntnissen beruhende Lebensstil hat eine Dimension der Energieabhängigkeit angenommen, die mit den Potenzialen unseres Ökosystems nicht kompatibel zu sein scheint. Dies muss freilich das Vertrauen in die Sinnhaftigkeit der Wissenschaft nicht zwingend erschüttern, sofern supponiert wird, mit Hilfe der Wissenschaften lassen sich die ökologischen Probleme überwinden. Würden mittels wissenschaftlicher Forschungen neue, umweltverträgliche Energiequellen erschlossen, oder ließen sich die energieintensiven Geräte energieeffizienter gestalten, wäre dies ein weiterer positiver Beitrag der Wissenschaften für die Erhaltung oder Steigerung der Lebensqualität der Menschen. Etwas anders stellen sich die durchaus auch bemerkbaren negativen Folgewirkungen unseres wissenschaftlich orientierten Lebensstils dar. Wir können zwar viele Krankheiten heilen, die in früheren Zeiten noch tödlich waren. Wir verstehen immer besser die biologischen und chemischen Prozesse in unserer eigenen Natur, zahlen dafür aber möglicherweise den Preis von Krankheiten, die es ohne die Erfolgsgeschichte der Wissenschaften nicht gegeben hätte. Zu denken ist an gesundheitsgefährdende Chemikalien in den Lebensmitteln oder Probleme durch radioaktive Verseuchung in der Umgebung von Atomkraftwerken. Noch dramatischer dürften die negativen Folgewirkungen der Wissenschaften sein, die durch menschliches Handeln bewusst inszeniert werden. Die immer brutaleren Kriege bis hin zum Abwurf der Atombombe haben den Menschen vor Augen geführt, dass wissenschaftliche Erkenntnisse nicht allein eine bereichernde Seite haben. Sie können zu destruktiven und unmenschlichen Zwecken missbraucht werden. Auch dies stellt freilich die Wissenschaften sui generis nicht infrage. Die Erkenntnisgewinnung, für die die Wissenschaften zuständig sind, ist die eine Seite. Die Anwendung der Erkenntnisse ist eine andere Seite, die politisch und moralisch zu entscheiden ist, und dies in demokratischen Gesellschaften durch entsprechende Diskurse (Beer 2020). Es wäre naiv und möglicherweise fatal, die Wissenschaften für etwas zur Verantwortung zu ziehen, was nicht in ihrem Verantwortungsbereich zu lokalisieren ist.

Die möglichen Folge- und Anwendungsprobleme wissenschaftlicher Forschung markieren die Außenansicht der Wissenschaften. Das euphorische Bild der Wissenschaftsgeschichte lässt sich aber auch – und noch viel dramatischer – durch die Innenansicht erschüttern. Es ist keineswegs so, dass die Geschichte der Wissenschaften ein linearer Prozess gewesen wäre, in der ein diskursiver

Stil geherrscht hätte, sodass sich das jeweils bessere Argument oder die besser begründete Erkenntnis herrschaftsfrei durchgesetzt hätte. Luc Bürgin (1997) hat in einer wissenschaftshistorischen Arbeit nachgezeichnet, dass die Wissenschaften immer wieder Fehlurteilen aufsaßen, die sich trotz guter Gegenargumente über längere Zeit als Wahrheit behaupten konnten. Verantwortlich dafür macht Bürgin Herrschaftsverhältnisse innerhalb der Wissenschaftsorganisation, Karrieredenken und mangelnde Bereitschaft oder mangelnde Fähigkeit, neue Erkenntnisse als wissenschaftlich ernst zunehmende Erkenntnisse anzuerkennen, wenn diese tradierten Wissensbeständen widersprechen. Was Bürgin damit beschreibt, trifft freilich nicht den Kern der Wissenschaft als Idee. Bürgin zeigt zunächst nur, dass die Realität der Wissenschaften mit ihrem Anspruch bzw. ihrem Ideal zuweilen (oder auch des Öfteren) nicht deckungsgleich ist. Als Vorwurf formuliert, würde sich dieser an die handelnden Akteure richten, nicht jedoch an die Wissenschaften an sich und schon gar nicht an die Idee der Wissenschaftlichkeit. Bürgin macht indessen en passant auf einen Umstand aufmerksam, der für die weiteren Überlegungen bedeutsam ist. Als Fragen formuliert: Wie können wir sicher sein, dass wissenschaftliche Erkenntnisse tatsächlich wahr in dem Sinne sind, dass sie eine objektive Wirklichkeit beschreiben? Wie lässt sich das Vertrauen in die Wissenschaften begründen?

Dass wir einzelnen Wissenschaftlerinnen oder Wissenschaftlern oder gleich ganzen Forschungsinstituten kein Vertrauen schenken, weil diese sich durch betrügerische Machenschaften ihre Reputation erschlichen haben, und ihre wissenschaftlichen Erkenntnisse dadurch in Misskredit geraten sind, ist Teil der Außenansicht der Wissenschaften. Betrügerisches Handeln ist eine Angelegenheit von Personen und trifft nicht die Sache, um die betrogen wird. Unabhängig von Betrügereien oder intendierten Manipulationen wissen wir aber inzwischen, dass sich wissenschaftliche Wahrheiten im Laufe der Geschichte auf legale und legitime Art und Weise geändert haben. Einige Wahrheiten wurden langsam ausgetauscht, andere sind auf spektakuläre Art und Weise widerlegt worden (für die Physik vgl. dazu Rooney 2016). Vielleicht am Bekanntesten dürften die Ereignisse um die newtonsche Physik sein. Im Laufe des 19. Jahrhunderts war diese unter Druck geraten, weil sich die Planetenlaufbahnen ihren newtonschen Prognosen entzogen. Für den vorliegenden Zusammenhang von Bedeutung ist dabei, dass die newtonsche Physik bis dato als unumstößlich galt. Sie wurde als Wahrheit gehandelt und dennoch sträubten sich die physikalischen Beobachtungen ihrer unproblematischen Einordnung in die physikalische Theorie. Bei dem Zusammenspiel von Beobachtung und Theorie muss freilich nicht zwangsläufig die Theorie irrtümlich sein. Es können Probleme in der Beobachtung auftreten, die etwa durch fehlerhafte Messinstrumente verursacht werden. Im Fall um die newtonsche Physik war dies aber nicht der Grund für die Probleme. Es ging um die Entdeckung, dass die beobachtete Umlaufbahn des Uranus minimal von der prognostizierten Umlaufbahn abwich. Der französische Astronom und Mathematiker Urbain Jean Joseph Le Verrier schloss daraus nun keineswegs, dass Newton falsch gelegen haben musste. Er entschloss sich vielmehr zu einer Vorwärtsbewegung und postulierte einen weiteren Himmelskörper, der die beobachteten Positionen des Uranus erklären können sollte. Seine Hypothese konnte tatsächlich bestätigt werden, als am 18.9.1846 Johann Gottlieb Galle die Existenz des Neptuns nachweisen konnte. Newtons Physik war gerettet. Sie geriet jedoch erneut unter Druck, als sich herausstellte, dass die Umlaufbahn des Merkur ebenfalls und wiederum minimal nicht den Prognosen aus der newtonschen Physik folgte. Leverrier übertrug das Schema seines ersten erfolgreichen Rettungsversuches auch auf dieses Problem und postulierte die Existenz eines weiteren bislang unbekannten Himmelskörpers. Diesmal jedoch ohne Erfolg. Es konnte kein Himmelskörper beobachtet werden, der die Abweichungen von der Prognose erklären konnte. Die newtonsche Physik hatte eine starke Schlagseite bekommen. Es war dann Einstein vorbehalten, mit seiner innovativen Theoriebildung neue Erklärungsmuster anzubieten, und seinerseits zur paradigmatischen Leittheorie insbesondere für die Astrophysik zu werden (vgl. dazu Fritzsch 1996), ohne dass die Physik Newtons in toto falsch oder unbrauchbar geworden wäre. Interessant dabei ist, dass Einsteins Physik mit ihren Konsequenzen der Zeitdilatation, der Raumverkürzung und der Desillusionierung von Gleichzeitigkeitsvorstellungen eine höchst kontraintuitive Physik ist, die bestenfalls noch durch die Quantenphysik mit ihrem Hinweis auf die Auflösung kausaler Verhältnisse auf der Mirkoebene (Röthlein 2002) überboten wird. Festzuhalten ist aber: Der Nimbus der objektiven und unumstößlichen Wahrheit, den die newtonsche Physik einst innehatte, ist deutlich relativiert worden, auch wenn Newton als Begründer der Gravitationstheorie mehr ist als ein Fall einzig für die Geschichtsbücher.

Diese kleine Episode sagt noch nichts über die Möglichkeiten der wissenschaftlichen Wahrheitssuche sui generis aus. Es könnte argumentiert werden, dass diese Episode nur zeigt, dass menschliches Tun fehleranfällig ist. Newton hatte einerseits noch nicht die Mess- und Beobachtungsinstrumente zur Verfügung, die im 19. Jahrhundert und dann im 20. Jahrhundert entwickelt wurden, und andererseits könnte er sich schlicht „verrechnet" haben. Ein solches Argumentieren operiert allerdings mit einem grundsätzlich ungedeckten Check auf die Zukunft. Es setzt voraus, dass es eine objektive Wahrheit gibt, die wir nur noch nicht erkannt haben, weil wir eben fehleranfällig sind und unsere wissenschaftliche Apparatur noch nicht hinreichend entwickelt ist. Um jedoch eine Kluft zwischen dem jeweils aktuellen Wissensstand und der tatsächlichen Wahrheit postulieren zu können, müsste die tatsächliche Wahrheit bekannt sein. Andernfalls ließe sich keine Kluft zwischen aktuellem Wissen und tatsächlich wahrem Wissen postulieren, weil dann die eine Seite der Kluft nicht existieren würde, eine Kluft aber nun mal zwei Seiten voraussetzt. Da uns zukünftige Erkenntnisse aber nicht zur Verfügung stehen, und wir auch nicht evaluieren können, inwiefern diese einer objektiven Wahrheit möglicherweise näher gekommen sind, können wir darüber bestenfalls spekulative Aussagen machen, die aber kaum weiterhelfen. Würde über zukünftige Erkenntnisse „nur" spekuliert, würde bestätigt, dass es ein wissenschaftlich ungedeckter Check ist, mit dem operiert wird, und der höchstens darauf hoffen darf, ausgelöst zu werden. Es macht also wenig Sinn mit dem Modell einer approximativen Wahrheit zu arbeiten. Die Wissenschaftsgeschichte zeugt eher davon, dass Wahrheiten in ihrem Verlauf ausgetauscht, modifiziert oder weiterentwickelt wurden, ohne dass es einen verlässlichen Maßstab dafür gäbe, die jeweils neuen Wahrheiten als bessere Wahrheiten im Sinne einer Approximation an die objektive, endgültige Wahrheit zu begreifen. Wir haben immer nur die Wahrheiten, die wir jeweils aktuell haben.

Für die empirischen Wissenschaften müssen diese Fragen aber nicht von besonderer Bedeutung sein. Es ist ihre Aufgabe, ihren jeweiligen Gegenstand empirisch und theoretisch zu bearbeiten, und dabei zu Erkenntnissen zu kommen, die durch ihre Anwendbarkeit plausibel werden. Geht es darum, einen Maßstab für die Wahrheit von wissenschaftlichen Aussagen zu generieren, wird es zu einer Angelegenheit der Philosophie oder genauer: der Wissenschaftsphilosophie. Diese trägt indessen ihren Teil dazu bei, den euphorischen Blick auf die Wissenschaften zu trüben. Summa summarum zeigen die wissenschaftstheoretischen Debatten in der Tendenz, dass nicht so recht klar ist, wie sich ein Maßstab für die Wahrheit wissenschaftlicher Aussagen valide begründen ließe (vgl. dazu Chalmers 2007; Wiltsche 2013; Römpp 2018). Um es (vorerst) übersichtsartig und kurz zu machen: Die Idee, dass durch eine auf empirische Methoden gestützte Beobachtung mehr oder weniger problemlos Erkenntnisse über die Natur gewonnen werden können, ist keineswegs so selbstverständlich, wie sie sich auf den ersten Blick darstellt. Die Methoden stellen eine Vorentscheidung dar, die die Ergebnisse der Beobachtung präjudizieren. Die Auswahl der Methoden ist nicht unabhängig von den dahinterliegenden theoretischen Entscheidungen, die ihrerseits nicht umstandslos durch die Empirie verifiziert oder falsifiziert werden können. Werden für wissenschaftliche Erkenntnisse logisch-mathematische Operationen zur Anwendung gebracht, muss offen bleiben, ob unsere Logik und unsere Mathematik mit der Natur korrespondieren, ob also die Natur logisch-mathematisch aufgebaut ist, und wir berechtigt sind, logisch-mathematische Aussagen als Aussagen über die Wirklichkeit, wie sie unabhängig vom Denken existiert, aufzufassen. Dies verallgemeinert auf die Sprache, lässt sich nicht hinreichend klären, wie mit sprachlichen Mitteln eine nicht-sprachliche Wirklichkeit abgebildet werden kann, wie wir also mittels der Sprache bzw. mittels allgemeiner Begriffe auf Gegenstände referieren können, und ob die Sprache sich nicht grundsätzlich zwischen uns und die Wirklichkeit schiebt, und uns weniger über die Wirklichkeit als vielmehr über unserer Sprachverhalten informiert?

Weder die Beobachtung noch die sprachlich verfasste Begriffs- und Theoriebildung erlauben einen sicheren Maßstab für die Evaluation der Wahrheit wissenschaftlicher Aussagen. Die Wahrheit wissenschaftlicher Aussagen wird nicht durch die Werkzeuge der empirischen Wissenschaften verbürgt. Dies ist Aufgabe der Wissenschaftsphilosophie, die einen Wahrheitsbegriff anbieten soll, der aber gerade durch die Reflexion auf die Grundlagen der Wissenschaften problematisch wird. Der oberflächliche und laienhafte Blick von Außen auf die Wissenschaften, der inzwischen gelernt hat, dass wissenschaftliche Wahrheiten auf eigentümliche Art und Weise immer wieder revidiert werden, kann durch wissenschaftsphilosophische Befunde eine dramatische Bestätigung erfahren. Es sind nicht Zufälligkeiten, menschliche Fehleranfälligkeit oder herrschaftsinduzierte Verzerrungen der wissenschaftlichen Freiheit, die eine sichere Wahrheitsfunktion der Wissenschaften verhindern. Die Wissenschaften stehen systematisch auf einem unsicheren Grund, wenn von ihnen verlangt wird, die Wirklichkeit an sich zu beschreiben, weil ein entsprechender Wahrheitsbegriff nicht hinreichend zu begründen ist. Die Erfolge der Wissenschaften können da bestenfalls ein schmaler Holzsteg sein, der über diesen Grund hinweg führt und darauf aufmerksam macht: So falsch, wie ein flüchtiger Blick auf die wissenschaftstheoretische Debatte vermuten lassen könnte, können unsere wissenschaftlichen Erkenntnisse nicht sein (vgl. dazu Lauth und Sareiter 2005).

Die Wissenschaftstheorie beschäftigt bzw. bezieht sich vornehmlich auf die Naturwissenschaften. Wird der Fokus auf die Sozialwissenschaften erweitert, addieren sich weitere Probleme, die den Wahrheitsstatus sozialwissenschaftlicher Aussagen gegenüber den Naturwissenschaften nochmals reduzieren, und die immer wieder dazu geführt haben, den Sozialwissenschaften gleich ganz der Status der Wissenschaftlichkeit abzusprechen. Der Unterschied, der den Unterschied macht, ist, dass der Gegenstand der Sozialwissenschaften sinngenerierend ist. Das meint, die naturwissenschaftlichen Kriterien der Prognose- und Widerholungsfähigkeit entfallen. Sozialwissenschaftliche Forschungen lassen sich nicht repetieren, weil sich der Forschungsgegenstand legitimerweise weiter entwickelt hat, also bei einer Repetition in einem anderen Zustand sein kann. Die Sozialwissenschaften stehen vor der Herausforderung, sich als nomologische

Wissenschaften aufzustellen, um den Rang eines an den Naturwissenschaften orientierten Status der Wissenschaftlichkeit zu erhalten, haben es dabei aber mit einem Gegenstand zu tun, der sich nomologischen Beschreibungen immer wieder entzieht. In liberal-demokratischen Gesellschaften sollte allerdings auch die Hoffnung bestehen, dass sich der Gegenstand der Sozialwissenschaften entwickelt und sich nomologischen Beschreibungen entzieht, weil dies die Freiheitsräume manifestiert, die eine liberal-demokratische Gesellschaft zur Verfügung stellen sollte.

Vielleicht sind diese Probleme der Grund dafür, dass die philosophische Wissenschaftstheorie die Sozialwissenschaften tendenziell aus ihrem Fokus ausklammert. Die Herausforderungen, ein Fundament für wahrheitsfähige Aussagen zu finden, sind bei den Sozialwissenschaften schlichtweg größer. Es gibt auch keine Erfolgsgeschichte der Sozialwissenschaften, die sich in nützlichen Anwendungen materialisieren würde. Die offensichtliche Diskrepanz zwischen den funktionierenden Erkenntnissen der Naturwissenschaften und den wissenschaftstheoretischen Desillusionierungen der Wahrheitsfähigkeit naturwissenschaftlicher Aussagen fehlt, weil es keine funktionierenden Erkenntnisse gibt. Es wundert daher nicht, dass insbesondere in den Gründerjahren der Sozialwissenschaften im 19. Jahrhundert von Emile Durkheim (1895/1991) der Versuch unternommen wurde, es den Naturwissenschaften gleichzutun, indem deren Methoden übernommen werden. Und es verwundert ebenso wenig, dass dieser Versuch auf Kritik gestoßen ist (Adorno 1967/1997). Bis heute konnte kein „verbindlicher" Maßstab, keine verbindliche Methode, keine verbindliche Leittheorie für die Sozialwissenschaften formuliert werden. Nichtsdestotrotz sind die Sozialwissenschaften Wissenschaften, die sich vom Prinzip her an die Standards der Naturwissenschaften zumindest anlehnen, und die keineswegs auf irrationalen, metaphysischen Pfaden wandeln. Die Frage jedoch, wann sozialwissenschaftliche Aussagen wahr sind, bleibt ungleich schwerer zu beantworten.

Als wären es der Probleme nicht schon genug, wird die Frage nach dem Wahrheitsstatus wissenschaftlicher Aussagen zusätzlich erodiert, wenn, wie hier beabsichtigt, das Subjekt in die Überlegungen eingeführt wird. Mit dem Begriff des Subjekts soll im weiteren Verlauf das Erkenntnissubjekt gemeint sein, das als Nebenprodukt der klassisch-aufklärerischen Erkenntnistheorie generiert wurde (Beer 2004, 2015). Die aufklärerische Erkenntnistheorie suchte nach den Bedingungen der Möglichkeit für wahre Erkenntnisse und setzte auf die Subjekt-Objekt-Dualität als Ausgangspunkt. Die Frage war, wie das Subjekt zu wahren Erkenntnissen über die Objektseite gelangen kann. Descartes bot dafür einen radikalen Skeptizismus auf, hinter dem das Terrain der Wahrheit liegen musste, und er fand dort sein Cogito, das logisch nicht hintergangen werden kann, ohne den

Skeptizismus selbst auszuhebeln. Das moderne Subjekt war geboren. Es pendelte allerdings im weiteren Verlauf seiner Genese zwischen den paradigmatischen Polen der Philosophiegeschichte hin und her. Wurde es hier gut rationalistisch als denkende Substanz begriffen, galt es dort gut empiristisch als Sinnessubjekt, das seine Erkenntnisse mittels der Wahrnehmung gewinnt. Beide Seiten der erkenntnistheoretischen Debatte konnten gute Argumente anführen, keiner Seite gelang es jedoch befriedigend, die Subjektseite mit der Objektseite zu integrieren. In der rationalistisch-idealistischen Tradition geriet das Subjekt zwar in eine hoheitliche Erkenntnisfunktion, konnte aber die Objektseite nicht mehr erreichen, was Kant mit seinem Hinweis, dass dem Subjekt nur die Phänomena zur Verfügung stehen, nicht aber das „Ding an sich", auf den Punkt bringt. In der empiristisch-materialistischen Tradition steht das Subjekt über seine Sinne zwar im direkten Kontakt mit seiner Umwelt, kann aus dieser aber, wie Hume eindringlich demonstriert hat, entscheidende Begriffe wie Kausalität und Objektpermanenz nicht entnehmen, sodass wissenschaftlich fundierte Aussagen über die Welt problematisch werden. Hier wie dort wird das Subjekt auf unterschiedliche Art und Weise zu einem Störfaktor für das wissenschaftliche Prozessieren, weil es entweder zu viel oder zu wenig Subjektivität in den wissenschaftlichen Erkenntnisprozess einbringt. Vor dem Hintergrund dieser Ausgangslage wirkt es daher als ein berechtigtes Anliegen, die Wissenschaften als ein subjektloses Unternehmen organisieren zu wollen. Wissenschaftliche Erkenntnisse sollen subjektunabhängig sein und sich einzig einer objektiven Wahrheit verpflichten. Wenn das Subjekt mit seinem wie auch immer gearteten Erkenntnisapparat dieses Ideal unerreichbar macht, weil es objektive Erkenntnisse subjektiv verzerrt, sollte es so wenig wie möglich in den wissenschaftlichen Prozess eingreifen.

Trotz dieser Probleme soll es in der vorliegenden Schrift zentral um das Subjekt gehen. Da das Subjekt ein Nebenprodukt der im Weiteren zu thematisierenden erkenntnistheoretischen Frage nach der Bedingung der Möglichkeit wahrer Aussagen ist, soll der Subjektbegriff erst im Durchgang durch die erkenntnis- und wissenschaftstheoretischen Positionen (Kap. 2) entfaltet werden. Einige Pinselstriche sollen jedoch vorweggenommen werden. Mit dem Subjekt wird auf die Erkenntnisinstanz des Menschen verwiesen. Der Subjektbegriff wird hier verstanden als theoretische Abstraktion, die nicht mit einer Existenzaussage verwechselt werden darf. Es geht einzig und allein um den Erkenntnisprozess, in dem notwendigerweise ein Erkennendes angenommen werden muss. Dieses Erkennende ist das Subjekt. Als Produkt der klassisch-aufklärerischen Erkenntnistheorie trägt es freilich auch die Probleme mit sich, die in der Erkenntnistheorie aufgetreten sind. Es laboriert an dem cartesianischen Dualismus, der weder durch die transzendental-idealistische Flucht nach vorne, noch durch die empirisch-materialistische Gegenstrategie überzeugend überbrückt werden konnte. Um dem zu entgehen, muss es als monistische Instanz begriffen werden, die jedoch die differenztheoretischen Hinweise auf eine für die Entwicklung nötige Dualität nicht übersehen darf. Mit dem radikalkonstruktivistischen Paradigma lässt sich dieses Ansinnen einholen. Das Subjekt setzt dann die Dualität von Selbst- und Fremdreferenz in seinem eigenen Hoheitsgebiet und muss auf diese Weise nicht in der Tautologie der Selbstreferenz verharren. Es kann auf die Potenziale einer Entwicklung durch Differenzsetzungen hoffen, ohne seinen Status als logisch nicht-hintergehbare Instanz aufgeben zu müssen. Und dieser Status ist der Grund für die Ausrichtung der weiteren Überlegungen auf das Subjekt.

Es geht nämlich nicht allein darum, das Feld der Wissenschaftstheorie auf der Grundlage eines radikalkonstruktivistischen Subjekts zu bearbeiten. Das übergeordnete Ziel ist die Ausformulierung einer Kritischen Theorie der Gesellschaft auf der Grundlage eines radikalkonstruktivistischen Subjekts. Die klassische Kritische Theorie hatte zwar ihrerseits auf die eine oder andere Weise am Subjektbegriff festgehalten, diesen dann aber durch den Nachweis entfremdeter, autoritärer und bewusstseinsverzerrender Verhältnisse derartig demontiert, dass schlussendlich nicht viel übrig geblieben ist vom Subjekt. Damit fehlte der Kritischen Theorie jedoch der Adressat für eine emanzipatorische politische Praxis. Wenn nun das radikalkonstruktivistische Subjekt als logisch nicht-hintergehbare Instanz konzipiert wird, wird damit zugleich ein Subjekt ausgewiesen, das aufgrund seiner Erkenntnishoheit auch gegenüber gesellschaftlichen Zusammenhängen über ein Emanzipationspotenzial verfügt, das eine Kritische Theorie adressieren kann. Das Verhältnis zwischen Subjekttheorie und Kritischer Theorie ist damit ein interdependentes. Die Subjekttheorie mag als reine Theorie ausformulierbar sein, sie droht aber, ihren analytischen Sinn zu verlieren. Die Kritische Theorie kann hier einspringen und die Sinnhaftigkeit einer Subjekttheorie begründbar machen, weil die Kritische Theorie das Subjekt auf die Gesellschaft ausrichten können muss. Andersherum ist eine Kritische Theorie sinnentleert, wenn sie nicht auf Veränderungspotenziale innerhalb der kritisierten Gesellschaft verweisen kann. Die Subjekttheorie bietet genau das an: Ein Subjekt als Träger eines Emanzipationspotenzials, das die Kritik in eine politische Praxis übersetzen kann.

Um dieses Zusammenspiel von Subjekttheorie und Kritischer Theorie tragfähig machen zu können, muss die Frage geklärt werden, wie sich ein Bezug eines logisch nicht-hintergehbaren Subjekts auf die Gesellschaft denken lässt. Für die Kunst (Beer 2018) und die Politik (Beer 2020) konnte eine solche Bezugnahme bereits beschrieben werden. Mit der „Wissenschaft des Subjekts" soll im Weiteren eruiert werden, inwiefern sich ein gesellschaftlicher Bezug auch im Rahmen einer wissenschaftlichen Einstellung konzipieren lässt. Angelehnt sind diese Überlegungen an die Systemtheorie luhmannscher Provenienz, bzw. an die Theorie der funktionalen Differenzierung (Luhmann 1998, 2002, 2005). Es wird Luhmann zugestanden, mit seiner Differenzierungstheorie moderne Gesellschaften überzeugend auf den Begriff zu bringen. Zudem basiert auch seine Systemtheorie auf konstruktivistischen Annahmen, sodass sich – wenn auch nicht umstandslos – eine lose Theoriekonvergenz bilden lässt, die die Anlehnung an die systemtheoretische Gesellschaftstheorie nahe legt.

Es geht somit im Folgenden nicht primär um die Wissenschaftstheorie, sondern primär um das Subjekt und mit diesem um eine kritische Gesellschaftstheorie. Wenn, wie beabsichtigt, die Wissenschaft als gesellschaftlicher Funktionszusammenhang verstanden wird, muss geklärt werden, welche Funktion der Wissenschaft zukommen kann, und welche Rolle die Wissenschaft dann im Rahmen der Gesellschaft einnehmen kann. Die Hinweise darauf, dass die Wissenschaft möglicherweise aus systematischen Gründen nicht in der Lage ist, wahres Wissen zu generieren, informieren eine soziologische Perspektive auf die Wissenschaft darüber, dass eine Funktionszuschreibung, die der Wissenschaft die Generierung von wahrem Wissen attestiert, möglicherweise ergänzungs- oder korrekturbedürftig ist.

Um keine Missverständnisse zu produzieren, ist vorab eine deutliche Positionierung nötig: Es geht nicht um eine Wissenschaftsskepsis, die das Projekt der Wissenschaftlichkeit in toto negieren können soll. Im Gegenteil teilt eine radikalkonstruktivistisch reformulierte Kritische Theorie mit ihren Vorgängern den eindeutigen Rekurs auf die Sinnhaftigkeit der Wissenschaften. Gesellschaftskritik, die auf eine aufklärerische und emanzipatorische Gesellschaft abzielt, muss sich durch Rekurs auf die Wissenschaften der Validität ihrer Kritik versichern können. Eine Kritik „aus dem Bauch heraus" mag als subjektives Anliegen seine Sinnhaftigkeit haben. Wenn es aber um eine Kritik geht, die intersubjektiv anschlussfähig sein soll, und die sich dem demokratischen Prozedere einer Mehrheitsgewinnung durch das bessere Argument aussetzen können muss, muss die Kritik auf wissenschaftliche Erkenntnisse Bezug nehmen. Andersfalls droht ein Abgleiten ins Irrationale, das mit Termini wie Aufklärung und Emanzipation nicht zur Deckungsgleichheit gebracht werden kann. In diesem Sinne wird es im Folgenden um eine Wissenschaftskritik gehen, die in keiner Art und Weise die Destruktion von Wissenschaft beabsichtigt, sondern lediglich im kantischen Sinne nach der Reichweite und den Möglichkeiten der Wissenschaft fragt.

# Die wissenschaftliche Einstellung – Eine philosophische Spurensuche

2

Es ist üblich, das klassische Projekt der Aufklärung mit René Descartes beginnen zu lassen. Ob dies nun berechtigt ist oder nicht, sei dahingestellt. Da es hier um das Subjekt gehen soll, bietet es sich jedoch an, jener Einordnung zu folgen. René Descartes steht schließlich unbestreitbar Pate für das moderne Subjektmodell, dessen Bahnen im Weiteren verfolgt und ausgebaut werden sollen. Dabei war es ihm gar nicht zentral um das Subjekt gegangen. Seine Fragestellung war vielmehr, wie lässt sich wahres, sicheres Wissen von falschem Wissen differenzieren. Mit dieser Fragestellung qualifiziert er sich zusätzlich als Ausgangspunkt der philosophischen Spurensuche nach der wissenschaftlichen Einstellung, weil er mit seiner Fragestellung danach trachtet, die Grundlagen der Wissenschaften frei zu legen. Für sein Anliegen wählt er allerdings einen eigentümlichen Einstieg. Er eruiert nicht, welche Erkenntnisse sich bestätigen ließen, welche Erkenntnisse allzu deutlich auf irrationalem Grund stehen, oder welche Methode der Erkenntnisgewinnung als erfolgreich gelten könnte. Er beginnt seine Überlegungen mit einer radikalen Skepsis. Er entscheidet sich dazu, alles Wissen in toto radikal infrage zu stellen. Mit anderen Worten: Er geht nicht die Wissensbestände durch und prüft, welches Wissen aus welchem Grund Bestand haben kann, sondern er wendet die skeptische Methode an, um direkt auf die Grundlagen der Erkenntnisgewinnung abzielen zu können. Die Frage ist dann freilich, mit welcher Berechtigung Descartes alles Wissen anzweifeln kann? Wieso sollte sich alles Wissen als möglicherweise falsch herausstellen?

Descartes differenziert zwischen zwei Quellen des Wissens. Die erste Quelle ist das empirische Wissen und die zweite Quelle das logisch-mathematische Wissen. Bei der ersten Quelle war die Durchführung einer radikalen Skepsis nicht sonderlich schwer, war diese doch durch die antiken Skeptiker bereits bestens präpariert (Ricken 1994). Es dürfte als eine weit verbreitete Erfahrung (sic!)

R. Beer, *Die Wissenschaft des Subjekts*,
https://doi.org/10.1007/978-3-658-37294-1_2

gelten, dass unsere Erfahrungen uns zuweilen täuschen. Unsere Sinne garantieren keineswegs durchgängig ein wahres Abbild unserer Umwelt. Das allein wäre allerdings noch kein besonders starkes Argument gegen die Verlässlichkeit unserer Sinne. Wir haben nun mal nur die Sinne, die wir eben haben, und aus pragmatischen Motiven heraus macht es Sinn, sich grundsätzlich auf diese zu verlassen, und zuweilen auftretende Sinnestäuschungen nicht zu sehr in Rechnung zu stellen. Als verlässliche Quelle sicheren Wissens müssen sie jedoch unter Vorbehalt stehen. Descartes gibt sich mit einem Vorbehalt indessen nicht zufrieden. Er radikalisiert seine Skepsis an der Sinneserfahrung mit seinem Traumargument. Für ihn ist es eine ausgemachte Sache, dass „niemals Wachen und Traum nach sicheren Kennzeichen unterschieden werden können" (Descartes 1641/1994: 13). Ob eine Sinneserfahrung nur geträumt wird oder nicht, kann nicht einwandfrei entschieden werden. Es kann vor allem nicht durch die Sinneserfahrung selbst entschieden werden, weil diese zur Disposition steht und ihre Funktionalität sich erst noch erweisen soll. Descartes selbst – wie wohl die meisten Menschen auch – dürfte kaum Schwierigkeiten gehabt haben, zwischen einem Traum- und einem Wachzustand zu unterscheiden. Es stellt sich daher die Frage, was er mit seinem Traumargument bezweckt. Es geht ihm wohl nicht darum, die Sinneserfahrung vollständig zu disqualifizieren. Seine Zielfigur ist ein Fundament für wahres, sicheres Wissen, und ohne Sinneserfahrung gibt es keine Informationen über die Umwelt, über die wahres Wissen gewonnen werden soll. Descartes zeigt aber mit seinem Argument, dass die Sinneserfahrung selbst keinen Maßstab für sicheres Wissen bereitstellen kann. Wir erhalten Informationen aus der bzw. über die Umwelt, können aber mit den Mitteln der Erfahrung nicht evaluieren, ob diese Informationen das Prädikat wahr verdienen, weil sie möglicherweise nur im Traum stattfinden. Die Sinneserfahrung fällt als Quelle sicheren Wissens aus.

Es verbleibt die zweite Quelle, das logisch-mathematische Wissen. Dieses hat den Vorteil, per definitionem jenseits der Erfahrung lokalisiert zu sein, sodass die skeptischen Einwände gegen die Erfahrung nicht greifen. Was sollte auch an dem Satz „1 + 1 = 2" oder dem Satz „In jedem Dreieck ist die Winkelsumme 180 Grad" unwahr werden? Auf den ersten Blick scheint das logisch-mathematische Wissen notwendig wahres Wissen zu sein, und genauso wurde es seit der Antike auch immer wieder behandelt, und nicht selten zum Vorbild für die Philosophie und die Wissenschaften erhoben. Descartes schreckt davor aber nicht zurück und wendet seine Skepsis auch auf das logisch-mathematischen Wissen an. Er unterstellt, es könne einen bösartigen Schöpfergott geben, der uns bezüglich des logisch-mathematischen Wissens täuscht. Es braucht nicht diskutiert zu werden, dass weder Descartes von so einem Schöpfergott ausging, noch das es überhaupt plausibel ist, solchen einen Schöpfergott anzunehmen. Dennoch hat es die Unterstellung in sich. Der Hintergrund ist, dass wahres Wissen immer auch logisch-mathematisches Wissen impliziert. Wenn falsch gerechnet oder gemessen wird, stimmen auch die Ergebnisse nicht. Und so wenig überzeugend die Annahme ist, es gäbe einen bösartigen Schöpfergott, so möglich ist sie auch. Es könnte einen solchen Gott geben, weil seine Annahme widerspruchsfrei denkbar ist. Descartes erreicht mit seiner Skepsis die radikal denkbarste Position. Er hat alles Wissen infrage gestellt und sein Etappenziel erreicht. Der Skeptizismus scheint unwiderlegbar geworden zu sein. Würde es Descartes jetzt gelingen, dem Skeptizismus doch noch wahres Wissen abzutrotzen, würde der Skeptizismus widerlegt sein, und Descartes hätte sein Fundament für wahres Wissen gegen die denkbar stärksten Gegenargumente gefunden.

Er wäre kaum zu einem Klassiker der Philosophiegeschichte aufgestiegen, wäre ihm dies nicht geglückt. Er schlussfolgert, dass es bei allen skeptischen Operationen eine Instanz geben muss, die diese Operationen durchführt. Da ein skeptisches Operieren eine Art des Denkens ist, muss es sich dabei um eine denkende Instanz handeln, die aus dem Prozedere der Skepsis nicht eliminiert werden kann, ohne die Skepsis selbst zu eliminieren. Er hat sein prominentes „cogito ergo sum" gefunden. Anders formuliert: Er hat das moderne Subjektverständnis aus der Taufe gehoben, und Herbert Schnädelbach (2000) schließt das Plädoyer daran an, zumindest nicht vollständig auf die Bewusstseinsphilosophie zugunsten der Sprachphilosophie zu verzichten – ein Plädoyer, das hier dankbar aufgenommen werden soll. Was Descartes da freilich entdeckt hat, ist nicht ohne Anschlussprobleme. Zunächst muss konstatiert werden, dass es sich eben um eine denkende, oder genauer: um eine rein denkende Instanz handelt. Das Cogito ist nicht mehr als sein Name verspricht: Ein reines „Ich denke", das als körperlose Entität verstanden werden muss. Der Körper unterliegt dem Edikt, ein möglicher Gegenstand der Sinneserfahrung zu sein, die als Wissensquelle vorerst suspendiert bleibt. Der Vorteil ist, dass alle Denkinhalte wahr sind, solange sie nicht objektiviert werden. Ich-Aussagen können nicht bezweifelt werden. Bezweifelt werden kann, dass die Aussage mit der Umwelt korrespondiert. Solange das Subjekt in seinem eigenen Hoheitsbereich operiert, erhält es sicheres, wahres Wissen. Descartes wollte nun allerdings nicht ein Subjekt inthronisieren, das über unbezweifelbares Wissen verfügt, sondern er wollte ein Subjekt, das sichere Aussagen über seine Umwelt formulieren kann. Seine skeptische Methode zwingt ihn indessen, einen scharfen Schnitt zwischen seinem Cogito und dessen Umwelt zu machen. Er verfängt sich in den Fallstricken des Dualismus zwischen der res cogitans und der res extensa. Auf der einen Seite der Dualität hat er zwar ein sicheres Fundament gelegt – sein Cogito. Dieses erreicht aber mit

Bordmitteln nicht die andere Seite – die Seite der ausgedehnten Körper. Die Sinneswahrnehmung bleibt diskreditiert, sie kann den Kontakt zwischen den Polen der Dualität nicht herstellen. Ein reines Denken ist von vornherein gar nicht darauf angelegt, einen Kontakt zur Außenwelt herzustellen. Descartes, der zunächst frohlocken durfte, dem Skeptizismus wahres Wissen abgerungen zu haben, steht vor einem Dilemma. Da er schlechterdings hinter sein Cogito zurück kann, ohne wieder dem Skeptizismus gegenüber zu stehen, wählt er die Flucht nach vorne, und lässt Gott den nötigen Kontakt zwischen der res cogitans und der res extensa vermitteln. In verschiedenen Gottesbeweisen bemüht sich Descartes, Gottes Existenz zu begründen, und da Gott nicht nur existiert, sondern auch allmächtig ist, kann er nicht der böse Schöpfergott sein, der das logisch-mathematische Wissen hat problematisch werden lassen. Die Skepsis verliert ihre Berechtigung. Es gibt mit dem Subjekt einen sicheren Ausgangspunkt, und dieses Subjekt kann sich aufgrund der Hilfestellung durch Gott sowohl auf seine Sinne als auch auf seine logisch-mathematischen Operationen verlassen, und es ist daher in der Lage, wahre Aussagen über die Außenwelt zu formulieren.

Sollen solche Aussagen wissenschaftlicher Natur sein, empfiehlt Descartes (1628/1993, 1637/1990) als Methoden vor allem die Intuition und die Deduktion. Ausgegangen werden soll von klaren und distinkten Aussagen, aus denen dann notwendige Deduktionen abgeleitet werden können. Es soll, mit anderen Worten, von sicheren Aussagen auf sichere Aussage geschlossen werden. Ausgeschlossen werden sollen dadurch spekulative Aussage, die auf unsicherem Fundament ruhen. Das Descartes vor allem die Deduktion als Methode anführt, kann angesichts seiner rationalistischen Philosophie kaum verwundern. Er sieht aber auch ein induktives Prozessieren vor, das seine Funktion darin hat, „das, was zu unserem Vorhaben gehört, insgesamt und Stück für Stück in zusammenhängender und nirgends unterbrochener Bewegung des Denkens zu durchmustern, und es in einer hinreichenden und geordneten Aufzählung zusammenzufassen" (Descartes 1628/1993: 41). Induktion scheint Descartes also weniger als ein vom Einzelnen zum Allgemeinen aufsteigendes Schließen zu begreifen, sondern eher als Integration unterschiedlicher Wissensbestände. Das mit diesen Hinweisen kaum die modernen Wissenschaften beschrieben werden, dürfte unstrittig sein. Darum soll es auch nicht gehen. Was sich bereits abzuzeichnen beginnt, ist eine wissenschaftliche Einstellung des Subjekts. Es geht dabei um wahre Aussagen und Descartes ruft sicherlich nicht grundlos dazu auf, von einfachen, intuitiven Sachverhalten oder Aussagen auszugehen. Diese haben einen klaren und distinkten Charakter und es darf vermutet werden, es geht um Sachverhalte oder Aussagen, die intersubjektiv nachvollziehbar und damit transparent sind. Die Wissenschaften sollen sich mit Fragestellungen beschäftigen, die mit den Mitteln des menschlichen

Verstandes auch beantwortet werden können. Und sie müssen dies in einer Art und Weise tun, die intersubjektiv anschlussfähig ist. Politisch übersetzt bedeutet dies: Wissenschaft wird zu einem Projekt gegen unbegründete Herrschaftsansprüche. Wenn wahre Aussagen auf klaren und distinkten Aussagen beruhen, sind sie intersubjektiv versteh- und einsehbar. Es gibt dann keine wissenschaftlichen Aussagen, die als Herrschaftswissen oder als Geheimwissen, aus denen sich Herrschaftsansprüche ableiten ließen, auftreten können.

Das Descartes unter nachmetaphysischen Bedingungen mit seiner Philosophie insgesamt nicht mehr überzeugen kann, schmälert nicht seinen berechtigten Rang eines Klassikers. Problematisch ist inzwischen sein Rückgriff auf Gott, der letztlich die Garantie für Wahrheit übernehmen soll. Moderne Wissenschaften kommen (ganz gut) ohne Gott aus. Was insbesondere für den vorliegenden Kontext von Bedeutung bleibt, ist das cartesianische Cogito inklusive der daraus resultierenden Anschlussprobleme des Dualismus, der, wird Gott aus dem Spiel genommen, seine Radikalität vollständig entfaltet. Wie kommen ein logisch nicht hintergehbares Subjekt und die Außenwelt zusammen? Wie lässt sich reines Denken, das zudem mit den Mitteln der skeptischen Methode freigelegt wurde, mit der Realität in Verbindung setzen? Descartes setzte gut rationalistisch auf das Denken und unter aufklärerischen und emanzipatorischen Gesichtspunkten ist gegen das Denken auch wenig einzuwenden. Das mit dem Denken aber letztlich nur das Denken erreicht wird, und sich daraus noch keine qualifizierten Aussagen über die Außenwelt ableiten lassen, macht es attraktiv, die Seite der Sinnlichkeit bzw. der Erfahrung im Prozess der Erkenntnisgewinnung aufzuwerten.

Die Sinne haben gegenüber dem reinen Denken den Vorteil, dass sie Informationen aus der Umwelt gleichsam direkt zur Verfügung stellen, und damit Aussagen über die Umwelt möglich machen. Zwar hatte Descartes im Rückgriff auf die antiken Skeptiker nochmals darauf hingewiesen, dass die Sinne keine sicheren Informationen anbieten können, war aber letztlich dennoch bemüht, die Sinneswahrnehmung als Informationsquelle zu rehabilitieren. John Locke geht einen anderen Weg. Er lässt seine Erkenntnistheorie mit der Sinneserfahrung anheben, sodass er Gott nicht als intermediäre Instanz benötigt. Er konstatiert zwar, dass Gott den Menschen mit Sinnesorganen ausgerüstet hat, um dem Menschen Erkenntnisfähigkeiten zu verleihen, die er dann aber selbstständig nutzen kann. Diese Erkenntnisfähigkeiten sitzen dem empiristischen Credo auf: Nihil est in intellectu, quod non fuerit in sensu. Alle Erkenntnis muss durch die Pforten der Sinneswahrnehmung. Dem Verstand inhärieren keine angeborenen Ideen, sodass er als tabula rasa startet, und alle Informationen aus der Sinneswahrnehmung generieren muss. Nicht die Skepsis steht hier am Anfang der Überlegungen, sondern das recht optimistische Programm, dass wir uns unserer Sinne doch mehr oder weniger sicher sein können, weil wir keine anderen Sinne haben, und entsprechend gar nicht anders können, als uns unserer Sinne sicher zu sein. Weder so optimistisch noch so klar geht es freilich bei John Locke zu. Sein „Essay concerning human understanding" (Locke 1690/1988) dämpft eher die Erwartungen an die Erkenntnisfähigkeit und ist durchzogen von Unklarheiten (vgl. dazu die Beiträge in Thiel 2008). Da es hier aber nicht um eine Lockeexegese gehen soll, soll über die Unklarheiten salopp hinweggegangen, und die locksche Erkenntnistheorie in geglätteter Form diskutiert werden.

Was der Verstand zur Erkenntnisgenerierung zunächst zur Verfügung hat, sind einfache Ideen, die einen hohen Grad an Sicherheit bieten. Einfache Ideen sind Ideen, die sich dadurch auszeichnen, dass sie eine Singularität bezeichnen. Dies kann etwa das Rot oder die Härte sein. Dies können aber auch Zustände des eigenen Verstandes sein, weil einfache Ideen über zwei mögliche Wege erworben werden. Beziehen sie sich auf äußere Gegenstände, ist es die Sensation, die die einfachen Ideen vermittelt. Beziehen sie sich auf innere Zustände, ist es die Reflection, die die einfachen Ideen vermittelt. Beide Operationen, die Sensation und die Reflection, stellt sich Locke als Sinneswahrnehmung vor. Er verschweigt dabei auch nicht, dass das Subjekt bei diesen Operationen passiv ist. Es erhält seine einfachen Ideen aus der Wahrnehmung, derer sich das Subjekt nicht entziehen kann, sobald es Wahrnehmungen hat. Äußere Gegenstände bestehen nun freilich nicht allein aus einer einfachen Idee. Der Verstand ist daher auf die Zusammensetzung der einfachen Ideen zu komplexen Ideen angewiesen, um Informationen über die Umwelt zu erlangen, die über die Aufzählung basaler Einzelqualitäten hinausgehen. Bei diesen Operationen der Assoziation von einfachen zu komplexen Ideen verbleibt der Verstand dann nicht mehr in seiner sensitiven Passivität. Er muss aktiv werden. Er kann dabei auch fantasievolle Objekte erzeugen, die mit der Außenwelt nicht korrelieren. Entscheidend ist jedoch, dass das Material für die Bildung aus einfachen Ideen besteht, die der Verstand nicht selbst generieren kann. Er ist auf die Sinneswahrnehmung angewiesen, um den Prozess der Erkenntnisgewinnung überhaupt in Gang setzen zu können. Der theoriestrategische Vorteil gegenüber Descartes liegt darin, dass es zunächst keine Skepsis braucht, diese sogar ausgehebelt wird, weil der Verstand zumindest im Fall der einfachen Ideen zu sicherem Wissen gelangen kann.

Das Bild trübt sich freilich in Bezug auf Lockes Differenzierung von primären und sekundären Qualitäten. Unter primären Qualitäten versteht Locke die Ausdehnung, Festigkeit, Größe oder Bewegung, unter den sekundären Qualitäten Farbe oder Geruch. Er unterstellt, dass die primären Qualitäten den Wahrnehmungsgegenständen inhärent sind. Die sekundären Qualitäten sind dies nicht und es muss entsprechend geklärt werden, auf welche Weise es zustande kommt, dass die Gegenstände etwa farbig wahrgenommen werden. Locke verwendet zu diesem Zweck die Korpuskulartheorie, nach der kleine Korpuskeln den Wahrnehmungsprozess zwischen dem Gegenstand und dem Subjekt anleiten. Sie affizieren die Sinnesorgane und provozieren die entsprechende Idee im Verstand. Bei den primären Qualitäten ergibt sich aus diesem Prozess ein Abbild der äußeren Dinge. Der Verstand hat etwa die Idee der Ausdehnung so, wie sie im Objekt vorhanden ist. Die sekundären Qualitäten, die nun nicht dem Objekt inhärieren, leiten sich aus den primären Qualitäten ab. Diese verfügen über eine Kraft, die auf die Sinne der Subjekte eine Wirkung ausübt, die dann die Idee der Farbe oder des Geruchs im Subjekt erzeugt. Problematisch an dieser Beschreibung des Wahrnehmungsprozesses ist nun, dass Locke freimütig einräumt, dass die Korpuskeln, die die Wahrnehmung anregen sollen, sich ihrerseits der Wahrnehmung entziehen. Das bedeutet: Der Wahrnehmungsprozess ist mittels der Wahrnehmung selbst nicht aufklärbar, die Wahrnehmung kann sich selbst nicht wahrnehmen. Damit gerinnt das theoretische Fundament der Sinneswahrnehmung zu einer spekulativen Idee, die nicht den Status eines gesicherten Wissens einnehmen kann. Ausgerechnet die Erkenntnis, dass alle Erkenntnis in der Wahrnehmung residiert, kann selbst nicht erkannt werden. Das empiristische Credo „Nihil est in intellectu, quod non fuerit in sensu" entpuppt sich als ein mit den Methoden des Empirismus nicht begründbares Axiom. Das hebelt freilich das empiristische Paradigma noch keineswegs aus. Schließlich trifft Locke mit seinem Ansatz die intuitive Erfahrung, dass die Subjekte ihre Umweltinformation tatsächlich aus der Sinneswahrnehmung gewinnen. Darüber hinaus kann Locke für sich verbuchen, einen gewichtigen Schritt auf dem Weg der Metaphysikkritik getan zu haben. Wenn sich Erkenntnis an der Sinneswahrnehmung orientieren muss, und diese Sinneswahrnehmung potenziell allen Subjekten gleichermaßen zur Verfügung steht, gibt es keinen Grund für die Annahme spekulativer Aussagen, und damit keinen Grund für die Annahme solcher Aussagen, die eine höhere Wahrheit für sich reklamieren, die jedoch einer möglichen Sinneswahrnehmung entzogen sind. Locke kommt zweifelsohne der Verdienst zu, den politischen Liberalismus und mit ihm das Projekt der Herrschaftskritik (Locke 1690/1992) begründet zu haben. Seine Erkenntnistheorie steht damit in einem engen Zusammenhang. Wenn sich politische Urteile auf die Sinneserfahrung beziehen lassen müssen, sind alle Subjekte gleichermaßen befähigt am politischen Prozedere zu partizipieren. Es gibt dann keinen Grund, Subjekte mit dem Verweis auf mangelnde Fähigkeiten zu exkludieren.

Um zu wahren Aussagen zu gelangen, stützt sich Locke allerdings nicht nur auf die Sinneserfahrung. Wahre Aussagen bestehen für ihn in der Übereinstimmung bzw. Nichtübereinstimmung von Ideen. Rot ist Rot und ein Viereck ist kein Dreieck. Für Locke sind solche Aussagen intuitiv einsichtig und entsprechend kommt ihnen ein Wahrheitswert zu. Nun würde der Kreis möglicher Erkenntnis äußerst eingeschränkt sein, würde das Subjekt nur solche Aussagen treffen können. Locke operiert daher mit vermittelnden Ideen, die eine Übereinstimmung oder Nichtübereinstimmung zwischen zwei Ideen verbürgen können sollen. Der Wahrheitswert daraus resultierender Aussagen sinkt dann allerdings, er wird zur Wahrscheinlichkeit. Gleiches gilt nach Locke für die Ableitung, die er in Anlehnung an die Mathematik als Methode der Erkenntnisgewinnung akzeptiert, und für die die Vernunft gebraucht wird. Dabei bleibt zu beachten, dass nicht von Axiomen oder Prinzipien ausgegangen werden darf, sondern nur von Ideen, die durch eine intuitive Erkenntnis gewonnen werden. Locke sieht nun gleichsam soziologische Probleme, wenn er konstatiert, dass die Fähigkeit zum Vernunftgebrauch nicht allen Subjekten gleichermaßen zur Verfügung steht. Zum einen sind es Autoritätsglaube oder schlicht die Verweigerung des Vernunftgebrauches, die die Subjekte falsch urteilen lassen. Locke führt aber auch die Berufsarbeit an, die einen Großteil der Subjekte systematisch davon abhält, ihre Vernunft zu entwickeln und zu gebrauchen. Wenn also die Subjekte gleichermaßen zur intuitiven Erkenntnis befähigt sind, sind sie es nicht in Bezug auf ein ableitendes bzw. schließendes Urteilen. Ein Umstand, der möglicherweise erklärt (nicht entschuldigt), warum der frühe Liberalismus die Gewährung der Bürgerrechte nur für vermögende und selbstständig arbeitende Subjekte vorgesehen hatte, weil er dieser Personengruppe eo ipso auch die Bildung der Vernunft und damit richtige Urteile zutraute.

Nicht nur in Bezug auf die empirische Verteilung der Fähigkeiten des Vernunftgebrauches, auch in Bezug auf die Erkenntnisfähigkeit der Subjekte allgemein ist Locke durchaus pessimistisch. Die Subjekte können etwa die Wesenhaftigkeit der Dinge nicht erkennen. Es bleibt der Wahrnehmung verschlossen, welche Kraft die notwendige und vor allem persistierende Assoziation der einfachen Ideen in einem Gegenstand bewirkt. Die Wahrnehmung kann nur im Fall der einfachen Ideen sichere Erkenntnis erlangen. Wenn nun eine einfache Idee an einem Gegenstand wahrgenommen wird, bedeutet dies nicht notwendig, dass diese Idee an allen gleichartigen Gegenständen vorkommen muss. Das Subjekt kann zwar zu der komplexen Idee eines Gegenstandes eine weitere Eigenschaft hinzufügen, es erreicht damit aber nicht die reale Wesenheit des Gegenstandes. „Denn wenn der Versuch ergeben hat", so Locke (1690/1988 Bd. 2: 330), „dass jedes einzelne Stück dehnbar ist, so bildet von nun an vielleicht auch das einen Teil meiner komplexen Idee, einen Teil meiner nominalen Wesenheit des Goldes. Obgleich ich damit erreiche, dass sich meine komplexe Idee, der ich den Namen Gold beilege, aus mehr einfachen Ideen zusammensetzt als vorher, schließt sie dennoch nicht die reale Wesenheit irgendeiner Art von Körpern in sich." Die Hoffnung, mittels der Fundierung der Erkenntnis in der Sinneswahrnehmung einen Boden für sichere Erkenntnis zu gewinnen, stellt sich als trügerisch heraus. Die Sinneswahrnehmung kann uns über das Wesen der Dinge keine gesicherten Informationen liefern.

Ist dann die Sinneswahrnehmung überhaupt ein Garant für sicheres Wissen? Locke selbst wirft die Frage auf, wie sich eine mit der Umwelt korrespondierende Wahrheit von Aussagen behaupten lässt, wenn wahre Aussagen einzig in der Übereinstimmung bzw. Nichtübereinstimmung von Ideen bestehen. Ideen sind eine verstandesinterne Angelegenheit und Locke manövriert sich mit seiner Bestimmung des Wahrheitswertes in eine deutliche Nähe zum Rationalismus eines Descartes, genauer: er manövriert sich in eine Position, in der Wahrheit als reines Denken ausgewiesen wird. Für die intuitive Erkenntnis, also die Erkenntnis der Übereinstimmung bzw. Nichtübereinstimmung der Ideen, kann Locke diese Position auch zugeschrieben werden. Gleiches gilt für die schlussfolgernde oder demonstrative Erkenntnis, die sich von der intuitiven nur dadurch unterscheidet, dass ihr Grad der Sicherheit geringer ist. Es bleibt bei diesen Erkenntnisarten jedoch offen, inwieweit sie ein Adäquatioverhältnis zwischen Denken und Wirklichkeit ermöglichen. Locke räumt freimütig ein, dass es „eine nicht geringe Schwierigkeit" (Ebd.: 219) bereitet, diese Frage zu klären. Er ist sich jedoch gewiss, dass die einfachen Ideen aus der Umwelt kommen müssen, weil sie nirgendwo anders herkommen können. Der Verstand kann keine einzige einfache Idee aus sich heraus generieren, sodass nur ein Affizieren durch ein außersubjektives Objekt als Verursachung der einfachen Ideen infrage kommen kann. Die Erkenntnis, die auf diese Weise erreicht wird, nennt er daher konsequenterweise sensitive Erkenntnis.

Zumindest für die einfachen Ideen garantieren die Sinne somit ein sicheres Wissen über die Umwelt. Bei genauerer Betrachtung ist dies jedoch ein ernüchterndes Ergebnis, weil damit gesagt wird, dass das sichere Wissen im Umfang kleiner ist als die Ideen. Dies deshalb, weil das Wissen über komplexe Ideen eben kein sicheres Wissen ist, das Wesen der Dinge sich der Erkenntnis entzieht. Was die Erkenntnisfähigkeit des Subjekts betrifft, kommt der Empirist Locke nicht sehr viel weiter als der Rationalist Descartes. Der eine betont zwar deutlicher die Sinneswahrnehmung, der andere deutlicher den Vernunftgebrauch, im Resultat liegen sie aber nicht weit auseinander. Beide können nicht eindeutig klären, wie das Wissen über die Wirklichkeit als sicheres Wissen möglich ist. Descartes verheddert sich im Gestrüpp des Dualismus und Locke muss die Erkenntnisfähigkeit der Sinne soweit eingrenzen, dass nur ein kleiner, wenig aussagekräftiger Umfang an sicheren Aussagen möglich wird. Werden daraus Hinweise auf eine wissenschaftliche Einstellung des Subjekts abgelesen, bedeutet dies, wissenschaftliche

Erkenntnisse müssen sich an einen beschränkten Rahmen halten. Dies ist indessen nicht als Nachteil zu verstehen. Im Gegenteil: Was Descartes und insbesondere Locke und mit ihnen das gesamte Projekt der Aufklärung leisten, ist, die Idee der Wissenschaftlichkeit aus der reinen Spekulation und Metaphysik auszudifferenzieren. Descartes und Locke schreiben den Wissenschaften ins Stammbuch, sich auf einen begrenzten Ausschnitt möglichen Wissens zu begrenzen. Dies bedeutet nicht, und es hat auch im weiteren Verlauf der Geschichte nicht dazu geführt, dass die Wissenschaften einzig einen sehr begrenzten Umfang an Wissen erarbeitet haben. Die Mittel und Methoden, die zu Zeiten eines Descartes oder Locke zur Verfügung standen, haben sich einerseits verbessert, und es sind andererseits mehr dazu gekommen, sodass die Beschränkung auf sicheres Wissen nicht damit einhergeht, kein oder nur wenig Wissen zu haben. Schließlich sind die Wissenschaften inzwischen auch den kleinsten Teilchen auf der Spur, deren Wahrnehmbarkeit sich Locke noch gar nicht vorstellen konnte. Die Hinweise bedeuten aber, dass die wissenschaftliche Erkenntnis eine Grenze hat und nicht alle Fragen beantworten kann, die sich legitimerweise den Subjekten stellen. Genau dies macht den Charakter einer ausdifferenzierten Wissenschaft aus, dass sie für einen bestimmten Bereich der Wissensgenerierung zuständig ist, nicht aber für jegliches Wissen zur Anwendung gebracht werden kann.

Trotz der ernüchternden Beschränkungen, die Locke den Wissenschaften mit auf den Weg gibt, dürfte er zu den Autoren zählen, die im Kern das Projekt der modernen Wissenschaftlichkeit umreißen. Es geht nicht um spekulative Ideen, um metaphysische Glaubenssätze oder tradierte Autoritätsgläubigkeit, sondern darum, mit den Mitteln der empirischen Forschung und logikbasierten Ableitungen und Schlussfolgerungen zu sicherem Wissen zu gelangen. Alle Aussagen, die sich nicht letztlich auf eine intuitive Erkenntnis, und damit auf eine sensitive Erkenntnis zurückführen lassen, dürfen nicht als wissenschaftliche Aussagen gelten. Aussagen über die Existenz Gottes etwa, die Locke selbst unverblümt und problemlos in seinem Werk anführt, fallen damit unter das Verdikt, nicht wissenschaftlich zu sein, da eine sensitive Erkenntnis Gottes bislang nicht überzeugend verbürgt ist, und sich die Existenz Gottes auch nicht logisch aus gesicherten Erkenntnissen ableiten lässt. Interessanterweise haben nun aber die Wissenschaften durch die Befolgung der Vorsichtsregeln, die Locke formuliert, die Welt entzaubert. Sie haben der Welt mehr Erkenntnisse abgerungen gerade dadurch, dass sie sich an strenge Methoden und erkenntnis- bzw. wissenschaftstheoretische Vorgaben halten.

Dies galt etwa für den Zeitgenossen Lockes: Sir Issac Newton. Der steht einerseits für die Gravitationstheorie und mit ihr für ein kosmisches Ordnungssystem. Er steht aber auch für etwas anderes, für die Mathematisierung der

Wissenschaften. Bereits der vollständige Titel seiner „Principia" kündigt an, um was es ihm geht, welche Methode er für viel versprechend hält: „Mathematische Grundlagen der Naturphilosophie". Das bedeutet nun nicht, dass Newton die Naturwissenschaft (damals noch: Naturphilosophie) einzig als mathematische Aufgabe ansehen würde. Es geht nicht um reine Mathematik, sondern um Aussagen über die Natur. Die lässt sich nicht dadurch entschlüsseln, dass sie einzig berechnet wird. Für die mathematischen Operationen bedarf es zu berechnender Variabeln, die im Fall der Naturwissenschaft aus der Beobachtung resultieren, „denn die Eigenschaften der Körper werden ausschließlich durch Erfahrung bekannt" (Newton 1687/2016: 184). Die Erfahrung gibt indessen nur den Anstoß für die Erkenntnisgewinnung. Newton führt zahlreiche mathematische bzw. geometrische Beweise durch, mit denen er seine Physik untermauert bzw. mit denen er seine physikalischen Gesetzmäßigkeiten zu begründen sucht. Diese müssen hier nicht en detail interessieren. Interessant ist, dass Newton mit seiner mathematischen Methode zu physikalischen Erkenntnissen kommt, die die intuitive Erfahrung deutlich übersteigen (vgl. dazu Berlinski 2002). Sein Trägheitsgesetz, nach dem jeder Körper entweder in seinem Zustand der Ruhe oder der gleichförmigen Bewegung auf einer gerade Linie verharrt, dürfte nur im Fall der Ruhe der unmittelbaren Erfahrung zugänglich sein. Dass ein Körper, dem kein Widerstand entgegentritt, sich gleichförmig infinit weiterbewegt, entzieht sich der Wahrnehmung, zumal ein widerstandsloser Raum auf der Erde nicht vorhanden ist. Sein Gravitationsgesetz, das mit einer Fernwirkung der Körper rechnet, entspricht ebenfalls kaum intuitiv zugänglichen Erfahrungen. Newton resümiert nicht grundlos: „Bei philosophischen Untersuchungen aber muss man von den Sinne abstrahieren" (Newton 1687/2016: 94). Abstrahieren meint nicht suspendieren. Es geht nicht darum, die Sinneserfahrung als Quelle der Erkenntnis zu diskreditieren. Es geht aber darum, mithilfe der Mathematik zu Erkenntnissen zu gelangen, die über den engen Kreis der Sinneserfahrung hinausgehen. Newton steht mit diesem Ansinnen paradigmatisch für das 17. Jahrhundert, das sukzessive erkannte, dass mit der Mathematik bzw. Geometrie Aussagen verallgemeinerbar sind, und sich zu Gesetzmäßigkeiten steigern lassen. Naturwissenschaftliche Aussagen werden seitdem zwar auf der einen Seite – gemessen an ihrer Anwendungsfähigkeit – immer erfolgreicher. Sie werden auf der anderen Seite aber auch kontraintuitiver. Ein vorläufiger Höhepunkt dieser Entwicklung dürfte die Quantenphysik sein, die mit Annahmen operiert, die sich der intuitiven Erkenntnis vollkommen entziehen und selbst noch die Erfahrung einer stabilen Umwelt in Wahrscheinlichkeiten auflöst.

Die unmittelbare, sensitive Beobachtung erlaubt also bestenfalls einen beschränkten Umfang an Erkenntnissen. Locke unterstellt zwar für einfache Ideen ein Adäquatioverhältnis zwischen Idee und Umwelt, schränkt sich aber eben auf einfache Ideen ein. David Hume geht einen Schritt weiter und schlägt deutliche Risse in das Fundament des Empirismus, in dem er diesen konsequent und tabulos auf sich selbst anwendet, ohne allerdings davor zurückzuschrecken, eine Bücherverbrennung für solche Bücher zu fordern, die nicht auf empiristischer Grundlage stehen (Hume1748/1993: 193). Er startet zunächst ganz im Sinne Lockes, wenn er zwischen Eindrücken (Impressions) und Vorstellungen (Ideas) unterscheidet, wobei Eindrücke die Sinneswahrnehmungen bezeichnen und Vorstellungen die daraus resultierenden mentalen Repräsentationen, die auf eine Bewusstseinsaktivität zurückzuführen sind. Ebenfalls auf den Pfaden Lockes wandelnd geht er zusätzlich von der Differenzierung zwischen einfachen und zusammengesetzten Eindrücken bzw. Vorstellungen aus. Und auch bei ihm resultieren die einfachen Vorstellungen aus einfachen Eindrücken. Zusammengesetzte Vorstellungen verweisen auf eine Verstandesaktivität, die die einfachen Vorstellungen assoziativ miteinander verbindet. Wenngleich sie zwar letztlich auch auf Sinneseindrücken basieren, konstatiert Hume, dass zusammengesetzte Vorstellungen und zusammengesetzte Eindrücke keineswegs immer „einander genau nachgebildet" (Hume 1739/1989: 12) sind. Ein solches Abbildverhältnis existiert nur im Falle der einfachen Eindrücke und Vorstellungen, weil „alle unsere einfachen Vorstellungen bei ihrem ersten Auftreten aus einfachen Eindrücken stammen, welche ihnen entsprechen und die sie genau wiedergeben" (Ebd.: 13). Kurzum: Im Wesentlichen ähneln Humes theoretische Grundlagen denen von Locke. Er fordert konsequent das empiristische Paradigma ein, nach dem alle Erkenntnis durch Erfahrungen gesichert werden muss. Er setzt damit ein Denken fort, das das Potenzial hat, Metaphysik und Aberglaube zu überwinden, und damit irrationale, nicht transparent begründbare Herrschaftsansprüche zu delegitimieren. Was Hume nun aber auszeichnet ist, dass er auf dem Boden des Empirismus Fragen an den Empirismus richtet, die der Empirismus nicht mehr so einfach beantworten kann.

Dass mittels der Erfahrung nicht eruiert werden kann, woher die Erfahrungen kommen, war im Prinzip schon bei Locke aufgetaucht. Die Wahrnehmung kann sich selbst nicht wahrnehmen. Locke hatte darauf *geschlossen* (sic!), dass die Sinneseindrücke von außen kommen müssen, weil sie sonst nirgendwo herkommen können. Hume weiß auch, dass alles was die Subjekte zur Verfügung haben, ihre jeweiligen Perzeptionen sind. Diese geben aber keine Auskunft über ihre Herkunft und sie erlauben damit nicht, ein Adäquatioverhältnis zwischen Wahrnehmungsgegenstand und subjektiver Vorstellung zu behaupten. Es müsste ein Beobachterstandpunkt von außen sein, der zwischen beiden eine Übereinstimmung konstatieren könnte. Da ein solcher Standpunkt aber nicht zur Verfügung steht, bleibt dem Empirismus eigentlich nur, einzugestehen, dass seine Prämisse ihrerseits mit empiristischen Mitteln nicht einholbar ist. So intuitiv überzeugend das Programm des Empirismus zunächst sein mag: Ausgerechnet der eigene Leitsatz entpuppt sich als quasi rationalistische Setzung und damit als einer Methode entspringend, die als nicht erfahrungsbasierte zurückgewiesen wird.

Damit nicht genug, stellt Hume zentrale Begriffe der modernen Wissenschaften infrage. Kausale Verhältnisse, die das moderne Weltbild entscheidend fundieren, lassen sich der Wahrnehmung nicht entnehmen. Wahrgenommen werden können zwei aufeinander folgende Ereignisse. Jenseits einer möglichen Wahrnehmung liegt indessen die Kraft, die aus den Ereignissen eine notwendige und damit kausale Abfolge macht. Hume geht noch einen Schritt weiter und behauptet, selbst wenn diese Kraft wahrnehmbar wäre, bliebe es denkbar, „dass der Lauf der Natur sich ändert, da wir uns eine solche Änderung denken können" (Hume 1740/1980: 27). Mit anderen Worten: Selbst wenn sich eine kausale Notwendigkeit in der Abfolge zweier Ereignisse wahrnehmen ließe, ließe sich daraus kein notwendiger Gesetzeszusammenhang ableiten, weil eine zukünftige Abfolge der beiden Ereignisse unter anderen physikalischen Bedingungen stattfinden könnte. Korrelationen lassen sich durch Erfahrungen nicht problemlos zu Kausalitäten erweitern. Hume formuliert mit seinem Argument, dass die physikalischen Gesetze sich ändern könnten, zwar ein kontraintuitives Argument, das jedoch auf eine generelle Frage verweist. Sie firmiert unter dem Label Induktionsproblem und bringt den Umstand auf den Punkt, dass aus gegenwärtigen Erfahrungen nicht umstandslos auf zukünftige Ereignisse geschlossen werden kann. Dies nicht nur deswegen, weil die Zukunft ohnehin nicht vorhersagbar ist, sondern auch deswegen, weil das Subjekt selbst bei einer großen Menge an Einzeldaten nicht wissen kann, ob damit tatsächlich alle möglichen Fälle erfasst sind. Selbst dann, wenn eine hinreichend oft gemachte Erfahrung bestätigt, dass Schwäne weiß sind, bleibt die Möglichkeit, dass es auch schwarze Schwäne gibt. Einzelerfahrungen, und sei ihre Menge auch noch so groß, erlauben keinen notwendigen Schluss auf die nächste Einzelerfahrung und damit keine Schlussfolgerung auf allgemeine Aussagen. Der Begriff der Kausalität, der eine solche allgemeine Aussage darstellt, ist mit Mitteln des Empirismus als gesicherter Begriff nicht einzuholen. Und dies gilt eo ipso für den Begriff der Objektpermanenz. Alles, was dem Subjekt aus empiristischer Perspektive gesichert zur Verfügung steht, sind Einzelperzeptionen. Eine Kontinuität der Dinge über ihre jeweils aktuelle Wahrnehmung liegt außerhalb der Wahrnehmungsmöglichkeiten. Hume spricht bezüglich der Wahrnehmbarkeit der Objektpermanenz von einer contradictio in adjecto, weil „es wäre dabei vorausgesetzt, dass die

Sinne fortfahren zu wirken, auch wenn jede Art ihrer Tätigkeit aufhört" (Ebd.: 252).

Das Fehlen einer möglichen Sinneswahrnehmung der Objektpermanenz hat schließlich Konsequenzen für das Subjekt selbst, um das es hier zentral gehen soll. Das Subjekt als ich-identitäre Entität entzieht sich nämlich ebenfalls der Wahrnehmbarkeit. Wenn es immer nur Einzelperzeptionen sind, die im Bewusstsein zu finden sind, gibt es keinen Sinneseindruck einer kontinuierlichen Subjektivität. Das Subjekt, das als wahrnehmbare Instanz im Erkenntnisprozess supponiert werden muss, müsste in rationalistischer Manier gesetzt werden, weil es empiristisch nicht zu bestimmen ist. Damit käme dem Subjektbegriff jedoch der Status eines rein axiomatischen Prinzips zu, das durch Erfahrung nicht abgesichert werden kann. Auf ehrliche Weise steht Hume wieder vor der Tür des Skeptizismus, die Descartes und Locke doch eigentlich fest verschlossen haben wollten. Wenn aber mit dem Empirismus sich weder kausale Verhältnisse, noch die Permanenz der Dinge und erst recht nicht die Subjektivität als sichere Begriffe ausweisen lassen, scheint sich die antike Skepsis an den Sinneswahrnehmungen zurückzumelden. Es ist Locke und Hume aus der Sicht einer Kritischen Theorie auf der einen Seite sicherlich zugute zu halten, mit der Idee der Rückführung von Begriffen, Aussagen und Theorien auf einzelne Sinnesdaten eine Option angeboten zu haben, die Wissenschaften auf ein transparentes Fundament zu stellen, das zudem eindeutig darauf ausgerichtet wird, valide Aussagen über die Umwelt zu generieren. Auf der anderen Seite ist dieses Fundament zu schwerfällig, weil es zu allgemeinen Gesetzmäßigkeiten, um die es moderner Wissenschaftlichkeit geht, nicht vordringen kann, ohne das eigene Credo, dass alle Erkenntnis durch Erfahrungen evaluiert werden müssen, aufzugeben. Die Hoffnung auf eine Überwindung der Metaphysik, ohne den Kreis möglichen Wissens zu klein zu ziehen, wird durch die Analysen Humes enttäuscht.

Er macht allerdings einen Vorschlag, der die Probleme des Empirismus lösen können soll, ohne die strengen Vorgaben des Empirismus aufzugeben. Zugrunde liegt seiner Strategie die Differenzierung zwischen einer philosophischen und einer alltäglichen Einstellung. In der philosophischen Einstellung gibt es kein Entrinnen aus dem Dilemma. Die Skepsis lässt sich nicht einwandfrei überwinden. Das philosophisch eingestellte Subjekt muss notwendig immer wieder Zweifel an der Erfahrung als Basis sicheren Wissens anmelden, und gleiches gilt ohnehin für eine rationalistische Philosophie, die erst gar nicht versucht, ihre Begriffe durch Erfahrung abzusichern. In der alltäglichen Einstellung würde ein permanentes Zweifeln zur vollständigen Handlungsunfähigkeit führen. Das Subjekt müsste etwa dann, wenn es kausale Abläufe erwartet, bezweifeln, dass die Erwartung gerechtfertigt ist, und damit seine Absichten in die Sinnlosigkeit manövrieren. Um dem zu entkommen, wird die Idee der Wahrheit zur Wahrscheinlichkeit geschrumpft, was bedeutet: Anstelle von kausaler Notwendigkeit muss bzw. darf das Subjekt von einer gewohnten Regelmäßigkeit ausgehen, die es dann in die Zukunft projiziert. Das ist kein sicheres Verfahren, aber es ist ein pragmatischer Weg mit der philosophisch unumgänglichen Skepsis so umzugehen, dass Handlungsabsichten sinnvoll formuliert werden können. Was Hume damit freilich nolens volens akzeptiert, ist, dass die Subjekte letztlich die strittigen Begriffe der Kausalität oder Objektpermanenz – wenn auch in Form eines reduzierten Wahrheitsanspruches – aus ihrer Verstandesaktivität generieren und der Umwelt supponieren. Hatte er dies ursprünglich (Ebd.) noch als Produkt der Einbildungskraft angesehen, steigert er sich sogar dazu, den Glauben an die Regelmäßigkeit der Umwelt als „natürlichen Instinkt" (Hume 1748/1993: 59) zu bezeichnen. Hume akzeptiert ein rationalistisches Manöver, das er allerdings dadurch wieder in empiristisches Fahrwasser bringt, dass er die Entscheidungsfindung der Subjekte weniger an ein rationales Prozessieren zurück bindet, sondern in der Affektivität ansiedelt. Es bleibt letztlich das Sinnessubjekt, das in der alltäglichen Einstellung Entscheidungen auf der Grundlage von Gewohnheiten und supponierten Regelmäßigkeiten trifft.

Hume hat die Philosophie im Allgemeinen und den Empirismus im Besonderen vor nicht geringe Schwierigkeiten gestellt. Sein eigentlich nahe liegendes Projekt einer Rückführung von Erkenntnis auf Erfahrung, wenn es um Aussagen über die Umwelt geht, landet wieder im Skeptizismus, während es gleichzeitig den Weg zum alternativen Rationalismus, der mit Descartes jenseits der Skepsis immerhin ein Cogito anbieten kann, versperrt. Für den vorliegenden Kontext wirkt sich dies auf beide Begriffe aus, die hier verhandelt werden sollen: Das Subjekt und die Wissenschaft. Das Subjekt kann nicht länger die cartesianische res cogitans sein. Es gibt keine erfahrbare Substanz, die eine Ich-Identität verbürgen könnte. Es gibt das Subjekt gleichsam immer nur als je aktuelle Erfahrung, als je aktuelle Perzeption. Dies zumindest aus philosophischer Perspektive. Als Alltagssubjekt darf es sich selbst eine persistierende Identität unterstellen, die jedoch nicht weiter reichen kann als die pragmatischen Absichten des Subjekts. Damit ließe sich zwar von außen ein Subjektbegriff an Hume herantragen, der darauf insistieren würde, dass auch die gewohnheitsmäßige Erkenntnis von Regelmäßigkeiten ein erkennendes Subjekt braucht. Die Diskussion würde sich aber vermutlich in einen circulus vitiosus verstricken, weil Hume immer wieder zu Recht eine Erfahrungsbasis für den Subjektbegriff einfordern könnte. Wenngleich also Hume durchaus von Bewusstsein, Verstand oder Vernunft spricht, hinterlässt er in einer strengen Lesart offene Fragen bezüglich des Subjekts.

Aber auch bezüglich der Wissenschaft bzw. der wissenschaftlichen Einstellung bleibt unklar, wie diese aussehen können. Klar ist zunächst, eine wissenschaftliche Einstellung, die wahre Aussagen über die Umwelt generieren können soll, muss Erfahrungsdaten aus dieser Umwelt sammeln. Wissenschaftlichkeit meint die Fundierung von Aussagen in Sinneswahrnehmungen. Dann aber stellen sich Fragen. Können die Wissenschaften letztlich nur Aussagen treffen, die durch den engen Kreis möglicher einfacher Eindrücke begrenzt sind? Dies sicher nicht. Natürlich sind Ableitungen und mathematische Operationen zulässig, die den Kreis der Sinneswahrnehmungen übersteigen. Dennoch bleibt die Schwierigkeit, die Hume eindringlich ins Stammbuch der modernen Wissenschaften geschrieben, dass aus den Einzelbeobachtungen nicht auf allgemeine Aussagen oder physikalische Gesetzmäßigkeiten extrapoliert werden kann, ohne den Boden sicheren Wissens zu verlassen. Die Wissenschaften stehen vor dem Induktionsproblem, sobald sie ihre Aussagen in der Erfahrung fundieren. Sie geraten auf metaphysisches und spekulatives Terrain, wenn sie ihre Begriffe in rationalistischer Manier jenseits möglicher Erfahrungen einfach setzen. Aus solchen Begriffen lassen sich zwar Ableitungen und Schlussfolgerungen deduzieren. Allein, sie garantieren schlichtweg nicht, valide Aussagen über die Umwelt zu sein. Sie können bestenfalls als Hypothesen einen empirisch gestützten Forschungsprozess anregen, sie können aber nicht bereits als wissenschaftliche Aussagen gelten. Sobald sie freilich einen empirisch gestützten Forschungsprozess anregen, unterliegt dieser wieder den Problemen, die Hume aufwirft. Ein potenzieller Ausweg wäre es, die wissenschaftliche Einstellung an die Alltagseinstellung zu assimilieren. Sie siedelte dann zwischen der Philosophie und der Alltagspragmatik und würde von der Philosophie die Skepsis übernehmen und von der Alltagspragmatik eben die pragmatische Ausrichtung. Die Skepsis mahnte dann immer wieder an, den Forschungsprozess kontrolliert zu gestalten, diesen weitestgehend auf Erfahrungen zurückzuführen, und spekulative Begriffe und Aussagen zu vermeiden oder als solche kenntlich zu machen. Die Pragmatik würde im Gegenteil die strengen Vorgaben lockern, und wissenschaftliche Aussagen auch dann als wahre Aussagen akzeptieren, wenn sie zwar der Skepsis nicht entkommen, aber zumindest Prognosen im Sinne der Regelmäßigkeit und Anschlussverwendungen etwa in Form technischer Gerätschaften ermöglichen. Summa summarum verlieren die Wissenschaften im Anschluss an Hume jedoch das Privileg, wahre oder sichere Erkenntnisse zu generieren.

Dies war sicher nicht das Ansinnen von Hume. Er hat aber mit seiner skeptizistischen Dekonstruktion der Erkenntnisfähigkeit ein Problem hinterlassen, das darauf drängte, es doch noch einmal mit der Option zu versuchen, die Hume so kategorial ausgeschlossen hatte. Der Rationalismus hatte immerhin einen

Begriffsapparat und einen deutlich hervorgehobenen Stellenwert der Mathematik anzubieten, mit dem sich der Umwelt durchaus Erkenntnisse abringen ließen, wie Newton demonstriert hatte. Immanuel Kant zieht auch entsprechend die empiristische Reißleine, um sie auf eigenwillige Weise mit rationalistischen Motiven zu verkoten, sodass eine idealistische Position markiert werden kann, die die humeschen Probleme ernst nimmt, ohne den Kontakt zur Idee einer erfahrungsbasierten Erkenntnis abzubrechen. Kant erreicht dies vor allem dadurch, dass er die epistemologische Frage umdreht. Er versucht nicht mehr zu eruieren, wie das Wahrnehmungsobjekt zum Subjekt kommt, sondern andersherum, wie das Subjekt zum Objekt, zur Erkenntnis des Objekts kommt. Der Fokus verschiebt sich auf den Subjektpol des Erkenntnisprozesses.

Den Hinweis in Rechnung stellend, dass die Subjekte immer nur Einzelperzeptionen haben, koinzidiert Kant (1770/1993), dass Zeit und Raum keine objektiv erfahrbaren Substanzen sind, aus deren Erfahrung das Subjekt die Begriffe von Zeit und Raum ableiten würde. Wenn immer nur Einzelperzeptionen zur Verfügung stehen, gibt es keine erfahrbare zeitliche oder räumliche Kontinuität. Gleichzeitig weiß Kant aber auch, dass die Subjekte grundsätzlich in den Kategorien von Raum und Zeit wahrnehmen. Beide Kategorien müssen also als grundlegend für den Erkenntnisprozess angenommen werden. Wenn sie aber der Erfahrung nicht entstammen können, muss das Subjekt diese Kategorien selber mitbringen. Sie werden nicht der Erfahrung entnommen, sie konstituieren die Erfahrung. Kant geht einen Schritt weiter, wenn er behauptet, dass „wenn wir unser Subjekt oder auch nur die subjektive Beschaffenheit der Sinne überhaupt aufheben, alle die Beschaffenheit, alle Verhältnisse der Objekte im Raum und Zeit, ja selbst Raum und Zeit verschwinden würden, und als Erscheinung nicht an sich selbst, sondern nur in uns existieren können" (Kant 1781[7]/1992: A 43/B 60). Es ist damit das Subjekt, dass die Erfahrung von Raum, Zeit und Gegenständen überhaupt erst ermöglicht. Würde es keine Subjekte geben, würde es keine Erfahrung von Raum, Zeit und Gegenständen geben. Wenn es aber die Subjekte sind, die Erfahrungen überhaupt erst ermöglichen, bedeutet das, dass jegliche Erfahrung durch genau die Sinnes- und Verstandesausstattung beschränkt ist, über die die Subjekte verfügen. Erfahrbar ist nicht die Umwelt, wie sie an sich ist, sondern nur so, wie sie für das Subjekt ist. Kant zerschneidet die Wirklichkeit in zwei Bereiche. Es gibt die noumenale Welt, die jenseits der Grenze der Erfahrungsfähigkeit des Subjekts liegt, und eine phänomenale Welt, die die Erscheinungen auf den Begriff bringt, die die Subjekte haben können. Hatten Locke und Hume den Kreis sicherer Erkenntnis eng gezogen, zieht Kant ihn einerseits noch einmal enger. Eine Erkenntnis der subjektunabhängigen Welt ist gar nicht zu haben.

Gleichzeitig füllt er den Kreis aber mit deutlich mehr potenziellen Erfahrungs-inhalten. Wenn das Subjekt nur die Erfahrungen macht, die es aufgrund seiner sinnlichen und kognitiven Konstitution machen kann, kann es davon ausgehen, dass die Erfahrungen auf einer sicheren Grundlagen stehen. Sie sind gleichsam durch das Subjekt selbst als sichere Erfahrungen verbürgt.

Die sich aufdrängende Frage ist natürlich, wie die subjektiven Erfahrungen auch objektiv sicher sein können. Bislang scheint Kant schlichtweg den carte-sianischen Gedanken zu repetieren, dass subjektive Gedankeninhalte notwendig nicht falsch werden können, solange sie keine Objektreferenz beanspruchen. Doch um die geht es Kant selbstverständlich. Er möchte nicht zeigen, dass subjektive Gedankeninhalte wahr sind, solange sie rein subjektive Gedankenin-halte sind. Es möchte die subjektiven Gedankeninhalte auf die Umwelt beziehen können, sodass objektiv-wissenschaftliche Aussagen über die Umwelt möglich werden. Er muss also einen Weg finden, die subjektiven Erfahrungskonstituenten mit der Umwelt zu integrieren. Ein erster Schritt ist dabei, den Erkenntnispro-zess gut empiristisch mit Erfahrungen beginnen zu lassen. Kant denkt sich den Erkenntnisprozess keineswegs als willkürliche Projektion subjektiver Begriffe auf die Umwelt. Er weiß, dass Aussagen über diese nur dann valide sein können, wenn sie eine Erfahrungsbasis haben. Er weiß aber auch, dass Erfahrungen die Subjekte bestenfalls über Singularitäten informieren, Erfahrungen also keines-wegs unmittelbar Erkenntnisse sind. Erfahrungen sind je subjektiv und es fehlt ihnen der allgemeine Charakter, der sie zu Erkenntnissen macht. Kant spielt seine subjekttheoretische Wende aus und denkt sich den Erkenntnisprozess als Subsum-tion von Erfahrungen unter allgemeine Begriffe, die das Subjekt immer schon mitbringt. Dies nicht im Sinne hereditärer Begriffe, sondern in dem erkenntnis-logischen Sinne, dass die Begriffe a priori zur Verfügung stehen müssen, weil sie a posteriori nicht generierbar sind, ohne in die Probleme der Skepsis und Induktion zu geraten. Als Begriffe a priori sind sie gleichsam der Evaluation durch Erfahrung entzogen und die Subsumtion von Erfahrungen unter Begriffe a priori verbürgt eine hohe Garantie für sicheres Wissen. Die Pointe der kanti-schen Erkenntnistheorie liegt nun freilich darin, dass es sich bei den Begriffen a priori um synthetische Urteile handeln soll. Es geht nicht um reine Mathe-matik oder Logik, denen Kant zwar attestiert, eine notwendige, aber eben keine hinreichende Wahrheitsbedingung darzustellen. Die Subsumtion von Erfahrungen unter logisch-mathematische Begriffe erlaubt somit kein hinreichend gesicher-tes Urteil über die Umwelt. Kant zielt auf die strittigen Begriffe der Kausalität oder der Objektpermanenz, die bei Hume virulent geworden waren. Diese müs-sen als Begriffe a priori dem Verstand immer schon inhärent sein, weil sie nur als apriorische Verstandesbegriffe die Bedingung der Möglichkeit für sichere, wahre Urteile sein können. Werden also zwei Ereignisse in einer zeitlichen Abfolge wahrgenommen, ergibt dies allein noch kein kausalitätsunterstellendes Urteil. Werden die Wahrnehmungen hingegen unter den apriorischen Begriff der Kausalität subsumiert, lässt sich aus der Wahrnehmung ein Urteil über kausale Verhältnisse ableiten. Dass also kausale Verhältnisse wahrgenommen werden, ist kein Umstand, der sich seitens der subjektunabhängigen Wirklichkeit dem Subjekt aufdrängen würde, sondern er resultiert aus einer aktiven Verstandespraxis der Subjekte. Diese ist die transzendentale Bedingung der Möglichkeit für die Wahrnehmung etwa kausaler Verhältnisse, und sie kann diese Bedingung nur dann erfüllen, wenn sie eindeutig aktiv operiert, und die apriorischen Begriffe an die Wahrnehmung heranträgt. Damit ist es nicht die subjektunabhängige Wirklichkeit, der Informationen sensitiv entnommen werden, sondern es ist das Subjekt, das die subjektunabhängige Wirklichkeit begrifflich so auflädt, dass wahre Erkenntnisse möglich werden. „Der Verstand schöpft seine Gesetze nicht aus der Natur, sondern schreibt sie dieser vor." (Kant 1783/1993: § 36) Dies meint nicht, dass der Verstand beliebig der Natur Gesetze vorschreiben darf. Kants Idealismus behauptet nicht, dass diese Stellung des Verstandes gegenüber der Natur eine ontologische Stellung derart ist, dass der Verstand die Natur bzw. die Naturgesetze aus sich heraus objektiv erzeugt. Die Stellung des Verstandes ist eine epistemologische Hoheit gegenüber der Natur, die jedoch auf die sensitive Wahrnehmung der Natur angewiesen bleibt. Kants berühmtes Diktum lautet daher: „Gedanken ohne Inhalt sind leer, Anschauungen ohne Begriffe sind blind." (Kant 1781[7]/1992: A 52/B76) Dass Anschauungen ohne Begriffe blind sind, beschreibt das Dilemma des Empirismus, der nicht so richtig über Einzelperzeptionen hinaus gelangte. Kant möchte aber nun keineswegs in das Gegenteil verfallen. Dass Gedanken ohne Inhalt leer sind, macht darauf aufmerksam, dass der Empirismus nicht in toto irrt. Es bedarf der Erfahrung, um zu Erkenntnissen gelangen zu können, die nicht einfach phantasievolle oder beliebige Setzungen sind. Weil nun aber das Subjekt mit seinen Verstandesbegriffen a priori nur die Erkenntnisse haben kann, die die Verstandesbegriffe möglich machen, ergibt sich aus dem kantisch formulierten Erkenntnisprozess nicht ein Adäquatioverhältnis zwischen dem Subjekt und einer subjektunabhängigen Wirklichkeit, sondern ein Adäquatioverhältnis zwischen dem Subjekt und der subjektiv möglichen Wirklichkeit, also jener phänomenalen Wirklichkeit, die durch die subjektiven Anschauungsformen von Raum und Zeit und den subjektiven Verstandesbegriffen a prori konstituiert wird. Das Subjekt schneidet sich die Wirklichkeit so zusammen, dass sie mit ihm selbst in einen Korrespondenzzusammenhang gesetzt werden kann.

Wenn hier freimütig von dem Subjekt als aktivem Part im Erkenntnisprozess gesprochen wird, ist dies bezüglich der kantischen Philosophie alles andere als eine klare Sache. Wenn Kant dem Empirismus zugesteht, dass es eine Erfahrungsbasis für Erkenntnisse geben muss, muss dies auch für das Subjekt selbst gelten. So hatte es Hume vorexerziert und damit die Idee einer Ich-Identität diskreditiert. Kant könnte gut cartesianisch ein Ich bzw. ein Subjekt deduzieren. Er würde dann aber hinter sein eigenes Diktum, „Gedanken ohne Inhalt sind leer", zurückfallen. Er muss also die Flucht nach vorne antreten und er macht dies mit einem ambivalenten Manöver. Er konstatiert: „Das: Ich denke, muss alle meine Vorstellungen begleiten können; denn sonst würde etwas in mir vorgestellt werden, was gar nicht gedacht werden könnte, welches ebensoviel heißt, als die Vorstellung würde entweder unmöglich, oder wenigstens für mich nichts sein." (Ebd.: B 132/133) Es muss ein Ich als synthetisierende Instanz geben, die die Einzelperzeptionen zu allgemeinen Erkenntnissen zusammenführt. Es muss eine erkennende Instanz geben, weil es sonst keine Erkenntnis geben würde. Allein, als Wahrnehmungsobjekt steht dieses „Ich denke" nicht zur Verfügung. Es ist zwar in jedem Denkakt präsent, aber nicht so, „dass es eine stehende und bleibende Anschauung sei, worin die Gedanken (als wandelbar) wechselten." (Kant 1781[7]/1992: A 350) Das „Ich denke" kann also nicht mehr sein als ein transzendentales Ich, das als Bedingung der Möglichkeit vorausgesetzt werden muss. Es erreicht damit aber nicht mehr, als ein logisches „Ich denke" zu sein. Die cartesianische *res* cogitans wird entzaubert. Das Subjekt gibt es nicht de re, sondern nur de dicto. Es wird oder muss dabei aber als ein deutlich aktives Subjekt gedacht werden, das eine Hoheit im Erkenntnisprozess für sich beanspruchen kann, und das als logisches Subjekt auch nicht hintergehbar ist. Für die weitere Verfolgung des Subjektgedankens zu berücksichtigen bleibt die Strategie, das Subjekt nur noch als Subjekt de dicto zu begreifen – eine zu berücksichtigende, aber, wie sich noch zeigen wird, auch eine vorteilhafte Theorieoption.

Wenngleich Kant also bezüglich des Subjekts streng genommen nicht weiter kommt als Hume, außer dass er sich nicht weigert, ein logisches Subjekt zu setzen, bleibt die Frage, ob er in puncto Wissenschaft mehr erreicht? Sicherlich befreit er die Wissenschaft von dem engen Korsett, letztlich nur Einzelperzeptionen als sichere Erkenntnis gelten zu lassen. Wenn der Erkenntnisprozess durch das Subjekt legitimerweise mit allgemeinen Begriffen aufgeladen werden darf, sind auch allgemeine Erkenntnisse möglich. Und weil sich der Rahmen möglicher Erkenntnisse nur bis zu den subjektiven Erkenntnisbedingungen erstreckt, stehen dem Subjekt in diesem Rahmen auch sichere, wahre Urteile über die subjektunabhängige Umwelt zu. Was bleibt, ist die durch den kantischen Dualismus zwischen

Noumena und Phänomena eingeschränkte Reichweite wissenschaftlicher Erkenntnis. Die Wissenschaften können nicht die Wirklichkeit an sich erreichen. Sie verbleiben im subjektiven Anschauungsbereich. Weil nun aber die subjektiven Anschauungsformen und Verstandesbegriffe gleichsam intersubjektiv gleich verteilt sind, also allen Verstandessubjekten gleichermaßen zukommen, stellen sich die Wissenschaften nicht dar als ein willkürliches Durch- und Gegeneinander subjektiver Urteile. Kant rechnet offensichtlich damit, dass Subjekte mit gleichen Erkenntniskonstitutionen auch zu gleichen oder mindestens ähnlichen Erkenntnissen kommen. Insbesondere seine Dialektik der Vernunft mahnt die Subjekte in der wissenschaftlichen Einstellung jedoch eindringlich, sich dabei auf Erkenntnisse zu reduzieren, die durch einen Erfahrungsgehalt gesättigt werden können. Diese Mahnung ließ sich bereits im Anschluss an Locke und Hume formulieren. Wissenschaften erklären nicht das Ganze der Wirklichkeit, sondern die Teile der Wirklichkeit, die mit subjektiven Mitteln (Erfahrung und Verstandesaktivität) erreichbar sind. Wenn Kant sich dem mehr oder weniger nur anzuschließen scheint, so bleibt doch sein Verdienst, den Versuch unternommen zu haben, den Horizont der Wissenschaften zu vergrößern. Allgemeine, naturgesetzliche Aussagen sind möglich, ohne entweder nur alltagspragmatische Gewissheiten zu erreichen, oder mit dem Skeptizismus konfrontiert zu sein. Das Subjekt in der wissenschaftlichen Einstellung, folgt es den Vorgaben Kants, ist dennoch ein demütiges Subjekt, das um die verbleibenden Schranken der Erkenntnis weiß. Innerhalb dieser Schranken bleibt es insofern demütig, als es nicht um subjektiv willkürliche Urteile geht, sondern um Urteile, die sich aus dem Zusammenspiel von Erfahrung und Verstandesaktivität ergeben. Im Prinzip hatte das Locke bereits so antizipiert. Weil Kant aber den Anteil der Verstandesaktivität deutlich aufwertet, muss er den Anteil der Erfahrung nicht so skeptisch beäugen. Es ist letztlich das Subjekt, das qua seiner Begrifflichkeiten den Skeptizismus im Zaum hält.

Eine mögliche kritische Frage an Kant ist, woher genau die Begrifflichkeiten bzw. die Kategorien kommen?[1] So wie es hier dargestellt wird, lassen sie sich aus der humeschen Erkenntniskritik ableiten. Dort waren die allgemeinen Begriffe problematisch geworden, und um sie zu rehabilitieren, ist es eine Möglichkeit, sie als Leistung des aktiven Subjekts zu konzipieren. Die wissenschaftliche Erkenntnis, die nicht nur auf Einzelperzeptionen zielt, sondern allgemeine Gesetzmäßigkeiten formulieren möchte und formulieren soll, wird dadurch plausibel gemacht. Die Ableitung aus der Erkenntniskritik erlaubt allerdings ihrerseits keine gesicherte Erkenntnis darüber, ob die apriorischen Begriffe überhaupt wahre Urteile über die Wirklichkeit generieren. Die Ableitung aus

---

[1] Vgl. zu den folgenden Ausführungen die Beiträge in Blasche et al. (1988).

der Erkenntniskritik ist tendenziell eher ein pragmatisches Vorgehen, dem keine Aussagekraft bezüglich eines Adäquatioverhältnisses zwischen Begriff und Wirklichkeit zukommt. Anders formuliert: Kant versäumt es, die allgemeinen Begriffe ihrerseits als wahre Erkenntnisfunktion zu begründen. So jedenfalls hatte es unter anderem Johann Gottlieb Fichte gesehen, der zwar von seiner Philosophie behauptet, sie sei ganz im kantischen Sinne (etwa Fichte 1797/1971: 420), der aber dennoch gegen Kant argumentiert, dass es einen obersten Satz geben müsse, der die kantischen Kategorien allererst begründet.

Mit seiner „Grundlage der gesamten Wissenschaftslehre" (Fichte 1794/1971) hat Fichte freilich ein Werk vorgelegt, das in einer äußerst verdichteten und zuweilen auch opaken Sprache geschrieben ist. Die dürfte daraus resultieren, dass Fichte nicht nur die kantischen Begriffe des Verstandes, der Einbildungskraft, der Vernunft, etc. einfangen möchte, ihnen aber aufgrund ihrer Einbindung in ein alternatives Theorieprogramm eine modifizierte Bedeutung geben muss, sondern vor allem deswegen, weil Fichte mit einem radikalen Subjektbegriff aufwartet, der trotz seiner gegenüber Kant nochmal gesteigerten Idealität den Kontakt zur Wirklichkeit nicht nur nicht verlieren, sondern diesen Kontakt aus sich heraus überhaupt erst herstellen soll. Fichte, so scheint es, möchte am empiristischen Programm der Wahrheitssuche festhalten, weiß aber um die skeptizistischen Probleme des Empirismus und flüchtet daher in eine radikalidealistische Offensive, die auf dem Boden des Idealismus das empiristische Projekt verbürgen können soll. Dessen ungeachtet ist Fichte unbestreitbar ein Ideengeber für den Radikalen Konstruktivismus, der hier als fundierendes Paradigma fungiert, sodass es sich lohnt, einen Blick auf seine Philosophie zu werfen, um den Subjektbegriff explizieren zu können. Fichtes Philosophie soll indessen, wie es für alle hier verhandelten Philosophien gilt, nicht in exegetischer Weise angeeignet, sondern grob vereinfachend und mittels eines Vokabulars, das sich von Fichte entfernt und auf den vorbereitenden Charakter Fichtes für den Radikalen Konstruktivismus abhebt, aufgearbeitet werden.

Für Fichte ist es – durchaus im Sinne der klassischen Aufklärung – eine ausgemachte Sache, dass erstens die Philosophie eine Wissenschaft ist, und diese zweitens einen obersten Grundsatz benötigt, der die Wissenschaft (also auch: die kantischen Kategorien) fundiert. Als oberster Grundsatz kann dieser seinerseits nicht durch die Wissenschaft oder die Wissenschaftslehre bestimmt werden, weil dann die Wissenschaft selbst oberster Grundsatz wäre. Es geht um einen Grundsatz, der jenseits aller empirischen Verstrickungen lokalisiert ist, und gut transzendental-idealistisch das Empirische überhaupt erst zu begründen vermag. Die kantischen Kategorien leisten dies nicht, weil sie als empirische Bestimmungen ihrerseits erst abgeleitet werden müssen. Der Empirismus kann diese

Aufgabe gar nicht erst bewerkstelligen, weil er seinem Credo gemäß die Erfahrung als oberstes Prinzip aus der Erfahrung entnehmen müsste, also zirkulär wäre. Fichte legt sich selbst mit seinem Ansinnen eine schwere Bürde auf, weil er jeden empirischen Bezug in seinem obersten Satz vermeiden, gleichzeitig aber einen obersten Satz finden muss, der sich auf das Empirische beziehen lässt. Einen obersten Grundsatz zu formulieren, der sich anschließend nicht mehr auf die Wirklichkeit beziehen lässt, wäre zwar ein intrinsisch schlüssiges Konzept, würde aber den Sinn der fichteschen Wissenschaftslehre verfehlen, die empirischen Wissenschaften begründend zu fundieren. Die teilweise Opazität der fichteschen Philosophie ergibt sich aus diesem Dilemma, einerseits den Kontakt zur Wirklichkeit radikal abzubrechen, und andererseits diesen Kontakt herstellen zu wollen.

Wenn alle empirischen Sätze ausfallen, bleibt die Logik, und dieser bedient sich Fichte auch. Er weiß zwar, dass die Logik als empirische Tatsache des Bewusstseins nicht den Status haben kann, den er eigentlich für seinen obersten Grundsatz haben möchte, er akzeptiert die Logik indessen in einem gewissen Sinne als second-best-Lösung. Der Satz, den er seinen Überlegungen und damit der Wissenschaft zugrunde legt ist: A = A. Was damit nicht gesetzt werden soll, ist eine Existenzaussage. Gut kantianisch ist Logik für Fichte eine notwendige und keine hinreichende Wahrheitsbedingung, sodass logische Sätze zunächst inhaltsleer sind. Es gilt nur, wenn ein A gesetzt wird, ist es mit sich selbst identisch. Dies gilt dann auch für den Satz: Ich = Ich. Damit wird zunächst nicht gesagt, dass ein Ich existiert. Ausgesagt wird einzig, wenn es ein Ich gibt, gilt, dass es mit sich identisch ist. Fichte gibt seinen logischen Anfangsgründen jedoch eine cartesianische Wende, wenn er postuliert, dass es ein Ich geben muss, dass den Satz ‚A = A‘ setzt. Wenn es logische Sätze gibt, so die fichtesche Schlussfolgerung, muss es ein Ich geben, das diese logischen Sätze formuliert. Die Aussage ‚Ich = Ich‘ kann somit zur Existenzbehauptung: ‚Ich bin‘ gesteigert werden.

Es wird deutlich, dass Fichte ein umständliches Begründungsprogramm prozessiert. Der Umweg zum Ich über die Logik erheischt seine Sinnhaftigkeit allein dadurch, dass Fichte streng genommen den obersten Grundsatz verfolgt, es müsse einen obersten Grundsatz geben, der dann notwendig jenseits aller empirischen Verstrickungen lokalisiert sein muss. Fichte hätte schlichtweg sein Ich als Bedingung der Möglichkeit als obersten Grundsatz setzen können. Allerdings hätte er dann den entscheidenden Unterschied zu Descartes verfehlt. Dessen Cogito geht Fichte nämlich bezüglich der inhaltlichen Bestimmung bereits zu weit. Dass das Ich denkend ist, ist noch gar nicht erwiesen. „Man denkt nicht notwendig, wenn man ist, aber man ist notwendig, wenn man denkt", so Fichte (Ebd.: 100). Er wirkt wie eine Vorwegnahme des sartreschen Existenzialismus. Erst kommt das

Sein, dann kommt das Wesen. Im Fall Fichte markiert es allerdings zunächst den radikalen Stellenwert, den sein Ich einnimmt. Es ist ein seinerseits unbegründetes und mit sich selbst identisches Ich, das er inthronisiert. Es bleibt zunächst inhaltsleer und entgegen Descartes kommt ihm keine Substanzialität zu. Vielmehr als das cartesianische Cogito erreicht Fichte mit seinem Ich allerdings auch nicht. Er hat ein selbstidentisches Ich gefunden, dass als conditio sine qua non angenommen werden muss, aber damit noch lange keinen Objektbezug hergestellt. Sein Ich ist nicht mehr und nicht weniger als ein: Ich. Um aus dem Ich heraus nun die empirischen Wissenschaften begründen zu können, bedient sich Fichte einer methodischen Kombination aus Antithese und Synthese. Er verfährt dabei insofern transzendentalphilosophisch, als er immer wieder argumentiert, dass die Begrifflichkeiten, die er entfaltet, sich zwar einerseits widersprechen, anderseits aber als Bedingung ihrer gegenseitigen Möglichkeit synthetisch zusammenzuführen sind. Er übersteigt indessen die Begriffe nicht, sondern sucht in ihnen immer schon vorhandene Widersprüche, sodass seine Methodik als Reflexion verstanden werden kann, die grundsätzlich nur von bereits Gegebenem ausgeht. Fichte deklariert seine Wissenschaftslehre als apriorisch. Um die Anschlussfähigkeit zum Radikalen Konstruktivismus herstellen zu können, kann Fichtes Methode auch als differenztheoretisches Vorgehen reformuliert werden, das etwa bei Spencer-Brown in der Annahme, „dass wir keine Bezeichnung vornehmen können, ohne eine Unterscheidung zu treffen" (Spencer-Brown 1969/1999: 1), oder in Batesons Diktum, „Informationen bestehen aus Unterschieden, die einen Unterschied machen" (Bateson 1987: 123), zu finden ist.

Dies wird deutlich bei Fichtes Weg aus dem Ich heraus. Das Ich als reines, selbstidentisches Ich verharrt in seiner Selbstbezüglichkeit, die aber streng genommen keine Identität verbürgen kann, weil die reine Selbstbezüglich grenzenlos ist, Identität aber gut differenztheoretisch eine Grenzziehung, eine Differenz, voraussetzt. Das Ich muss, anders formuliert, Fremdreferenzen als ein Entgegengesetztes prozessieren können, um seine eigene Identität abgrenzen zu können. Zu diesem Zweck entwirft Fichte sein Ich als tätiges Ich, und postuliert, dass Ich und Tätigkeit dasselbe sind. Die Frage ist dann allerdings: Wieso ist das Ich ein tätiges Ich? Bei Fichte ist dies begründet durch einen Primat der praktischen Philosophie. Fichte führt den Begriff des Strebens ein, der dem Ich zugrunde liegen soll, und der den Bezug zum Objektiven motiviert. Weil nun der praktische Begriff des Strebens einen Primat gegenüber allen theoretischen Reflexionen haben soll, kann Fichte diesen Begriff als Leitmotiv des Ich, seine eigene Identität zu fixieren, einführen. Differenztheoretisch reformuliert meint dies, dass die je eigene Identitätsbildung eben nur durch ein Prozessieren von Fremdreferenzen gelingt, weil das Ich ansonsten in der Tautologie der Selbstreferenz verharren würde, ohne jemals tatsächlich ein abgrenzbares Ich benennen zu können.

Das tätige Ich setzt sich dementsprechend ein Nicht-Ich entgegen. Fichte unterstellt, sicherlich zu Recht, dass der Satz ‚-A nicht = A' genauso so seine logische Wahrheit hat wie der Satz „A = A". Es wird allerdings unmittelbar deutlich, dass beide Sätze zwar ihre je eigene Wahrheit haben, sich allerdings auch gegenseitig ausschließen, wenn sie auf die Problematik des Ich angewendet werden. Dann würde dies bedeuten, dass das Ich einerseits mit sich selbst identisch ist, andererseits aber mit dem Nicht-Ich. Um diesen Widerspruch synthetisierend aufheben zu können, begreift Fichte Ich und Nicht-Ich als teilbare Quantitäten und dupliziert das Ich in eine absolutes und ein endliches, teilbares Ich. Zusammengefasst meint dies: Das Ich setzt in seinem Geltungsbereich ein Ich und ein Nicht-Ich. Und wenngleich für Fichte das Nicht-Ich noch nicht dasselbe meint wie ein Objekt, so kann für die hier verfolgten Zwecke reformuliert werden: Das Subjekt zieht das Prozessieren von Selbst- und Fremdreferenzen in seinen eigenen Hoheitsbereich zurück. Das Objektive wird zu einem Teil des Ich. Dies soll aber für Fichte nicht gleichbedeutend sein mit der Aussage, dass das Subjekt das Objekt aus sich heraus produziert. Fichte vertritt explizit keinen Solipsismus bzw. keinen ontologischen Konstruktivismus. Fichte stellt sich den Erkenntnisprozess letztendlich so vor, dass dadurch, dass das Subjekt ein Objekt setzt, das Subjekt zugleich einen Teil seiner Tätigkeit auf das Objekt überträgt. Das Objekt wird seinerseits tätig und setzt dem Ich eine Wirksamkeit entgegen, den das Subjekt als „Anstoß" von außen erfährt. Fichte verwendet den dem Empirismus zugeschriebenen Begriff des Leidens, den das Subjekt im Wechselbezug zum Objekt erfährt. Und er leitet aus diesem Wechselbezug den Begriff der Kausalität ab, den das Subjekt auf das Objekt projiziert, weil es vom Objekt ein Widerstreben und eben ein Leiden erfährt, deren Ursache es im Objekt ausfindig macht. In diesem Zuge rehabilitiert Fichte dann auch den Begriff des „Dinges an sich", den er ansonsten vehement kritisiert. Das „Ding an sich" markiert jenen Grenzbegriff, den es bereits bei Kant eingenommen hatte. Es ist die Bedingung der Möglichkeit einer Grenzziehung des ansonsten unendlichen Subjekts. Dies alles zusammen führt indessen nicht dazu, den fundierenden ersten Grundsatz zu negieren. Das Subjekt bleibt als absolutes Subjekt unhintergehbar, und es bleibt die aktive Instanz im Prozess der Objektsetzung. Die vom Objekt ausgehende Fremdaffektion ist „nur unter der Voraussetzung einer Selbsttätigkeit möglich […]. Nur wenn sich das Ich durch Eigeninitiative für eine Fremdaffektion offen hält, kann es von einer Hemmung angegangen werden" (Schäfer: 2006: 153). Der wichtige

Hinweis ist hier, dass sich das Subjekt aktiv für eine Fremdaffektion offen halten muss. Verweigert es sich dem Prozessieren von Fremdreferenzen, verzichtet es nicht nur darauf, Informationen über die Umwelt generieren zu können, es verfehlt sein Potenzial auf eine Identitätsentwicklung. Weil aber Fichte sein Subjekt wesentlich radikaler aufstellt, holt er mit diesem die Möglichkeit ein, dass die Subjekte sich dem Prozessieren von Fremdreferenzen verweigern. Dies zeigt sich dann – für eine Kritische Theorie besonders dramatisch –, wenn Subjekte eine Auseinandersetzung mit ihrer gesellschaftlichen Umwelt nicht prozessieren und damit den jeweiligen Status Quo unbegründet akzeptieren. Dies kann, wie die Geschichte zeigt, menschenverachtende Konsequenzen haben. Für eine Kritische Theorie begrüßenswert ist allerdings, dass das Subjekt in der Tradition Fichtes aufgrund seiner tendenziell leeren Formalität in der Lage ist, eine große empirische Brandbreite subjektiver Welt- und Lebensentwürfe analytisch einzuholen, und es gestattet damit, normativ eine Vielzahl an Möglichkeitsräumen für subjektive Gestaltungsprozesse zu eröffnen. Das Subjekt ist nicht aufgrund anthropologischer Konstanten auf eine bestimmte Form des individuellen und kollektiven Lebens eingegrenzt. Hier trifft sich eine Kritische Theorie mit einen existenzialistischem Humanismus (Sartre 1946/2007).

Dennoch bleibt es höchst kontraintuitiv und möglicherweise kontrafaktisch, dass das Subjekt unter einer selbst gesetzten Fremdaffektion leiden können soll. Es ist dieses eigentümliche Oszillieren zwischen einem Festhalten am Realismus und einer kritisch-transzendentalen Grundlegung, das den Zugang zu Fichtes Wissenschaftslehre erschwert. Einerseits soll es ein absolutes Subjekt geben, das aus sich heraus aktiv die Objektivität setzt, und andererseits soll dabei ein Wechselverhältnis zwischen Subjekt und Objekt entspringen, das die realistische Beschreibung dieses Verhältnisses einholen kann. Es hilft dabei wenig, dass Fichte seine Überlegungen an logischen Deduktionen und differenztheoretischen Ableitungen orientiert. Es mag Fichte zugestanden sein, dass er sich bei seinen logischen Operationen nicht verrechnet hat. Es bleibt jedoch trotzdem oder gerade deswegen der Eindruck zurück, dass Fichte auf esoterisch-solipstischen Pfaden wandelt. Schließlich bleibt das Problem bestehen, wie ein absolutes, unendliches Subjekt eine endliche Ich-Identität und eine endliche Realität aus sich heraus setzen kann, die dann im Umkehrschluss eine widerstrebende Aktivität auf das Subjekt ausübt. Dennoch darf Fichte als Ideengeber für den Radikalen Konstruktivismus nicht unterschätzt werden. Dass Fichte sich des Eindrucks eines esoterisch-solipstischen Denkers, der er sicherlich nicht ist, trotzdem nicht erwehren kann, könnte daran liegen, dass er mit seinem Grundansinnen sich selbst eine zu hohe Bürde auferlegt. Seine Annahme, es müsse einen obersten Grundsatz jenseits aller empirischen Verstrickungen geben, zwingt ihn in das

Dilemma, von diesem Grundsatz aus die Wirklichkeit nicht mehr überzeugend erreichen zu können. Alles was ihm gelingen kann, sind logische und differenztheoretische Manöver innerhalb seines absolut gesetzten Subjekts. Er schafft es, damit seine Wissenschaftslehre so aufzustellen, dass die Ableitungen, die er vornimmt, schlussendlich seinen obersten Satz begründen, der damit aber streng genommen einer begründeter Grundsatz wird, was er per definitionem nicht sein soll. Wenn er hier trotz aller Kritik als Ideengeber fungieren soll, ist dies erläuterungsbedürftig.

Wenn es Fichtes Postulat ist, es müsse einen obersten Grundsatz geben, das die Probleme verursacht, muss auf dieses Postulat verzichtet werden. Fichte selbst bietet einen alternativen Weg in seine Philosophie an, wenngleich er diesen nicht besonders stark macht oder als Alternative ausweist. Es sind zwei Bausteine, die sich in Fichtes Philosophie finden lassen, die die Ideengeberschaft Fichtes für den Radikalen Konstruktivismus begründen können. Zum einen argumentiert Fichte immer wieder gegen den Realismus, worunter er die empiristisch-materialistische Theorietradition subsumiert. Er repetiert dabei die erkenntniskritischen Argumente, die im Kern darauf hinauslaufen, dass sich nicht erklären lässt, wie das Objekt als unabhängiger Beobachtungsgegenstand zum Subjekt kommen soll. Das Subjekt kann seine Wahrnehmung nicht wahrnehmen und somit nicht evaluieren, ob Denken (oder Sprechen) und Gegenstand übereinstimmen. Hume war nicht ohne Grund mit seinem konsequent verfolgten Empirismus wieder vor den Toren der Skepsis angelangt. Dennoch attestiert Fichte dem Realismus, auf überzeugendere Art und Weise den Erkenntniswiderstand des Objekts erklären zu können. Fichte negiert schließlich nicht, dass das Subjekt Perzeptionen hat, auf die es keinen Einfluss nehmen kann. Wenn das Subjekt einen Baum sieht, sieht es einen Baum. Es kann die Augen schließen, es kann den Kopf wegdrehen, doch sobald es den Baum beobachtet, beobachtet es den Baum. Der kritische Idealismus Fichtes dagegen umgeht die Skepsis, weil er das Prozessieren von Fremdreferenzen in das Subjekt verlagert, kann dafür aber den Erkenntniswiderstand der Fremdreferenzen, die doch eigentlich unter der subjektiven Hoheit stehen, nicht hinreichend begründen. Es besteht für Fichte damit eine Pattsituation zwischen den konkurrierenden Theoriealternativen. Beide lassen sich nicht letztbegründen und es bleibt nur, eine Entscheidung zu treffen (vgl. dazu Fichte 1800/1971).

Zum anderen trifft Fichte diese Entscheidung vor dem Hintergrund seines Primats der praktischen Philosophie. Der Unterschied, der den Unterschied macht, ist der, dass der Idealismus direkter auf die Freiheit des Subjekts schließen kann. Wenn es ein aktives Subjekt ist, das logisch nicht hintergangen werden kann und Fremdreferenzen in seinem Hoheitsgebiet prozessiert, ist es nicht schwer, dieses

Subjekt als freies Subjekt zu begreifen. Anders formuliert: Der Idealismus punktet in normativer Hinsicht. Der Grund dafür, von einem radikalen Subjektbegriff auszugehen, ist dann kein logisch-analytischer Grund, sondern ein Grund, der die Schnittstelle zwischen Radikalen Konstruktivismus und Kritischer Theorie markiert. Die Kritische Theorie muss auf eine emanzipationsfähige Instanz verweisen können, die der Radikale Konstruktivismus mit seinem Subjektverständnis anbietet, und der Radikale Konstruktivismus muss sich normativ verankern lassen, was im Gegenzug die Kritische Theorie beisteuert. Weil aber die Begründung für den Radikalen Konstruktivismus keine logisch-analytische ist, schließt eine radikal-konstruktivistisch aufgestellte Kritische Theorie alternative Paradigmen nicht aus. Materialistische, realistische oder empiristische Ansätze und Theorie haben die gleiche theoretische Berechtigung wie der Radikale Konstruktivismus. Es wird noch zu diskutieren sein, wie sich diese Gleichberechtigung konkretisieren lässt.

Was sich indessen für das Subjektverständnis aus der Auseinandersetzung mit Fichte bereits ablesen lässt, ist, dass das Subjekt sich nicht als ein oberster Grundsatz in einem absoluten und wahren Sinne konzipieren lässt. Es ist ein zwar normativ begründetes Setzen, damit aber zugleich auch ein beliebiges Setzen. Wenn es aber gesetzt wird, muss es als ein aktives Subjekt begriffen werden, weil es eine Aktivität ist, die das Subjekt befähigt, eine Subjekt-Objekt-Differenz zu ziehen, die die Bedingung der Möglichkeit für eine Identitätsentwicklung darstellt. Ohne Objekt kein Subjekt. Weil aber das Prozessieren von Fremdreferenzen eine subjektinterne Angelegenheit ist, gilt auch: Ohne Subjekt kein Objekt. Anders: Was sollte erkannt werden, wenn es kein Erkennendes gibt? Dass sich die Erkenntnis dann nach subjektiven Begriffen strukturiert, ergibt sich aus der Erkenntniskritik wie sie am eindringlichsten von Hume und Kant formuliert wurde. Dass diese Begriffe ihrerseits vom Subjekt aktiv entfaltet werden müssen, ist ein Gedanke, den Fichte besteuert, und mit dem er den Subjektstatus radikalisiert. Das Subjekt ist nicht auf bestimmte Begriffe festgelegt, wie es die kantische Philosophie nahe legt, und wie es bei Fichte auch insofern der Fall ist, als er die Entfaltung seiner Philosophie auf bestimmte Begriffe hin orientiert. Dem ungeachtet kann postuliert werden, das aktiv gedachte Subjekt entwickelt die Begriffe vor dem Hintergrund seines subjektinternen Prozessierens von Fremdreferenzen und es ist keineswegs eine ausgemachte Sache, welche Begriffe es dabei entwickelt. Zugespitzt formuliert: Die Wissenschaftsgeschichte hätte auch anders verlaufen können – mit anderen Begriffen, mit anderen Methoden.

Dass sie so verlaufen ist, wie sie verlaufen ist, dürfte mit den Weichenstellungen verbunden sein, die in der klassischen Aufklärungsperiode vorgenommen werden. Diese endet mit Fichte und mit ihr die paradigmatische Stellung der Bewusstseinsphilosophie und Erkenntnistheorie. Da eine Kritische Theorie gut daran tut, sich ihrer Grundlagen in der Aufklärungsperiode zu versichern, soll versucht werden, zu rekapitulieren, wie sich eine wissenschaftliche Einstellung des Subjekts vor dem Hintergrund der klassischen Aufklärung konzipieren ließe. Es sind zwei Motive, die für die vorliegenden Zwecke von besonderer Bedeutung sind. Zum Einen entwickelt sich in der klassischen Aufklärungsperiode eine wissenschaftliche Einstellung, die sich dadurch charakterisieren lässt, dass Beobachtung und logisch-mathematisches Denken zu Ergebnissen kommen sollen, die einerseits der Natur ihre Rätsel entlocken, und die andererseits die Ergebnisse wissenschaftlichen Forschens auf intersubjektiv transparente Säulen hebt. Alle Subjekte können potenziell beobachten und alle Subjekte können potenziell logisch-mathematische Operationen durchführen. Es gibt kein Geheimwissen und es gibt kein Wissen, das einzig einem ausgewähltem Personenkreis vorbehalten wäre. Spekulative oder metaphysische Aussagen sind zwar weiterhin möglich und legitim. Sie müssen ihren Status als nicht verifizierte oder sogar überhaupt nicht zu verifizierende Aussagen jedoch kenntlich machen, und sie verlieren so eine mögliche Deutungsfunktion der Wirklichkeit. Die Natur ist nicht länger das rätselhafte Gegenüber, das sich bestenfalls als göttliche Absicht enthüllt, die jedoch ihrerseits unerforschlich bleibt. Die Natur kann mit subjektiven Mitteln entschlüsselt werden, und es können ihr Gesetzmäßigkeiten abgerungen werden, die sich zur Verbesserung der Lebensqualität anwenden lassen. Dies formuliert zu haben, war gegenüber den inhaltlichen Neujustierungen der weitaus größere Skandal, den Leute wie Galilei Galileo verursacht haben. Dass die Erde sich dreht, dass sie sich um die Sonne dreht, hätte die kirchliche Obrigkeit möglicherweise akzeptieren können. Dass endliche Wesen sich anschicken, Gottes Schöpfung mit rationalen Mitteln zu dechiffrieren, war ein Affront gegenüber der Stellung der Kirche, die damit ihre Vermittlerrolle zwischen Gott und Mensch und ihre Deutungshoheit über die Welt einzubüßen drohte. Kurzum: Die Entdeckung von Beobachtung in Kombination mit logisch-mathematischen Operationen als Grundlage einer wissenschaftlichen Einstellung legte zugleich die Fundamente für eine Herrschaftskritik und eine demokratische Entwicklung. Alle Subjekte können gleichermaßen sich selbst überzeugen, ob Aussagen das Prädikat wahr verdienen, oder eben nicht. Und sie können dies in Diskursen mit Argumenten vertreten, die potenziell von allen am Diskurs beteiligten Subjekten nachvollzogen bzw. evaluiert werden können. In wissenschaftlichen Diskursen treffen gleichberechtigte Subjekte aufeinander, sofern sie eine wissenschaftliche Einstellung einnehmen.

In der klassischen Aufklärungsperiode wurden auch die Grundlagen für den Subjektbegriff gelegt, um den es hier zentral gehen soll. Es ist der schlichte Gedanke, dass es eine erkennende bzw. eine denkende Instanz geben muss, die einen Erkenntnis- bzw. Denkprozess überhaupt erst möglich macht, der zur Idee des Subjekts hinführt. Descartes hatte diesen Gedanken durch seine radikale Skepsis freigelegt und war auf sein cogito gestoßen. Als Produkt der Erkenntniskritik hatte er das Subjekt allerdings nicht nur als Gedanke freigelegt, sondern zugleich das Subjekt derart aus seinen Verstrickungen mit der Umwelt befreit, dass es sich einerseits mit einem Dualismus konfrontiert sah, und andererseits den Kontakt zur anderen Seite der Dualität mit Bordmitteln nicht mehr herstellen konnte. Für diesen hohen Preis hatte es aber im Gegenzug den Status der logischen Nicht-Hintergehbarkeit bekommen. Der wird durch die Rückbesinnung auf die Sinnlichkeit zwar wieder ausgehebelt, dafür entfallen scheinbar die Vermittlungsprobleme. Die tauchen allerdings schnell wieder auf, als Hume deutlich macht, dass eine sinnliche Vermittlung nicht die Informationen über die Umwelt liefert, die gerade auch in einer wissenschaftlichen Einstellung gefragt sind, und es sich über die Sinnlichkeit sowieso nicht klären lässt, ob die Sinne überhaupt objektivierende Informationen über die Umwelt zur Verfügung stellen. Da aber trotz dieser philosophischen Reflexionen auf das Erkenntnisvermögen des Subjekts nicht geleugnet werden kann, dass das Subjekt Informationen über die Umwelt nur dieser selbst entnehmen kann, muss sinnvollerweise der sinnlichen Erfahrung eine Bedeutung im Erkenntnisprozess zukommen. Wird dies akzeptiert, verschieben sich damit die Parameter des Subjekts selbst. Als Erfahrungsobjekt kommt es nicht vor, sodass die cartesianische Substanzialität nicht haltbar ist. Das Subjekt gibt es nicht de re. Gerade um seine logische Nicht-Hintergehbarkeit zu erhalten, muss es sich zurückziehen in eine Subjektivität de dicto. Dies bringt Kant mit seinem denkenden Ich, das alle Vorstellungen synthetisieren können muss, auf den Punkt. Es muss ein logisch nicht-hintergehbares Subjekt angenommen werden, auch wenn es sich empirisch nicht darstellen lässt. Die Probleme der Vermittlung sind damit aber nicht aus der Welt. Das Subjekt laboriert nach wie vor an einem Dualismus, der nicht überzeugend klären kann, wie sich das Subjekt auf seine Umwelt so beziehen kann, dass es verlässliche Informationen aus dieser Umwelt erhält. Fichte zieht daraus den Schluss, den Dualismus aufzugeben, oder besser: ihn in das Subjekt zurück zu verlagern. Aus einer differenztheoretischen oder auch entwicklungspsychlogischen Perspektive würde das Subjekt in der Tautologie der Selbstreferenz verharren, wenn es über keine Dualität verfügen würde, an der es sich abarbeiten kann. Wenn die Fremdreferenz als subjektunabhängige Entität nicht einzuholen ist, so der in den vorliegenden Kontext transformierte Gedanke Fichtes, muss die Fremdreferenz als subjektinternes Prozessieren begriffen werden. Das Subjekt wird auf diese Weise eindeutig der Passivität der sinnlichen Rezeptivität enthoben, es wird ein tätiges Subjekt. Es muss nicht nur das logisch anzunehmende „Ich denke" sein, das die sinnlichen Erfahrungsdaten synthetisiert. Es muss bereits die sinn-lichen Erfahrungsdaten aktiv erzeugen, was Fichte mit der Formel der Offenheit gegenüber der Umwelt insofern anschlussfähig formuliert, als es sich nicht um eine solipsistische Erzeugung der Umwelt handelt, sondern eher um ein akti-ves Arrangieren von Erfahrungsdaten. Das Subjekt wird nicht der Notwendigkeit enthoben, Informationen aus der Umwelt zu generieren, wenn es um Aussagen über die Umwelt geht. Es behält in diesem Prozedere aber seine logische Nicht-Hintergehbarkeit. Nicht die Umwelt bestimmt das Subjekt. Das Subjekt bestimmt seine jeweilige Umwelt, indem es nur die Erkenntnisse generiert, die es eben generiert, und nicht die Erkenntnisse, die von der Umwelt vorgegeben werden. Am Ende der klassischen Aufklärungsperiode steht also ein Subjektvorschlag, der mit einer epistemologischen Hoheit des Subjekts rechnet. Diese Stellung kann dann politisch so interpretiert werden, dass das Subjekt zugleich – wie etwa in den Kontraktualismen der Aufklärungsperiode – die entscheidende Legitimations-quelle für politisches Handeln wird (Beer 2020). Erstaunlicherweise wird es ab dem 19. Jahrhundert jedoch zunächst ruhig um die radikale Subjektvorstellung. Mit den drängenden Problemen der zur Anonymität transformierten Herrschaft und der sozialen Ungleichheit und der damit verbundenen Substituierung der Erkenntnistheorie zugunsten der Gesellschaftstheorie verliert das Subjekt seine nicht-hintergehbare Stellung und findet sich in entfremdeten, entmündigten und ausgebeuteten Verhältnissen wieder. Die entstehende Gesellschaftstheorie kann mit der Euphorie der klassischen Aufklärung nicht mehr viel anfangen. Die Rea-lisierung der aufklärerischen Ideen funktionierte nicht oder nicht hinreichend, und es galt nunmehr der Frage nachzugehen: Warum? Die Antwort, die sehr schnell gefunden wurde und bis in die Gegenwart in modifizierter Form bei-behalten wird, ist, dass das Subjekt eben nicht nicht-hintergehbar ist, sondern als (fremd-)sozialisiertes Subjekts sich einer Gesellschaft gegenüber wiederfin-det, die seinen hoheitlichen Status persistierend unterläuft und das Subjekt in Herrschaftsverhältnisse verstrickt, die sich unterschiedlich etwa als Kapitalver-hältnis (Marx), mediale Manipulation (Adorno), relationale Ungleichheitsstruktur (Bourdieu) oder subjektlose Diskursivität (Foucault) darstellen. Dennoch wird sich gegen Ende des 20. Jahrhunderts mit dem Radikalen Konstruktivismus ein Theorieansatz zu Wort melden, der erneut an den aufklärerischen Status des Sub-jekts erinnert, nicht ohne auf verbleibende Probleme einzugehen, und vor allem nicht ohne über die inzwischen gesammelten Hinweise aus der Gesellschaftstheo-rie über diverse Herrschaftsmechanismen informiert zu sein, die das Subjekt in seinem Hoheitsstatus bedrohen und die von einer Kritischen Theorie reflektiert werden müssen, da ansonsten das Projekt einer Kritischen Theorie seinen Sinn verliert. Dies wird weiter unten zu diskutieren sein.

Die Erkenntnis- und Bewusstseinsphilosophie wurde sicherlich nicht nur deswegen marginalisiert, weil es drängende gesellschaftliche Probleme gegeben hat. Das Paradigma hatte sich erschöpft, weil schlussendlich das Vermittlungsproblem nicht überzeugend gelöst werden konnte, und weil Kant mit seiner Vernunftkritik das Terrain insoweit erschöpfend abgesteckt hatte, als deutlich wurde, auf eigentümliche Art und Weise haben sowohl der Rationalismus als auch der Empirismus ihre Berechtigung, ohne sich jedoch gegenseitig argumentativ aushebeln zu können. Die Frage, inwieweit die Wissenschaft wahres, sicheres Wissen über die Umwelt zur Verfügung stellen kann, war damit keineswegs ad acta gelegt. Die philosophische Reflexion darauf, was die Wissenschaften leisten können und wo ihre Grenzen sind, hörte nicht nur nicht auf, sondern wurde ihrerseits zu einem drängenden Problem. Schließlich gewann die wissenschaftliche Erforschung der Umwelt im 19. Jahrhundert an Fahrt und es musste geklärt werden, welche Aussagen das Prädikat „wissenschaftlich" verdienen, und welche nicht. Es musste, mit anderen Worten, geklärt werden, was Wissenschaft überhaupt sein soll und sein kann.

Für Auguste Comte war die Sache nicht nur mehr oder weniger eindeutig, er lädt sie zugleich mit einer äußerst optimistischen Euphorie auf. Die Wissenschaften, so Comte (1844/1994), bringen den „Geist des Positivismus" auf den Begriff, indem sie mittels logisch-mathematischer Methoden und empirischer Beobachtung Daten ermitteln, an denen der positivistische Verstand nicht ernsthaft zweifeln kann. Dies bedeutet nicht, nicht die grundsätzliche Fallibilität wissenschaftlicher Erkenntnis anzuerkennen. Durch den Verzicht auf die Klärung letzter Gründe und die Reduktion auf die Beobachtung bieten die positiven Wissenschaften jedoch nur solche Erkenntnisse an, die grundsätzlich intersubjektiv transparent und damit nachvollziehbar sind. Ein radikaler Zweifel an den Erkenntnissen der Wissenschaft macht indessen keinen Sinn, weil die Wissenschaften in ihrem positivistischen Gewand sich nur um solche Probleme bemühen, die den Bedürfnissen der Menschheit angemessen sind, und die sich durch ihre Prognosefähigkeit auszeichnen und bestätigen. Die Wissenschaften bearbeiten lösbare Probleme, und wenn eine wissenschaftlich induzierte Problemlösung gefunden werden konnte, macht es keinen Sinn, an der Wahrheit oder Richtigkeit der wissenschaftlichen Lösung zu formulieren. Salopp formuliert: Wenn es funktioniert, funktioniert es, und wenn nicht nach dem letzten Grund für das Funktionieren gefragt wird, kann es damit sein Bewenden haben.

Was Comte als wissenschaftliche Einstellung charakterisiert, ist nicht unbedingt neu. Er zieht den allgemeinen Gehalt der aufklärerischen Ausdifferenzierung der Wissenschaften zusammen und postuliert ein Wissenschaftsverständnis, das auf die Überwindung metaphysischer Spekulationen mittels einer Beschränkung auf transparente Aussagen abzielt. Was er hinzufügt, ist eine phylogenetische Einordnung der positiven Wissenschaften als höchstem Stadium der menschlichen Entwicklung. Gestartet war die Entwicklung im theologischen Stadium, das die Suche nach einem letzten Grund und absoluter Erkenntnis verfolgte. Abgelöst wird dieses Stadium durch die Metaphysik, die im Grunde dieselben Fragen stellt, diese aber nicht mehr mit übernatürlichen Kräften, sondern mit Abstraktionen, die auf Wesenheiten verweisen, beantwortet. Als Zwischenphilosophie leitet die Metaphysik in das positive Zeitalter über, das erkannt hat, dass die theologischen und metaphysischen Fragen falsch sind, weil sie nicht beantwortbar sind. Aber nicht nur dies. Für Comte sind die positiven Wissenschaften der entscheidende Integrationsmechanismus für die industrialisierte Gesellschaft. Weil die Wissenschaften Ähnlichkeits- und Kausalbeziehungen formulieren, befriedigen sie mit ihren Erkenntnissen die sozialen Bedürfnisse nach Ordnung (Ähnlichkeit) und Fortschritt (Kausalität). Sie adaptieren sich an eine Gesellschaft, die einerseits stabiler Rechtsverhältnisse bedarf, und andererseits aufgrund der technischen Dynamik mit ständigem Fortschritt bzw. ständiger Entwicklung umgehen können muss. Das wissenschaftliche Denken bietet genau dies an, sodass Wissenschaft nicht nur den Zweck hat, technisch anwendbare Erkenntnisse zu liefern, sondern darüber hinaus den Zweck, ein Baustein in der Sozialintegration zu sein. Was Comte damit euphorisch feiert, ist die Überwindung aller theologischen und metaphysischen Spekulationen zugunsten einer Wissenschaftlichkeit, die den Menschen und seine Probleme in den Mittelpunkt ihrer Anstrengungen stellt, und die deswegen eigentlich insgesamt als Sozialwissenschaft zu charakterisieren ist.

Interessanterweise erblickt Comte im Proletariat den Adressat seiner positiven Philosophie. Die Theologie assoziiert er als Instrument der Herrschaftslegitimation mit der Oberklasse, die Metaphysik mit der Mittelklasse, und weil das Proletariat an die Verheißungen der Theologie nicht mehr recht glauben mag und mit der Metaphysik ohnehin kaum Kontakt hat bzw. hatte, ist es der ausgezeichnete Ansprechpartner für die positivistische Philosophie, die im Gegenzug Verbesserungen der sozialen Situation anzubieten hat. Im Großen und Ganzen würden Marx und Engels dem sicher zustimmen, um dann aber doch das Proletariat für sich und die Idee einer Überwindung der kapitalistischen Gesellschaft und der Herrschaftsgeschichte insgesamt zu reklamieren. Marx und Engels haben keine ausgewiesene Wissenschaftsphilosophie vorgelegt. Als Gründungsväter der Kritischen Theorie sollen sie aber bezüglich ihrer Einschätzung der Wissenschaft wenigstens kurz zu Wort kommen. Dies auch deshalb, damit deutlich gemacht werden kann, dass eine Kritische Theorie nicht zufällig auf die Wissenschaften verwiesen ist, sondern begründet. Am augenfälligsten ist dabei wohl, dass Marx und Engels ihre Vorstellung von einer sozialistischen Gesellschaft nicht als Entwicklung moralischer Grundlagen verstanden haben, sondern als Ergebnis wissenschaftlicher Überlegungen bzw. Forschungen (Engels 1882/1987). Es war nicht ihr Anliegen, die sozialen und politischen Verhältnisse mit moralischen Forderungen zu konfrontieren, sondern die sozialen und politischen Verhältnisse mittels der wissenschaftlichen Analyse zu verstehen, und aus diesem Verstehen die Entwicklung zu einer klassenlosen Gesellschaft abzulesen, und wissenschaftlich informiert in die Entwicklung einzugreifen. In der politischen Praxis geht es also nicht darum, sich an Idealen abzuarbeiten, sondern darum, die politische Praxis auf wissenschaftlichen Erkenntnissen aufzubauen. Das marxistische Subjekt ist ein wissenschaftlich eingestelltes Subjekt, sobald es politisch praktisch wird. Für Marx und Engels fußt die Wissenschaft dabei auf (dialektisch) materialistischen Grundlagen, Albrecht Wellmer (1969) spricht sogar von einem „heimlichen Positivismus". Es geht also auch Marx und Engels nicht um Spekulationen oder metaphysische Gedankenspiele, sondern um eine Orientierung an potenziell intersubjektiv nachvollziehbaren Beobachtungen.

Dann überrascht Marx allerdings zunächst damit, dass er den Sinn der wissenschaftlichen Analyse unter anderem darin erblickt, hinter den Erscheinungen das Wesen der gesellschaftlichen Verhältnisse aufzudecken, „denn alle Wissenschaft wäre überflüssig, wenn die Erscheinungsformen und das Wesen der Dinge unmittelbar zusammenfielen" (Marx 1894/1970: 825). Diese Zielrichtung der wissenschaftlichen Analyse muss zunächst irritieren. Wieso sollten Erscheinung und Wesen auseinander fallen? Was sollte es hinter den Erscheinungen geben, wenn nicht metaphysische Spekulationen? Wissenschaften müssen sich an Beobachtbares halten, und die marxsche Differenzierung zwischen Wesen und Erscheinung erscheint demgegenüber als Rückfall in den Versuch, die großen und letzten Fragen beantworten zu wollen. Es wird mit dieser Differenzierung indessen auf ein Grundproblem der Kritischen Theorie hingewiesen, wenn es reformuliert wird. Was Marx mit seiner Differenzierung meint, wird mit einem Blick in das „Kapital" deutlich. Der von Marx diagnostizierte Warenfetisch – und aus ihm weiterentwickelt der Geld- und der Kapitalfetisch – soll auf eine Verzerrung des Bewusstseins aufmerksam machen, die dadurch entsteht, dass die gesellschaftlichen Verhältnisse sich intuitiv nicht als das darstellen, was sie eigentlich sind. So wie sich der Intuition das Verhältnis von Erde und Sonne als Kreisbewegung der Sonne darstellt, so stellen sich die kapitalistisch produzierten Waren für die Subjekte dar als „die Form einer Bewegung von Sachen, unter deren

Kontrolle sie stehen, statt sie zu kontrollieren" (1867/1988: 89). Die Waren-
form, die die qualitativ verschiedenen Gebrauchsgüter in einem allgemeinen,
quantitativen Wertmaßstab gleichsetzt, verleiht den Gütern einen quasi-religiösen
Charakter, weil sie den Anschein einer Natürlichkeit erweckt, obwohl sie ein
gesellschaftliches Verhältnis ist. Dies aufzudecken ist für Marx insofern ein zentrales Motiv, weil Marx eine Gesellschaft jenseits des Warentausches nur dann
plausibel machen kann, wenn der Warencharakter den Dingen nur unter spezifischen gesellschaftlichen Verhältnissen zukommt. Erzeugt nun der Warenfetisch
ein Bewusstsein bei den Subjekten, das den Warencharakter ontologisiert, wird
die Überwindung des Kapitalismus zu einer undenkbaren, weil widernatürli-
chen, Angelegenheit. Was Marx also mit seiner wissenschaftlichen Analyse und
einem Blick hinter die Erscheinungen meint, lässt sich durchaus als Aufklärung
verstehen. So wie etwa Newton die unmittelbare, intuitive Erkenntnis mittels
Mathematik und Logik überstiegen, und damit ihrer theologisch-metaphysischen
Verklärung entzogen hat, klärt Marx über gesellschaftliche Zusammenhänge auf,
die sich der unmittelbaren Erkenntnis nicht offenbaren.

Es braucht hier nicht diskutiert zu werden, dass die Differenzierung zwischen
Wesen und Erscheinung dennoch eine höchst problematische Differenzierung
bleibt. Sie fällt hinter die Kritik der Substanzmetaphysik von Hume über Kant
bis Fichte und damit hinter die Einsicht zurück, dass wir nur die Erkenntnisse
haben, die wir nun mal haben, und hinter diesen Erkenntnissen keine Wesenheit
der Dinge zu finden ist, und selbst wenn sie existieren würde, sie sich unserem
Erkenntnisradius entziehen würde. So reinterpretiert, dass nicht alle Erkenntnisse
mittels der intuitiven Erfahrung sondern erst durch ihre Einordnung in allgemeine
und abstrakte Begriffsschemata gewonnen werden können, hat sie aber insofern
ihren Sinn, als sie darauf verweist, dass wissenschaftliche Erkenntnisse seit der
klassischen Aufklärungsperiode tatsächlich zunehmend kontraintuitiver geworden
sind. Dies betrifft dann auch die Sozialwissenschaften, zu deren Begründern Marx
gehört. Wenn sich die gesellschaftlichen Verhältnisse dem Subjekt „falsch" darstellen, hat die Sozialwissenschaft sicherlich die Aufgabe, dies zu korrigieren,
so wie dies die Naturwissenschaften für die Natur auch machen, wenn sie etwa
auf das kopernikanische Weltbild umstellen oder dem subjektiven Sehvermögen
nicht sichtbare Bakterien als Grund für Erkrankungen diagnostizieren. Bezüglich
der Bedeutung der Wissenschaften für eine Kritische Theorie trägt Marx also
vor allem den Gedanken bei, dass Wissenschaft Aufklärung ist und diese andersherum ohne Wissenschaft nicht zu haben ist, weil Kritik an den Verhältnissen
diese nur dann trifft, wenn die Verhältnisse vorher mit wissenschaftlichen Mitteln analysiert worden sind, es also deutlich wird, was überhaupt kritisiert werden
soll. Marx kann dann so gelesen werden, dass er zum Zweck der Aufklärung

postuliert, dass es nicht allein darum gehen kann, Daten zu sammeln, sondern diese zu reflektieren und das meint: sie in einen (gesellschafts-)theoretischen Zusammenhang zu bringen. Dass Menschen unter den Bedingungen einer geringen Entlohnung leben, ist zunächst ein zu dokumentierender Umstand. Dass diese Menschen sich moralisch verwerflich verhalten, dem Alkohol zuneigen und auch vor Verbrechen nicht zurückschrecken, sind ebenfalls dokumentierbare Umstände. Dass diese Verhaltensweisen in einem Zusammenhang stehen könnten mit den sozio-ökonomischen Bedingungen, lässt sich den Daten nur dann entnehmen, wenn sie etwa mit einer materialistischen Bewusstseinstheorie (Marx und Engels 1845–46/1990) oder dem Modell einer Fremdsozialisation (vgl. dazu Beer 2007) interpretiert und zusammengeführt werden, sodass Engels, um dessen Studie zur „Lage der Arbeiterklasse" es hier geht, behaupten kann, dass die Stellung und die Umgebung des Arbeiters „die stärksten Neigungen zur Immoralität" (Engels 1845/1957: 343) enthalten. Aus einer erkenntniskritischen Sicht ist freilich anzumerken, dass (gesellschafts-)theoretische Einordnungen nicht den Status der (beobachtbaren) Wahrheit haben können. Theorien sollten einen Bezug zu empirischen Daten haben. Sie gehen aber notwendig darüber hinaus und integrieren die empirischen Daten zu einer Erklärung, die ihrerseits nicht mehr beobachtbar ist. Dennoch ist die Forderung nicht abwegig, dass eine wissenschaftliche Aufklärung gerade auch im Sinne einer Kritischen Theorie mehr sein sollte als ein reines Beobachten, weil ein reines Beobachten nicht in der Lage ist, den Daten Herrschaftsverhältnisse abzulesen, die aufzuzeigen, das Hauptanliegen der Kritischen Theorie ist. Dieses Dilemma zwischen Theorienotwendigkeit und unklarem Status der Theorie, das für die Naturwissenschaften natürlich genauso gilt, wird noch weiter zu diskutieren sein.

Für die Sozialwissenschaften stellt sich freilich noch eine andere Frage. Was soll überhaupt beobachtet werden? Was ist der Gegenstand der Sozialwissenschaften? Eine erste und nahe liegende Antwort ist: Das Soziale. Doch was ist damit gemeint? Resultiert nicht das Soziale aus den Handlungen der Individuen und müsste die Sozialwissenschaft nicht eigentlich Psychologie sein? Der französische Mitbegründer der Soziologie Emile Durkheim beantwortet diese Frage mit einem entschiedenen Nein. Ihm geht es darum, eine Wissenschaft des Sozialen zu begründen, und um dies zu erreichen, muss er das Soziale als eigenständigen Gegenstand jenseits des Subjekts ausweisen. Die Sozialwissenschaft wird von der Psychologie abgegrenzt. Auf der anderen Seite soll es eben um eine Wissenschaft gehen und Durkheim versucht den Anspruch auf Wissenschaftlichkeit dadurch einzuholen, dass er sich an die Naturwissenschaften anlehnt. Dies bedeutet, dass er das Soziale als sozialen Tatbestand, als Ding in einem naturwissenschaftlichen Sinne begreift. Die Konsequenz ist, dass das Soziale oder die

Gesellschaft erstens einen überindividuellen Charakter haben muss. Für Durkheim basiert das Soziale zwar auf der Ebene der Individuen, geht dann aber über diese hinaus und bekommt einen emergenten Charakter. Gesellschaft ist nicht die Summe oder das Zusammenspiel individueller Handlungen. „Ein Gedanke", so Durkheim (1895/1991), „der sich in jedem Sonderbewusstsein vorfindet, oder eine Bewegung, die bei allen Individuen in gleicher Weise auftritt, ist darum noch kein soziologischer Tatbestand." Zweitens muss das Soziale so begriffen werden, dass es einen dingähnlichen Charakter bekommt. Durkheim muss, anders formuliert, aus dem Chaos gesellschaftlicher Zusammenhänge solche Aspekte extrahieren, die sich durch eine hinreichende Konstanz und Objektivität auszeichnen. Er findet dies in solchen sozialen Erscheinungen, die einen zwingenden Charakter haben. Dies können sowohl formelle als auch informelle Tatbestände sein. Dahinter steht die Annahme, dass die Subjekte durch gesellschaftliche Verhältnisse geprägt werden, die Subjekte also die Gesellschaft als zwingende Gewalt erfahren. Wenn dies so ist, dann hat die Gesellschaft den objektiven Status gegenüber dem Subjekt, der im empiristischen oder materialistischen Paradigma dem objektiven Status der Natur gegenüber dem Subjekt ähnelt. So wie sich die Beobachtung der Natur nach dieser zu richten hat, so richtet sich das Subjekt nach den Gegebenheiten der Gesellschaft. Diese kann also ähnlich zur Natur in den Naturwissenschaften untersucht werden.

Was Durkheim erreicht, ist auf der einen Seite nicht wenig. Er schafft es, einen Gegenstandsbereich für die Sozialwissenschaften zu definieren, der es anschließend erlaubt, es den Naturwissenschaften gleich zu tun. Die Sozialwissenschaften sind kein sinnentleerter Debatierclub, der sich in mehr oder weniger unhaltbaren Interpretationen des Sozialen verfängt. Die Sozialwissenschaften sind genauso eine ernsthafte Angelegenheit, wie es die Naturwissenschaften sind. Sie können einen Gegenstand objektivierend beobachten und beschreiben. Auf der anderen Seite ist der Preis recht hoch angesetzt, den Durkheim für seine Zielerreichung bezahlt. Er muss ein spezifisches Verständnis von Gesellschaft zugrunde legen, um die Gesellschaft als objektiven Tatbestand ausweisen zu können. Das Durkheim (etwa auch 1898/1976) mit seinem Postulat einer Suprematie des Sozialen gegenüber dem Subjekt mit dem hier zugrunde gelegten Subjektverständnis kollidiert, ist das eine. Das andere ist, dass Durkheim, der ebenfalls als Positivist gilt, keineswegs eine objektive Beobachtungssituation ausweisen kann. Diese ist abhängig von einer Gesellschaftstheorie, sodass auch Durkheim nicht als gleichsam neutraler Beobachter an den Gegenstand herangeht, sondern diesen bereits interpretatorisch aufgeladen hat. Wenn er fordert, dass alle Vorbegriffe systematisch auszuschalten seien, so trifft er damit sicherlich insofern einen wissenschaftlichen Nerv, als es in den Wissenschaften nicht darum gehen kann und soll, je eigene Werturteile oder Dogmen zu prozessieren. Sein Gesellschaftsverständnis kann aber keineswegs als Beobachtungsbegriff gelten. Gesellschaft als emergente Entität zu konzipieren, die sich dem Subjekt prägend aufzwingt, ist zwar eine widerspruchsfreie Möglichkeit, aber eben keine zwingende Tatsache. Durkheim entkommt nicht dem Dilemma, dass die Beobachtung theoriegeladen und damit keine reine Beobachtung ist.

Dessen ungeachtet bleibt es der Verdienst von Durkheim, den Versuch unternommen zu haben, die Sozialwissenschaften als Wissenschaften zu begründen. Dass er dabei die Naturwissenschaften als Vorbild nimmt, mag einerseits problematisch sein, weil die Gegenstände differieren. Es ist andererseits aber insofern nachvollziehbar, als insbesondere zu Zeiten Durkheims die Naturwissenschaften einen Optimismus ausgelöst haben, dem nachzueifern zweifelsohne ein sinnvolles Motiv war. Wenn die Naturwissenschaften es mit ihrem Wissenschaftsverständnis schaffen, an der Natur Entdeckungen zu machen, die dann in technischen Anwendungen dem Subjekt zur Verfügung stehen, wäre es dann nicht ebenso ein Fortschritt, wenn die Sozialwissenschaften dies auch könnten? Und müssten dazu die Sozialwissenschaften nicht die Methoden und das Wissenschaftsverständnis der Naturwissenschaften übernehmen? Indem Durkheim dies macht, gelingt es ihm, überhaupt das Soziale als eigenständigen Forschungsgegenstand zu bestimmen. Wenngleich seine Version einer Bestimmung des Sozialen nicht das letzte Wort in der Geschichte der Soziologie geblieben ist, so gebührt Durkheim auch der Verdienst, überhaupt darauf hingewiesen zu haben, dass es etwas gibt, was weder mit dem Individuum noch mit der Summe aller Individuen identisch ist, und was als Gesellschaft bezeichnet werden kann. Die Soziologie ist keine Psychologie und auch nicht deren verlängerter Arm, sondern eine Wissenschaft mit einem eigenen Forschungsbereich.

Der Positivismus eines Comte, eines Marx (wenn er denn als heimlicher Positivist gelten soll) oder auch eines Durkheim tendiert dazu, die erkenntniskritischen Argumente zu invisibilisieren. Zwar finden sich Andeutungen über die Begrenztheit des subjektiven Erkenntnisvermögens, aber die aufgeworfenen Probleme eines Hume, Kant oder Fichte scheinen ad acta gelegt. Dafür gab es freilich gute Gründe. Die empirischen Wissenschaften machten ungeheurere Fortschritte, die sich in diversen technischen und medizinischen Anwendungen bestaunen ließen. Welchen Sinn sollte es vor diesem Hintergrund haben, eine Skepsis gegenüber den wissenschaftlichen Erkenntnismöglichkeiten zu formulieren? Und dennoch blieb der erkenntniskritische Stachel erhalten. Auch dafür gab es sicherlich gute Gründe. Zum einen war auch im 19. Jahrhundert die Wissenschaftsgeschichte keine einzige Erfolgsgeschichte, wie etwa das eingangs erwähnte Drama um die newtonsche Physik dokumentiert. Zum anderen waren die Fragen der Erkenntniskritik nicht beantwortet worden. Die wissenschaftlichen Erfolge konnten Zufallserfolge sein, und gerade um die bereits erreichten und auch die zu erhoffenden künftigen Erfolge auf ein sicheres Fundament zu stellen, musste die Lücke zwischen philosophischer Reflexion und wissenschaftlicher Praxis geschlossen werden. Wenn nun aber der Positivismus in seinem generellen Gehalt und mit seinem Wissenschaftsoptimismus den Erfolgen der Wissenschaften am ehesten gerecht wird, dann könnte dies ein plausibles Argument sein, an ihm festzuhalten. Wenn aber die erkenntniskritischen Hinweise ihrerseits nicht vollständig ausgehebelt werden können, muss der Positivismus mit diesen integriert werden. Dieses Postulat scheint jedenfalls Hans Vaihinger zu seinem Programm eines kritischen Positivismus motiviert zu haben.

Für Vaihinger ist es eine ausgemachte Sache, dass es eine objektive Erkenntnis der Wirklichkeit nicht gibt. Zwischen Denken und Sein besteht ein kategorialer Unterschied und der Sinn und Zweck des Denkens ist es nicht, die Wirklichkeit abzubilden oder allgemeiner: zu erkennen. Der Grund dafür ist, dass sich zwischen das Denken und die Wirklichkeit Begriffe schieben, die nicht der Wirklichkeit entnommen sind, sondern dem Denken, diese also einen subjektiven Charakter haben. Für eine Erkenntnis, das übernimmt Vaihinger von Kant, ist aber eine begriffliche Subsumtion unumgänglich. Ohne die begriffliche Zurüstung des Empfindungsmaterials gäbe es nur eine chaotische Ansammlung von Daten, denen nichts abgelesen werden könnte. Die begriffliche Vermittlung der Empfindungsdaten ist also einerseits Bedingung der Möglichkeit von Erkenntnis, und andererseits die Verunmöglichung von Erkenntnis im Sinne einer Adäquatio. Sie ist ein subjektives Prozessieren ohne objektiven Gehalt. Das bedeutet nun nicht, dass Vaihinger die sinnliche Erfahrung disqualifizieren würde. Er geht davon aus, dass es eine sinnliche Erfahrung gibt, die die Subjekte mit einem Wissen von „unabänderlichen Successionen und Koexistenzen" (Vaihinger (1911/2007: 94) versorgt. Ein Begreifen der Wirklichkeit wird dadurch aber nicht erreicht. Dazu bedarf es eben der Begriffe, die die Einzeldaten zu allgemeinen Aussagen steigern können, die dann aber den unmittelbaren Kontakt zur Wirklichkeit verstellen. Ein reiner Positivismus kommt daher für Vaihinger nicht in Betracht, weil Urteilen immer begrifflich aufgeladen und Begriffe kein Abbild der Wirklichkeit sind. Vaihinger spricht vom kritischen Positivismus. Seine Position kann aber auch (mit Einschränkungen) vorwegnehmend als logischer Positivismus bezeichnet werden, weil Vaihinger mit sinnlichen Empfindungsdaten, mit der Beobachtung anhebt, diese dann aber mit logischen Mitteln aufarbeitet.

Es ist nicht der Zweck des logischen Denkens, die Wirklichkeit zu erkennen. Der Zweck besteht letztlich in der Ermöglichung praktischen Handelns. Auch Vaihinger koinzidiert einen Primat der Praxis über die Theorie. Es geht darum, das Empfindungsmaterial so zu ordnen, dass es für praktische Zwecke genutzt werden kann. Die Wissenschaften haben ihren Zweck also nicht intrinsisch als Entdeckung der Wirklichkeit, sondern sie finden ihren Zweck in ihrer praktischen Anwendbarkeit. Vaihinger bricht mit einem Wissenschaftsverständnis, das sich primär um Wahrheit im Sinne eines Erkennens der Wirklichkeit an sich dreht. Er postuliert, „die sogenannte Übereinstimmung mit der Wirklichkeit ist doch endlich als Kriterium aufzugeben" (Ebd.: 193). Entsprechend kritisiert er gängige Begriffe aus den Wissenschaften und der Philosophie. Es gibt kein „Ding an sich", es gibt keine „Kraft", es gibt keinen „Raum" und auch Kausalität ist für ihn eine rein logische Angelegenheit, die zwar aus den Empfindungen der Succession entwickelt werden kann, die aber als logische Kategorie keineswegs mit der Wirklichkeit verwechselt werden darf. Die Pointe seiner Wissenschaftstheorie besteht nun allerdings darin, dass Vaihinger diese Begrifflichkeiten zwar unter Metaphysikverdacht stellt, sie aber keineswegs einfach aufgibt. Sein Ansatz besteht vielmehr darin, diese Begriffe als Fiktionen zu reinterpretieren.

Vaihinger akzeptiert als wissenschaftliche Methoden sowohl die Induktion als auch die Deduktion. Um was es ihm allerdings zentral geht, sind die Fiktionen, die den Kern seiner „Philosophie des Als Ob" ausmachen. Er unterscheidet dabei zwischen Semifiktionen und echten Fiktionen. Erstere sind dadurch klassifiziert, dass sie Begriffe formulieren, die in einem Widerspruch zur Realität stehen. Als Beispiel führt Vaihinger etwa Adam Smith an, der einen generellen Egoismus unterstellt. Für Vaihinger widerspricht dies der Realität. Es ist aber eine nützliche Fiktion, weil Adam Smith auf diese Weise seine Nationalökonomie auf dem Boden kausaler Zusammenhänge aufbauen konnte. Demgegenüber stehen die echten Fiktionen, die einen Widerspruch in sich formulieren. Vaihinger denkt etwa an den Begriff des Raumes, der vor dem Hintergrund der Unendlichkeit paradox wird. Für die Wissenschaften ist die Fiktion des Raumes indessen eine nützliche Fiktion, weil sie das Empfindungsmaterial in eine Ordnung und in einen Zusammenhang zu bringen vermag. Ähnlich wertet Vaihinger den Begriff des „Ding an sich". Er impliziert die contradictio in adjecto, einerseits ein von seinen Eigenschaften losgelöstes Wesen, gleichzeitig aber nur über seine Eigenschaften erkennbar zu sein. Dennoch dient auch er dem Zweck, Ordnung in das chaotische Empfindungsmaterial zu bringen. Mit Fiktionen zu hantieren, meint für Vaihinger also eine Methode, mit widersprüchlichen Begriffen zu (praktischen) Ergebnisse zu kommen, die ohne diese Fiktionen möglicherweise nicht erreicht worden wären. Der Begriff der Fiktion ist dabei vor allem in dem Sinne wörtlich zu nehmen, als er sich tatsächlich auf rein subjektive Vorstellungen bezieht, denen in der Realität nichts korrespondiert. Sie sind in einem gewissen Sinne absichtlich falsch, um anschließend zu wissenschaftlichen Urteilen zu kommen, die ihren praktischen Zweck erfüllen.

Vaihinger grenzt den Begriff der Fiktion streng vom Begriff der Hypothese ab, nicht zuletzt um den Stellenwert der Fiktionen abzugrenzen. Hypothesen haben ihre Funktion als Wahrscheinlichkeitswert. Im Forschungsprozess geht es dann darum, Hypothesen entweder zu verifizieren oder zu falsifizieren. Hypothesen sollen durch den Forschungsprozess bestätigt werden und dadurch entfallen. Sie haben das Ziel, als Hypothesen aufgehoben zu werden. Dies gilt auch für Fiktionen, allerdings in einem eliminativen Sinne. Insbesondere echte Fiktionen sollen auf heuristische Weise die wissenschaftliche Forschung anleiten. Weil sie aber in sich widersprüchlich sind, müssen sie durch Korrekturen wieder ausgeglichen werden. Sie müssen als mögliches Wissen eliminiert werden. Der kategoriale Unterschied zwischen Hypothesen und Fiktionen ist also der, das Hypothesen einen objektivierenden Gehalt haben sollen, während Fiktionen von vornherein als Fiktionen gesetzt werden. Vaihinger spricht bezüglich der Fiktionen auch von Hilfsbegriffen oder Kunstbegriffen, und er macht damit deutlich, dass sie weder einen hypothetischen noch einen objektivierenden Charakter haben.

Interessant ist die Abgrenzung der Fiktionen zur Induktion, die Vaihinger vornimmt. Die Induktion, so Vaihinger, ist gegenüber der Fiktion der direkte Weg zum Ziel. Ihr Zweck besteht darin, kausale Zusammenhänge festzustellen, weshalb sie die geeignete Methode für die Naturwissenschaften ist. Vaihinger vermutet, dass es bei diesen Wissenschaften nicht um ein theoretisches Begreifen geht, sodass sie mit der Methode der Induktion bestens ausgerüstet sind. Die Methode der Fiktionalität sieht er hingegen bei den mathematischen und den moralisch-politischen Wissenschaften beheimatet. Diese Trennung zwischen Naturwissenschaft und Mathematik dürfte allerdings kaum den tatsächlichen Forschungsprozessen in den Naturwissenschaften entsprechen. Schließlich beziehen sich diese seit den Zeiten Galileis oder Newtons auf die Mathematik, um auch zu theoretischen Erklärungen kommen zu können. Dennoch macht Vaihinger mit seinen Hinweisen darauf aufmerksam, dass auch die Naturwissenschaften keine Adäquatiowahrheit anbieten, wenn sie sich der Mathematik bedienen, weil sich dann auch Fiktionen zwischen das Denken und die Wirklichkeit schieben.

Vaihinger wird in philosophischen oder wissenschaftstheoretischen Debatten so gut wie gar nicht thematisiert. Der Grund dafür scheint nicht der zu sein, dass Vaihinger abwegige, esoterische oder irrationale Überlegungen anstellt. Er zieht den Gehalt der empiristischen und idealistischen Erkenntniskritik mit dem Paradigma des Positivismus zusammen und offeriert einen Vorschlag für das Verständnis der Wissenschaften, das einerseits die Skepsis beibehält, andererseits daraus aber nicht den Schluss zieht, die Wissenschaften seien überflüssig oder produzieren schlichtweg falsche Ergebnisse. Sein Trick besteht darin, von der Wahrheitsorientierung auf Zweckmäßigkeit umzustellen. Angetrieben wird dieser Trick durch die Erkenntniskritik und die Einsicht, dass der Skeptizismus nicht so einfach auszuhebeln ist. Dies gilt aber nur, wenn dem Skeptizismus auf dem Terrain der Wahrheitsfähigkeit begegnet wird. Wird auf das Terrain der Zweckmäßigkeit umgestellt, kann der Skeptizismus zwar auch hier Zweifel an den praktischen Absichten anmelden, die Skepsis an den Potenzialen der Wissenschaften wird dadurch aber deutlich entschärft. Der Sinn der Wissenschaft, so würde Vaihinger wohl sagen, muss richtig begriffen werden. Er besteht nicht im intrinsischen Zweck der Wahrheitsfindung, sondern in der Nützlichkeit für das Praktische. Den erkenntniskritischen Fragen wird auf diese Weise ausgewichen.

Aus der subjektphilosophischen Perspektive, die hier maßgeblich verfolgt werden soll, macht Vaihinger damit einen interessanten Vorschlag für das Wissenschaftsverständnis. Er invisibilisiert nicht die auch dem Subjekt zugrunde liegende Erkenntniskritik oder tut diese mit dem Gestus der erfolgreichen Wissenschaften einfach ab, sondern er nimmt sie ernst und gelangt dennoch zu einer optimistischen Einschätzung der Möglichkeiten der Wissenschaften. Der Titel seines Buches markiert den modus vivendi, mit dem die Wissenschaften eingeordnet werden können. Es geht darum, so zu tun, *als ob* die Wissenschaften die Wirklichkeit erkennen, beschreiben und abbilden können, eingedenk des Umstandes, dass ihnen dies aus systematischen Gründen gar nicht möglich ist. Es muss ausreichend sein, wenn die Wissenschaften zu Ergebnissen kommen, die sich in der Praxis als nützliche Anwendungen instrumentalisieren lassen. Die Frage, ob die Ergebnisse wahr sind im Sinne einer Übereinstimmung mit der Wirklichkeit, ist letztlich eine metaphysische Scheindebatte, die sich weder mit wissenschaftlichen und schon gar nicht mit philosophischen Mitteln beantworten ließe. Dennoch trägt selbst diese Debatte ihren Teil zum wissenschaftlichen Fortschritt bei, wenn sie etwa mit dem „Ding an sich" Begriffe beisteuert, die zwar selbstwidersprüchliche Fiktionen darstellen, die aber Ordnung in das Chaos der Empfindungsdaten bringen. Alle Allgemeinbegriffe, alle logischen Begriffe und auch die kantischen Kategorien sind als Fiktionen zu dechiffrieren. Dann aber erweisen sie sich als nützliche Begriffe, die ihren Zweck in der wissenschaftlichen Praxis entfalten können. Eins ist damit dann aber klar: Der kantische Apriorismus hat ausgedient. Wenn die Begriffe und Kategorien subjektive Werkzeuge sind, deren Herleitung aus praktischen Zwecken resultiert, gibt es keine zeit- und raumunabhängigen Begriffe und Kategorien, die das Subjekt immer schon mitbringt. Es gibt nur die Begriffe, die dem Forschungsprozess zweckdienlich sind, wobei der Forschungsprozess seinerseits von praktisch gesetzten Zwecken motiviert ist. Retrospektiv wird damit das Problem des Idealismus insbesondere fichtescher Provenienz deutlich. Der Idealismus hatte ein der Wirklichkeit enthobenes Subjekt inthronisiert, das dennoch zu wahren, Wirklichkeit und Denken übereinstimmenden Aussagen kommen sollte. Vaihinger entlastet das Subjekt von diesem Anspruch und lokalisiert die Übereinstimmung von Denken und Wirklichkeit im Handeln, also in einer Praxis, die sich um ihren Wahrheitswert nicht sorgen muss, solange ihre Zwecke erreicht werden. Trotzdem oder gerade deswegen kann das Subjekt seine erkenntnistheoretische Hoheit und seine logische Nichthintergehbarkeit beibehalten. Das Subjekt ist es schließlich, das seine Zwecke formuliert und das zur Realisierung dieser Zwecke mit Fiktionen operiert, die dem Subjekt und eben nicht der Wirklichkeit entspringen.

In diese Überlegungen reiht sich der experimentelle Empirismus von John Dewey ein. Deweys Philosophie wird mitunter als Pragmatismus klassifiziert, was damit zusammenhängen dürfte, dass für ihn Wissenschaft (aber auch alltägliches Handeln) im Wesentlichen Problemlösen ist. Er argumentiert ähnlich wie Vaihinger, das es in der Wissenschaft nicht primär um eine wahrheitsorientierte Erkenntnisgewinnung geht, sondern letztlich darum, arbiträr gesetzte Zwecke zu erreichen. Er geht allerdings über Vaihinger hinaus, wenn er mit dem Experiment eine gewichtige Praxis der wissenschaftlichen Forschung zum entscheidenden Ausgangs- und Zielpunkt seiner Philosophie der Wissenschaft macht. Die experimentelle Praxis, mit der Galilei oder Newton zu ihren Erkenntnissen gekommen sind, ist für Dewey die entscheidende Revolution in der europäischen Geschichte des Denkens gewesen. Nicht die begriffliche Umstellung auf ein Cogito (Descartes), nicht die empiristische Hinwendung zu intersubjektiv transparenten Sinnesdaten (Locke, Hume) und nicht die kopernikanische Wende der Erkenntnistheorie (Kant) haben den Stein der Moderne ins Rollen gebracht, sondern die Entdeckung des Experiments, das die Grundlagen des Denkens herausgefordert und zu einer Neujustierung genötigt hat, die Dewey nachzuzeichnen versucht.

Er diagnostiziert eine Kontinuität des antiken Denkens, die zu diversen philosophischen Problemen führt, die deswegen unlösbar scheinen oder tatsächlich sind, weil sich die wissenschaftlichen Grundlagen inzwischen radikal geändert haben (vgl. dazu Suhr 2005). Die Wissenschafts- und die Erkenntnistheorie, so Dewey, haften aber immer noch den paradigmatischen Grundunterscheidungen eines Denkens an, dass in der Gegenwart seine Adaptivität eingebüßt hat. Allen voran sieht Dewey in dem Dualismus zwischen Theorie und Praxis das bezeichnende Charakteristikum der antiken Philosophie. Dieser Dualismus hat nicht nur gesellschaftspolitisch die Hierarchisierung in unterschiedliche Klassen zur Folge gehabt. Er hat wissenschaftstheoretisch dazu geführt, die Praxis als mögliches Moment der Erkenntnis zu diskreditieren, und einzig der theoretischen Kontemplation den Rang wahrer Erkenntnis zuzusprechen. Der metaphysische Hintergrund dieses Dualismus war die Unterscheidung zwischen unveränderlichen und wandelbaren Dingen. Die Praxis, sei es die landwirtschaftliche Produktion oder die politische Gestaltung der Polis, beschäftigt sich mit wandelbaren Gegenständen und damit mit Gegenständen, die nicht in sich abgeschlossen und vollständig sind, sondern denen ein Mangel attestiert werden muss. Im Gegenzug dazu richtet sich die theoretische Kontemplation auf ewige Wahrheiten, wie sie etwa im platonischen Ideenhimmel zu finden sind. Er drängt sich gleichsam auf, dass das Erfassen ewiger Wahrheiten einen höheren Rang einnehmen muss, als die Beschäftigung mit vergänglichen Gegenständen. Eine wissenschaftstheoretische Konsequenz daraus ist es allerdings, dass das Subjekt auf eine Beobachterposition verwiesen wird. Es geht darum, die Wahrheit, die immer schon existiert, von außen zu erkennen. Die Dualismen zwischen Subjekt und Objekt, zwischen Leib und Seele, zwischen Geist und Natur finden hier ihren Ursprung und es dürfte unmittelbar einsichtig sein, dass Dewey in der neuzeitlichen Philosophie von Descartes bis Kant keine wirkliche Neuerung erkennen kann. Zwar fordert der Empirismus eine Rehabilitation der Sinne ein und befreit damit das Denken aus der scholastischen Engführung auf rein theoretische Diskurse. Das Subjekt bleibt jedoch in einer Beobachterposition, die lediglich darauf angelegt ist, eine außersubjektive Wahrheit zu erkennen. Die tatsächliche Revolution sieht Dewey etwa bei Francis Bacon, der postuliert hatte, „alle richtigere Interpretation der Natur kommt durch Einzelfälle und geeignete durchführbare Experimente zustande" (Bacon (1620/1990: 113), oder bei Galilei Galileo, der tatsächlich Experimente durchgeführt hat, als er zum Beispiel eine Kugel auf einer geeigneten Ebene hinunterrollen ließ, um seine Thesen zur Fallbewegung zu überprüfen. Beide eint, dass sie mit den tradierten Dualismen brechen. Sie transformieren das Modell der wissenschaftlichen Erkenntnis von der theoretischen Kontemplation zur wissenschaftlichen Praxis. Denken und Praxis fallen auf diese Weise nicht mehr auseinander und sie stehen auch nicht länger in einem Hierarchie- sondern in einem Ergänzungsverhältnis. Weil die Philosophie diesen Bruch mit der Tradition nicht hinreichend reflektiert hat, so Dewey, laboriert sie nach wie vor an einem Subjekt-Objekt-Dualismus und einem damit verbundenen kontemplativen Erkenntnisbegriff, die beide verkennen, dass das Subjekt und das Objekt nicht scharf voneinander differenziert sind, sondern in der Praxis gleichsam zusammenfallen. Dewey (1925/2007) implementiert diesen Gedanken in einem Naturalismus, der mit einer Kontinuität zwischen Natur und Geist rechnet. Eine derartige Einbindung des Subjekts in die Natur ist freilich mit dem hier zugrunde gelegten Subjektverständnis nicht kompatibel. Dennoch treffen sich der radikale Subjektbegriff und Deweys Philosophie in der Kritik des dualistischen Denkens. Der Unterschied ist der, dass Dewey die Überwindung des Dualismus in durchaus hegelscher Manier als objektivierendes Verhältnis zu begreifen scheint, während das radikale Subjekt den Dualismus dadurch zurücknimmt, dass er ihn als subjektinternes Prozessieren begreift. Die emphatische Stellung des Subjekts als logisch nicht hintergehbare Instanz ist bei Dewey jedenfalls nicht zu finden, was daraus resultiert, dass Dewey die Fragen der Erkenntnistheorie, die den Anstoß zum radikalen Subjektverständnis geben, als mehr oder weniger antiquiert ad acta legt. Anders formuliert: Dewey zieht aus dem Scheitern der klassischen Erkenntnistheorie andere Schlüsse. Während das radikale Subjektmodell sich in die Subjektivität zurückzieht, positioniert sich Dewey in einem Naturalismus. Interessanterweise ist der Grund für die unterschiedlichen Manöver dennoch identisch: Die unlösbaren Anschlussprobleme des epistemologischen Dualismus. Diese Identität erlaubt eine Aneignung wesentlicher Überlegungen von Dewey ohne größere Integrationsprobleme.

Wenn es letztlich um Problemlösungen geht, wird der klassische Wahrheitsbegriff vakant. Dewey desavouiert auch folgerichtig zwei Merkmale der klassischen Erkenntnistheorie bezüglich dieses Begriffes. Es gibt für ihn erstens keine selbstevidenten Wahrheiten. Weder rationalistische Prinzipien noch unmittelbare Sinnesdaten geben für Dewey eine bestätigte Wahrheit wieder. Es gibt keine angeborenen Ideen, keine selbstbezügliche, reine Logik oder Mathematik und keine Erfahrungen, die entweder selbst als Wahrheit fungieren könnten oder den Anfangsgrund für begründete Wahrheiten lieferten. Zwar attestiert Dewey dem Rationalismus, richtig gesehen zu haben, dass Erkenntnisse immer schon ideenvermittelte Erfahrungen sind. Er hat aber den Stellenwert der Ideen zu hoch angesetzt. Der Empirismus ahnt dagegen richtigerweise, dass jegliche Erkenntnis mit Beobachtungen anhebt, übersieht aber, dass Beobachtung mehr ist als eine reine Sinneswahrnehmung. Es gibt also weder rational noch empirisch unmittelbare Erkenntnisse bzw. unmittelbare Wahrheiten. Zweitens macht es aufgrund der Bedeutung der Praxis keinen Sinn, an der Idee einer Adäquatio- oder Korrespondenzwahrheit festzuhalten. Dewey beharrt demgegenüber darauf, „dass erkannte Gegenstände die Konsequenzen zielgerichteter Operationen sind, nicht wegen der Übereinstimmung des Denkens oder der Beobachtung mit etwas, das schon besteht" (Dewey 1929/2013: 200). Die wissenschaftliche Praxis denkt er sich entsprechend grob formuliert in folgenden Schritten. Zu Beginn steht eine Beobachtung, die ein Problem, eine Verunsicherung erzeugt. Zur Lösung dieses Problems und um wieder Sicherheiten zu erzeugen, müssen Hypothesen gebildet und konkrete Operationen (Experimente) ausgedacht werden, die in der Lage sind, die verschiedenen Hypothesen zu evaluieren. Es sind also gut rationalistisch Ideen, die den Forschungsprozess anleiten, allerdings solche Ideen, die aus einem konkreten Problem resultieren und die einen operativen Bezug haben. Im Ergebnis geht es bei der wissenschaftlichen Forschung dann nicht so sehr darum, den Einzeldingen bestimmte Qualitäten abzulesen. Dewey weiß, dass seit dem 17. Jahrhundert die Naturwissenschaften von der antiken Orientierung an Qualitäten auf das Erfassen von Quantitäten und Relationen umgestellt haben. Es werden „Beziehungen zum Gegenstand der Forschung, und Qualitäten werden auf einen zweitrangigen Platz verwiesen: Sie spielen nur insoweit eine Rolle, als sie bei der Schaffung von Relationen helfen" (Dewey 1938/2002: 144). Wissenschaftliche Erkenntnisse, wie sie innerhalb Deweys Philosophie zu verstehen sind, sind also das Resultat spezifischer Operationen zu dem Zweck, mittels der Kontrolle von Veränderungen ursprünglich beobachtete Dissonanzen zu reäqulibrieren. Analog zu seinem naturalistischen Verständnis einer Kontinuität zwischen Natur und Geist kann Dewey mit diesem Wissenschaftsverständnis dann auch eine Kontinuität zwischen Alltagsgeschehen und wissenschaftlicher Praxis konstatieren. Schließlich werden auch im alltäglichen Handeln Beobachtungen gemacht, die Unsicherheiten erzeugen, die durch entsprechende Operationen überwunden werden müssen. Das Subjekt des Alltags formuliert genauso Erkenntniszwecke wie das Subjekt in der wissenschaftlichen Einstellung, und es muss genauso spezifische Operationen in Gang setzen, um die entstandenen Probleme zu lösen. Der Unterschied zwischen einer alltäglichen und einer wissenschaftlichen Einstellung ist der, dass letztere eine größere Reichweite und spezialisiertere Erkenntnisse anzubieten hat. Der modus vivendi ist in beiden Einstellungen vom Prinzip her indessen ähnlich. Und für beide gilt der gleich Maßstab: Wenn ein Problem erfolgreich gelöst ist, ist es erfolgreich gelöst. Es gibt aus diesem Grund kein Erkenntnisprivileg der Wissenschaften. Dies nicht zuletzt auch deswegen, weil das, was die Wissenschaften letztlich zur Verfügung stellen, eben keine Wahrheit im klassischen Sinne ist. Wie schon angedeutet gibt Dewey diesen Bezug der Wissenschaften auf. Er spricht stattdessen von „gerechtfertigter Behauptbarkeit" (Ebd.: 22). Dahinter steht seine These, dass Erkenntnisse nicht durch eine Beobachtung von außen gewonnen werden, sondern dadurch, dass intendiert und kontrolliert in die Natur eingegriffen wird. Erst die operative, experimentelle Veränderung der Natur und eine damit verbundene Bestätigung von Hypothesen erlaubt es dem wissenschaftlich eingestellten Subjekt, gerechtfertigt zu behaupten, ein bestehendes Problem gelöst zu haben. Das wissenschaftlich eingestellte Subjekt ist nicht außerhalb, sondern in praktischer Art und Weise Teil der Natur. Weil es dann theoretisch genauso viele Erkenntnisse gibt, wie es operative Eingriffe in die Natur gibt, kann es nicht länger darum gehen, Wahrheiten zu konstatieren. Wenn schon, dann würde es darum gehen, zweckgerichtete Wahrheiten zu konstruieren, wobei eben der Zweck über die Wahrheit entscheiden würde.

Dewey würde sich vermutlich dagegen verwehren, von der hier eingenommen Position der radikalen Subjektivität ‚vereinnahmt' zu werden, dennoch zeigen sich fruchtbare Parallelen. Wie im Anschluss an Fichte bereits dargelegt wurde, hatte dieser die Idee des aktiven Subjekts, das seine Erkenntnisse arrangieren muss, beigesteuert. Im Anschluss an Dewey kann dies für die wissenschaftliche Einstellung konkretisiert werden. Das wissenschaftlich eingestellte Subjekt kann sich nicht auf eine neutrale Beobachterposition innerhalb einer Subjekt-Objekt-Dualität zurückziehen und in mehr oder weniger passiver Haltung auf Wahrheiten hoffen. Es gibt keinen view-from-nowhere. Das wissenschaftlich eingestellte Subjekt ist das eingreifende, das experimentierende Subjekt, das kognitive Dissonanzen erkennen und annehmen, und das Hypothesen und Ideen für eine operative Überprüfung der Hypothesen entwickeln können muss. Anders formuliert: Das Subjekt muss das Prozessieren seiner Fremdreferenzen aktiv steuern und kontrollieren. Es erreicht dabei keine objektivierenden Erkenntnisse oder objektivierende Aussagen. Es kann gerechtfertigt behaupten, zu Erkenntnissen gelangt zu sein, wenn durch diese Erkenntnisse ein Problem gelöst werden kann. Ob und was diese Problemlösung mit der subjektunabhängigen Wirklichkeit zu tun hat, ist eine Frage, die dann ihren Sinn verliert.

Dewey arbeitet sich insbesondere an den Naturwissenschaften ab. Doch was könnte seine Idee eines experimentellen Empirismus für die Sozialwissenschaften bedeuten, denen Dewey unterstellt in einem „unentwickeltem Zustand" (Ebd.: 560) zu sein. Er schlägt den Sozialwissenschaften eine Anlehnung an die Naturwissenschaften vor und synonym zu diesen „Methoden der Beobachtung, Unterscheidung und Ordnung von Daten zu schaffen" und mit Ideen zu arbeiten, die „von einer Form sind, dass sie Operationen analytisch-synthetischer Bestimmung von Tatsachen lenken und vorschreiben" (Ebd. S. 565). Dies hatte in einem gewissen Sinne Max Weber getan. Er gilt als einer der Begründer der Soziologie und als solcher stand er wie Durkheim vor den Aufgaben, einerseits den Gegenstandsbereich der Soziologie abzustecken und andererseits zu zeigen, dass die Soziologie den Rang einer Wissenschaft einnehmen kann. Die zentrale Frage dabei lautete: Wie ist eine objektive sozialwissenschaftliche Erkenntnis möglich? Das diese Frage auch für die Naturwissenschaften nur schwierig zu beantworten ist, sollten die bisherigen Ausführungen verdeutlicht haben. Im Gegensatz zu den Sozialwissenschaften können die Naturwissenschaften aber immerhin auf einen Gegenstand verweisen, der sich erstens durch eine Stabilität bzw. Permanenz auszeichnet, die das Soziale in der Form nicht anbieten kann, und der zweitens keine

Rückführung auf ein sinnhaftes Prozessieren erfordert. Das Soziale wird durch subjektives Handeln produziert, das nicht in der gleichen Weise berechenbar ist wie die Umlaufbahnen der Planeten. Zwar gab es seit der Aufklärung – mit besonderer Ausprägung im französischen Materialismus (vgl. Helvétius 1758/1973, 1795/1976; La Mettrie 1748/2009) – zahlreiche Versuche, das Subjekt bzw. den Menschen als determiniert oder zumindest als präjudiziert zu denken, um so das unkalkulierbare Sinnprozessieren in ein kalkulierbares Regelverhalten zu transformieren. Dem widersprechen allerdings nicht primär theoretische Überlegungen, wie sie etwa hier angestellt werden, sondern vor allem empirische Beobachtungen. Menschen handeln offensichtlich nicht so, dass ihrem Handeln eine strenge Kausalität supponiert werden könnte. Es mögen zwar statistische Regelmäßigkeiten diagnostiziert werden, wie dies etwa Bourdieu (1979/1994) getan hatte, damit aber eben keine Notwendigkeit, wie dies von einem tatsächlich kausalen Handlungszusammenhang zu erwarten wäre. Korrelationen sind keine Kausalitäten. Max Weber nun hat der Versuchung widerstanden, für die Soziologie ein mehr oder weniger deterministisches Subjektverständnis vorauszusetzen, und er dramatisiert damit die Frage nach der Möglichkeit objektiver Sozialwissenschaftlichkeit.

Dennoch steht für ihn fest, dass die Sozialwissenschaften objektive Aussagen generieren können müssen. Um dies erreichen zu können, postuliert er die Wertfreiheit der sozialwissenschaftlichen Forschung. Es soll in der Soziologie nicht darum gehen, politische oder moralische Gegensätze auszufechten, sondern ganz im Sinne der etablierten Naturwissenschaften darum, das Soziale mit wertfreien Aussagen zu beschreiben. Für das soziologisch eingestellte Subjekt bedeutet dies, deutlich zu trennen, „was von seinen jeweiligen Ausführungen entweder rein logisch erschlossen oder rein empirische Tatsachenfeststellung und was praktische Wertung ist" (Weber 1918/1988: 490). Es geht nicht darum, normative Urteile auszuschließen oder sogar zu verbieten, sondern diese als normative Urteile, die nicht aus den empirischen Tatsachenfeststellungen folgen (können), kenntlich zu machen. Marx durfte also durchaus die Expropriation der Expropriateure, die Abschaffung des Kapitalismus fordern. Er hätte diese Forderung allerdings als praktisches Werturteil identifizieren müssen, anstatt es als empirische Tatsachenfeststellung umzudeuten, die sie nicht sein kann, weil selbst dann, wenn der Kapitalismus aufgrund immanenter Tendenzen implodiert, daraus nicht mit Notwendigkeit auf ein Ende des Kapitalismus geschlossen werden kann. Weder aus dem Sein noch aus einem gescheiterten Sein folgt zwingend ein bestimmtes Sollen, wie Hume (1739/1978: 211) und Kant (1781[7]/1992: B 375/376, A 318/319) plausibel gezeigt haben. Und dass Marx die Expropriation der Expropriateure zum Telos seiner Geschichtsphilosophie erhebt, macht die Sache nicht besser, sondern stellt sie nur auf höchst spekulativen und metaphysischen Boden. Dass Marx sich allerdings zentral Fragen der Herrschaft und davon abgeleitet Fragen der sozialen Ungleichheit gewidmet hatte, ist für Weber ein legitimes Unternehmen. Er anerkennt die Subjektivität des Forschungsprozesses nämlich insoweit, als es das forschende Subjekt ist, das aufgrund seiner normativen Überzeugungen bestimmte Fragestellungen als bedeutsam auswählt. Die Objektivität der Forschung sicher zu stellen bedeutet also nicht, dass das Subjekt gleichsam aus dem Forschungsprozess zurücktritt. Das Subjekt bringt sich mit seinen Interessen und normativen Orientierungen derart ein, dass aus diesen konkrete Forschungsfragen entfaltet werden. Es dürfte in der Tat kein Zufall sein, dass sich politisch eher linke Subjekte in der Tendenz Fragen der Herrschaft und Fragen der sozialen Ungleichheit widmen (Bourdieu 1979/1994; Habermas 1981; Vester et al. 2001), während eher konservative Subjekte sich in der Tendenz um Fragen der normativen Integration bemühen (Durkheim 1893/1992; Parsons 1972/1985), ohne dass eine eindeutige Zuordnung zwischen normativen Überzeugungen und Forschungsfragen konstatierbar wäre. Sobald jedoch eine Forschungsfrage gefunden worden ist, endet freilich der deutlich subjektive Anteil und es kommt dann genau wie in den Naturwissenschaften auf strenge Regeln an, die allerdings komplizierter zu bestimmen sind als in den Naturwissenschaften.

Es kann in den Sozialwissenschaften nicht um allgemeine Gesetze gehen, wie sie etwa bezüglich der Fallbewegungen von Objekten formuliert werden. Die soziale Wirklichkeit ist aus solchen Gesetzen nicht deduzierbar. An deren Stelle geht Weber vom Individuellen aus, das meint, es geht um singuläre Ereignisse, die zu beschreiben und zu erklären sind. Zu diesem Zweck müssen dennoch auch die Sozialwissenschaften auf kausale Erklärungen zurückgreifen, die jedoch nicht den primären Stellenwert haben können, den sie in den Naturwissenschaften haben. Es geht vielmehr darum, Einzelereignisse kausal zu erklären, wobei einerseits auf bedeutsame Kausalfaktoren reduziert werden muss, und andererseits auch in diesem Fall die Subjektivität reinspielt, als es die forschenden Subjekte sind, die darüber entscheiden müssen, welche Kausalfaktoren relevant sind und wieweit sie die Kausalerklärung treiben möchten. Ist Willy Brandt zurückgetreten, weil es der ostdeutsche Geheimdienst geschafft hatte, einen Spion in seiner Nähre zu platzieren, oder weil er aufgrund der beginnenden Wirtschaftsprobleme seine sozialdemokratische Politik nicht mehr problemlos umsetzen konnte, oder weil er schlichtweg persönlich erschöpft war? Es gibt mehrere mögliche kausale Erklärungen, die je nach politischer und theoretischer Ausrichtung der forschenden Subjekte unterschiedlich gewichtet und dennoch jeweils plausibel hergeleitet werden können. Eine abschließende Erklärung in Sinne einer strengen naturwissenschaftlichen Kausalität lässt sich daher wohl nicht erreichen. Der Sinn solcher Kausalerklärungen ist für Weber auch ein anderer. Es geht ihm darum, dass nicht willkürlich Kausalitäten unterstellt werden, sondern die Forschenden auf ein nomologisches Erfahrungswissen zurückgreifen, dass die Interpretation der Ereignisse anleiten können soll. Letztlich bleibt die Kausalerklärung jedoch eine „Zurechnungsfrage" (Weber 1904/1988: 178), das heißt es obliegt den Subjekten, bedeutsame Kausalfaktoren aus den unzähligen Möglichkeiten zu identifizieren. Die Objektivität soll dabei dadurch sichergestellt werden, dass dieser Identifikationsprozess auf ein Erfahrungswissen zurückgreift, das erwartbare Regelmäßigkeiten zur Verfügung stellt. Dass Willy Brandt zurückgetreten ist, weil 1973 der FC Bayern München deutscher Fußballmeister geworden ist, dürfte eine allzu subjektive Interpretation sein, die kaum durch ein entsprechendes Erfahrungswissen zu bestätigen wäre.

Wenngleich also Weber ganz im Sinne der Naturwissenschaften auf kausale Erklärungen zurückgreift, so weißt er ihnen doch einen nachgeordneten Rang zu und vor allem modifiziert er den Kausalitätsbegriff. Dass es nicht um allgemeine Gesetze geht, wurde schon angedeutet. Entsprechend bezieht sich der Kausalitätsbegriff auch nicht auf Sozialgesetze in Analogie zu Naturgesetzen. Er beschreibt vielmehr objektive Möglichkeiten anstelle von Notwendigkeiten. So ist es objektiv möglich, dass Willy Brandt aufgrund der Guillaume-Affäre zurückgetreten ist. Eher nicht denkbar im Sinne einer Möglichkeit wäre dagegen, dass die deutsche Fußballmeisterschaft zu einem Rücktritt des Bundeskanzlers führte. Doch wie kommt es, dass das eine als objektive Möglichkeit, das Andere als irrelevant betrachtet wird? Weber denkt sich den Prozess so, „dass wir einen Teil der im Stoff des Geschehens vorgefundenen Bedingungen abstrahierend isolieren und zum Gegenstande von Möglichkeitsurteilen machen, um so an Hand von Erfahrungsregeln Einsicht in die kausale Bedeutung der einzelnen Bestandteile des Geschehens zu gewinnen. Um die wirklichen Kausalzusammenhänge zu durchschauen, konstruieren wir unwirkliche" (Weber 1906/1988: 287). Eine leitende Frage in diesem Zusammenhang ist, ob sich der Ablauf der Ereignisse verändern würde, wenn ein als relevant angesehener Kausalfaktor ausgelassen wird. Im Fall des Spions Günter Guillaume lässt sich mehr oder weniger eindeutig konstatieren, dass die Geschichte anders verlaufen wäre, wenn entweder ein ostdeutscher Spion nicht in die Nähe Brandts gelangt oder er nicht enttarnt worden wäre. Wäre anstelle des FC Bayern München der Hamburger SV deutscher Fußballmeister geworden, hätte dies aller Wahrscheinlichkeit nach keinen relevanten Einfluss auf die Ereignisse gehabt. Der Fall Günter Guillaume kann somit als Kausalfaktor für den Rücktritt Willy Brandts im Sinne einer objektiven Möglichkeit zugerechnet werden.

Es kommt bei der Zurechnung von Kausalfaktoren entscheidend auf das nomologische Wissen an. Dieses kann jedoch kein Gesetzeswissen sein, wie es in den Naturwissenschaften verhandelt wird. Nach Weber geht es dabei um ein idealtypisches Wissen oder genauer: um Idealtypen. Diese stellen abstrahierende Zusammenfassungen dar, die Weber auch als „ideale Grenzbegriffe" (Weber 1904/1988: 194) bezeichnet. Sie beanspruchen keine Aussage über die Wirklichkeit, sondern sie sollen die Wirklichkeit verstehbar machen, indem sie solche objektiven Möglichkeiten formulieren, die für die Kausalerklärungen benötigt werden. Die prominentesten Idealtypen, die Weber benennt, dürften seine Handlungstypen sein: zweckrationales, wertrationales, affektuelles und traditionales Handeln (Weber 1921/1980: Kap., I §2). Diese stellen Abstraktionen dar, die beispielsweise die Zweckorientierung des Handelns hervorheben, obwohl rein zweckorientierte Handlungen empirisch eher unwahrscheinlich sind. Sie erlauben es jedoch einen Vergleichsmaßstab zu haben, auf den die zu untersuchenden Ereignisse bezogen werden können. Was Weber mit seinen Idealtypen also methodologisch anbietet, erinnert an die Fiktionen von Vaihinger. Es geht um Begriffe, die einen heuristischen Wert haben, die aber keine objektivierende Aussagefunktion für sich reklamieren. Anders als bei Vaihinger, der auch mit kontrafaktischen Begriffen arbeiten möchte, haben die Idealtypen freilich insofern einen Kontakt zur Wirklichkeit, als sie Abstraktionen vom empirisch Gegebenen darstellen. Als ideale Grenzbegriffe entziehen sie sich dann allerdings auch einer faktischen Geltung und werden: kontrafaktisch.

Weber lehnt sich einerseits deutlich an das naturwissenschaftliche Denken an, und grenzt sich gegenstandsbezogen zugleich von ihm ab. Gegenüber dem Positivismus der durkheimschen Soziologie gelingt es ihm damit auf den ersten Blick, das Soziale angemessener beschreiben (und erklären) zu können, weil er nicht gezwungen ist, das Soziale so zuzurüsten, dass es einer positivistischen Methodologie adäquat wird. Auf den zweiten Blick lässt sich gegen Weber einwenden, dass sich seine Vorstellungen einer wertfreien Sozialwissenschaft nicht hinreichend in seiner Methodologie realisiert finden. Pietro Rossi hatte den idealtypischen Charakter des nomologischen Erfahrungswissens mit den Worten zusammengefasst: „In der Tat kann jedes Ereignis von verschiedenen Gesichtspunkten aus erklärt werden, indem man auf verschiedene Erfahrungsregeln zurückgreift." (Rossi 1987: 54) Letztlich kommt es auf die normativen Orientierungen an, die spezifische Fragestellungen und die Interpretation der Forschungsergebnisse nahe lagen. Die Objektivität der Sozialwissenschaften besteht somit eher darin, den Zusammenhang zwischen Normativität und kausalen Erklärungen transparent zu machen. Sie besteht nicht darin, objektive Gesetzmäßigkeiten zu formulieren, die mit dem Rang naturwissenschaftlicher Gesetze

Schritt halten könnten. Dennoch ist Weber aus der Sicht einer durch Hume und Kant über den Stellenwert von Werturteilen aufgeklärten Kritischen Theorie darin zuzustimmen, dass Forschungsergebnisse zumindest vom Prinzip her wertfrei sein sollten, und dass zwischen empirisch-analytischen und normativen Aussagen deutlich und streng differenziert werden muss. Dies in Stammbuch der Sozialwissenschaften geschrieben zu haben, bleibt der Verdienst von Max Weber.

Wenn sich normative Aussagen nicht objektiv begründen oder sogar verifizieren lassen, hängt die Objektivität der Wissenschaften in der Tat davon ab, dass sie möglichst wertfrei operieren, weil sie sich ansonsten Wertbezüge einhandeln, die eine Objektivität nicht nur nicht verbürgen können, sondern diese unterlaufen. Weber hat dies deutlich erkannt. Seine Methodologie lässt indessen Hintertüren für normative Bezüge, die zu schließen wären, wenn der Objektivitätsanspruch vollumfänglich realisiert werden soll. So sieht es jedenfalls Siegfried Kracauer. Er stellt der Soziologie die Aufgabe, subjektives Verhalten in Bezug auf Regelmäßigkeiten und Wesenszüge zu untersuchen, „die mit der Tatsache und Art der Vergesellschaftung irgendwie einsichtig zusammenhängen" (Kracauer 1922/2006: 16). Diese Untersuchung steht für ihn deswegen vor Problemen, weil mit der Auflösung religiöser Sinnfundamente Freiheiten entstanden sind, die subjektives Handeln mit je eigenem und intersubjektiv unterschiedlichem Sinn verbinden, und so Regelmäßigkeiten und Erwartbarkeiten, die durch eine allgemein geteilte religiöse Sinnorientierung getragen wurden, erodieren. Dennoch konstatiert Kracauer, dass es nach wie vor Regelmäßigkeiten gibt, die etwa dadurch markiert werden, dass Individuen, die gleichen Gruppen (Klassen, Berufe, …) angehören, auch gleiche oder ähnliche Handlungs- und Denkmuster aufweisen. Diese Regelmäßigkeiten empirisch nachzuweisen bedeutet jedoch, ihnen die Notwendigkeit abzusprechen, weil jedes empirische Ergebnis falsifizierbar ist und damit keine Notwendigkeit beanspruchen kann, die die Soziologie aber beanspruchen muss, um den Anspruch auf Objektivität aufrechtzuerhalten. Die Soziologie muss also „danach trachten, ihre Erkenntnisse der bloßen Empirie zu entreißen" (Ebd.: 17).

Kracauer schlägt die Fruchtbarmachung der phänomenologischen Methode, wie sie von Edmund Husserl erarbeitet worden ist, vor, um eine Fundierung der Soziologie im Notwendigen zu erreichen. Sein Argument ist, grob zusammengefasst, dass durch die phänomenologische Epoché einerseits eine Reinheit gegenüber dem empirischen Material und anderseits ein Gebiet der Notwendigkeit in Analogie zur Mathematik erreicht wird. Dies gelingt ihr durch eine Entindividualisierung, die alle subjektiven Sinnbezüge ausschaltet und nur die „kategorialen Bewusstseins-Wesenheiten" (Ebd.: 43) übrig lässt. Mithilfe von Gedankenexperimenten sollen diese dann mit verallgemeinerten soziologischen

Begriffen abgeglichen werden. Was auf diese Weise möglich wird, ist eine formale Soziologie, die sich an Allgemeinheiten abarbeitet, weil sie im empirisch gereinigtem Bewusstsein fundiert ist, die aber dafür den Preis zahlt, die unmittelbar erlebte Sozialität aus dem Fokus zu verlieren, weil sie gleichsam über ihr operiert. Kracauer kommt auch folgerichtig zum dem Schluss, dass eine materiale Soziologie, die in die „dichteste Berührung mit der sozialen Realität" (Ebd.: 77) kommt, eigentlich nicht möglich ist, weil sie nur „Scheinnotwendigkeiten" (Ebd.: 97) postulieren kann. Dennoch stellt Kracauer der Soziologie eine Berechtigung aus, weil sie doch immerhin Regelmäßigkeiten, die mit der Art der Vergesellschaftung zusammenhängen, aufzeigen kann, und sich aus diesen Regelmäßigkeiten Prognosen ableiten lassen, die zwar nicht den Grad an Notwendigkeit erfüllen, den naturwissenschaftliche Prognosen erfüllen können, denen aber eine praktische Bedeutung zukommt.

Was Kracauers Überlegungen interessant macht, sind weniger seine verschlungenen Vorschläge für eine phänomenologische Soziologie. Kracauers Überlegungen, die in dem Eingeständnis münden, eine materiale Soziologie nicht so begründen zu können, dass ihr eine strenge wissenschaftliche Objektivität unterstellt werden kann, verdeutlichen die Probleme, den Rang der Wissenschaftlichkeit für die Sozialwissenschaften reklamieren zu können. Kracauer liegt mit seinem Ansinnen sicherlich nicht falsch, für die Sozialwissenschaften die gleiche Objektivität einzufordern, die als Maßstab auch für die Naturwissenschaften gilt. Allerdings: Gerade dann, wenn Kracauer zugestanden wird, mit seiner phänomenologischen Grundlegung ein reines und entindividualisiertes Erkenntnissubjekt generieren zu können, drängt sich die Anschlussfrage auf, was damit gewonnen sein soll? Kracauer ist zugute zu halten, dass er schonungslos die Fallhöhe von der Epoché zurück in die empirische Wirklichkeit benennt. Ein am Ideal der Mathematik orientiertes Vorgehen führt zwar dazu, eine Sphäre des reinen Denkens zu betreten, in der Begriffe und Ableitungen ihre Notwendigkeit haben mögen, die aber keinerlei Erkenntnis über eine soziale Wirklichkeit erlaubt, die eben nicht nach rein mathematischen Prinzipien operiert. Kracauer hat sicherlich Recht damit, dass das empirische Material ohne eine begriffliche Fundierung blind bleibt für objektive und notwendige Zusammenhänge. Sein phänomenologischer Höhenflug dagegen bleibt leer, weil er seine Landung nicht so steuern kann, dass seine allgemeinsten Begrifflichkeiten bei Bodenkontakt mit einer sinnprozessierenden Realität ihre objektive Notwendigkeit nicht verlieren. Die Frage, die Kracauer damit aufwirft, ist, ob es systematische Gründe sind, dass sich der Anspruch auf Objektivität mit einer empirischen Sozialwissenschaft nicht integrieren lässt? Die bisherigen Ausführungen zeigen, dass es gute Gründe dafür gibt, dies anzunehmen, weil aus dem reinen Begriff keine empirische

Erkenntnis folgt, und empirische Erkenntnisse keine Informationen über kausale Zusammenhänge zur Verfügung stellen. Dramatisiert wird dies im Fall der Sozialwissenschaften noch dadurch, dass sich der Gegenstand ohnehin kausalen Einordnungen entzieht, und sich ihm bestenfalls statistische Wahrscheinlichkeit ablesen lassen.

Diese Probleme müssen die Naturwissenschaften nicht stören. Zumindest dann nicht, wenn es nach Ludwig Wittgenstein geht. Dieser hatte mit seinem Tractatus logico-philosophicus großes Aufsehen erregt, das im weiteren Verlauf der Ideengeschichte auch nicht weniger sondern eher mehr werden wird. Der Text, der in Form einer Aufzählung und nicht als diskursiver Fließtext verfasst wurde, hat möglicherweise deswegen zahlreiche Diskussionen und gegenteilige Interpretation angeregt. In diese soll hier nicht eingegriffen werden. Wittgenstein soll im vorliegenden Kontext vor allem für eine wichtige Position stehen: seine strenge und mitunter radikale Lesart von Philosophie und Wissenschaft. Diese hat er allerdings nicht unter einer erkenntnistheoretischen Perspektive erarbeitet, sondern mit einem zentralen Fokus auf die Sprache, und er gehört damit zu jenen Philosophen, die die Umstellung auf die Sprachphilosophie bzw. Sprachkritik mit vorbereitet oder angestoßen haben. Was Wittgenstein so radikal werden lässt, ist seine enge Grenzziehung des Denk- bzw. Sagbaren. Er tritt nicht an, um gegen seiner Meinung nach falsche Philosophien zu diskutieren, sondern er tritt an mit dem im Vorwort formulierten Anspruch, „die Probleme im Wesentlichen endgültig gelöst zu haben" (Wittgenstein 1921/1969: Vorwort). Und gelöst hat er sie nicht dadurch, dass er eine Gegenposition aufmacht, sondern dadurch, dass er die Unsinnigkeit der bisherigen Philosophie demonstriert.

Sehr grob vereinfachend und zahlreiche Anregungen und Gedanken Wittgensteins unberücksichtigt lassend, geht es ihm darum, ein Kriterium für die Formulierung sinnvoller oder wahrer Sätze zu entwickeln. Auch wenn er keine explizite Erkenntnistheorie betreibt, so steht er dabei doch in der empiristischen Tradition, weil er fordert, dass sinnvolle Sätze dann sinnvoll sind, wenn sie die Wirklichkeit abbilden. „Der Satz ist ein Bild der Wirklichkeit", so Wittgenstein (Ebd.: 4.01), und er ist dies genau dann, wenn der Sachverhalt, der durch den Satz ausgedrückt wird, der Wirklichkeit entspricht. Das Verständnis des Satzes hängt an dieser Wahrheitsfunktion. „Einen Satz verstehen, heißt, wissen was der Fall ist, wenn er wahr ist." (Ebd.: 4.024) Sätze, die keinen wahrheitsfähigen Bezug haben, sind deswegen nicht falsch. Sie sind unsinnig, weil sie nicht verstanden werden können. In Bezug auf die Wissenschaft kann daraus abgeleitet werden, dass wissenschaftliche Aussagen grundsätzlich daraufhin überprüft werden müssen, ob sie einen Sachverhalt abbilden. Verfehlen sie dies, sind sie aus dem wissenschaftlichen Sprachgebrauch zu eliminieren. Dies nicht, weil sie falsch, sondern weil sie unsinnig sind, und damit die wissenschaftliche Debatte unnötigerweise verwirren. Für Wittgenstein bleiben aufgrund dieser Strenge nur die Sätze der Naturwissenschaften übrig (Ebd.: 6.53).

So wie der klassische Empirismus fordert, von einfachen Ideen auszugehen, fordert Wittgenstein, von einfachen Sätzen auszugehen, die er „Elementarsätze" (Ebd.: 4.21) nennt. Diese allein reichen freilich, wie bereits die klassische Diskussion gezeigt hatte, nicht aus, um die Wirklichkeit zu beschreiben. Auch Wittgenstein weiß um die Bedeutung von Logik und Mathematik für das Geschäft der Wissenschaften bzw. dafür, allgemeine Aussagen oder Gesetzmäßigkeiten zu formulieren. Sinnvolle Sätze unterliegen daher dem Verdikt, eine logische Form zu haben, die der logischen Form der Wirklichkeit entspricht. Mithilfe der Logik lassen sich nun verschiedene Operationen mit den Elementarsätzen durchführen, die zu einer vollständigen Beschreibung der Wirklichkeit benötigt werden, denn „jeder Satz ist das Resultat von Wahrheitsoperationen mit Elementarsätzen" (Ebd.: 5.3). Interessant ist hierbei jedoch, dass Wittgenstein, der sich erwartbar gegen Kants Idee apriorischer Erkenntnisse positioniert (Ebd.: 2.225), in der Einschätzung der Logik mit Kant dennoch durchaus übereinstimmt. Logik, so ließe sich Wittgensteins Auffassung wohl zusammenfassen, ist ein notwendiges, aber nicht hinreichendes, weil inhaltsleeres, Wahrheitskriterium. Er urteilt: „Alle der Sätze der Logik sagen dasselbe. Nämlich nichts." (Ebd.: 5.43) Dies führt zu dem Problem, dass die Logik nicht ihrerseits mit logischen Mitteln begründet werden kann. Es gibt für Wittgenstein keine sinnvolle Logik n-ter Ordnung, es gibt keine Logik der Logik. Wenn die Sätze der Logik nichts sagen, können sie durch Erfahrung weder bestätigt noch widerlegt werden (Ebd.: 6.1222), und das heißt, sie können keine Aussage darüber machen, wie sie mit der Wirklichkeit in einem abbildenden Verhältnis stehen. Die Logik ist nach dem strengen Sinnkriterium für Sätze nicht begründbar. Dies gilt indessen für alle sinnvollen Sätze derart, dass jeder sinnvolle Satz sein Abbildverhältnis mit der Wirklichkeit nicht aussagen kann. Es ist nicht möglich, mit der Sprache auszudrücken, „was in ihr die Übereinstimmung zwischen Satz und Sachverhalt möglich macht, d. h. was die Sprache sinnvoll zu einem Denk- und Sagbaren macht" (Römpp 2010: 42). Erkenntnistheoretisch formuliert: Das Wahrnehmen kann sich selbst nicht wahrnehmen. Wittgenstein bemüht verschiedene Begriffe wie etwa „Spiegeln" (Wittgenstein 1921/1969: 4.121), um das Verhältnis zwischen Satz und Wirklichkeit zu umschreiben. Weil das Verhältnis aber nicht ausgesagt werden kann, kann und muss es gezeigt werden. Das empiristische Credo wird dadurch möglicherweise gesichert, dennoch gerät das strenge Sinnkriterium in eine paradoxe Situation. Alle Sätze, die Wittgenstein bemüht, um sein Sinnkriterium auszuweisen, können selbst diesem Kriterium nicht genügen. Sie können nicht sinnvoll gesagt, bestenfalls gezeigt werden. Aus diesem Grund empfiehlt Wittgenstein, seine Sätze als unsinnig zu erkennen, und sie wie eine Leiter zu benutzen, die nach erfolgreichem Aufstieg weggeworfen wird (Ebd.: 6.54). Wittgenstein erinnert in seiner Konsequenz an David Hume. Bereits der Gestus der beiden Philosophen ähnelt sich. Während Hume freilich noch so weit gegangen war, eine Bücherverbrennung solcher Bücher anzuempfehlen, die weder einen mathematisch-logischen oder einen auf Erfahrung basierenden Satz enthalten (Hume 1748/1993: 193), ist Wittgenstein bescheidender geworden, und nimmt für sich nur in Anspruch, die Probleme gelöst zu haben. Was beide für den vorliegenden Kontext bedeutsam macht, ist der Umstand, dass beide ihre Philosophie auf sich selbst angewendet und damit scheinbare Selbstverständlichkeiten dekonstruiert haben. Wittgenstein arbeitet sich zwar nicht (primär) an dem Problem der Erkenntnis ab, kommt aber mit seinem Fokus auf die Sprache zu einem ähnlichen Ergebnis wie Hume. Seine philosophischen Überlegungen führen dazu, der Philosophie insgesamt das Zeugnis auszustellen, sinnlose Sätze zu produzieren, und diesem Verdikt fallen eben auch die philosophischen Überlegungen Wittgensteins selbst anheim, so wie Hume skeptisch werden musste gegenüber allgemeinen Begriffen wie Kausalität oder Objektpermanenz. Dennoch hat Wittgenstein aus der Perspektive eines radikalen Konstruktivismus und insbesondere auch aus der Perspektive einer Kritischen Theorie einen interessanten Beitrag geleistet. Seine antimetaphysische Stoßrichtung kann als Idee der Transparenz als Bedingung der Möglichkeit für eine herrschaftsfreie Gesellschaft gelesen werden. Indem er erst gar nicht versucht, opponierende Positionen durch eine interne Kritik zu widerlegen, sondern diese generell unter den Verdacht der Sinnlosigkeit stellt, entfaltet er eine Radikalität, die sich insbesondere dahingehend konkretisieren ließe, dass die Subjekte gerade dadurch, dass sie auf unsinnige Sätze verzichten, auf der anderen Seite eine Klarheit des Denkens und Sprechend erreichen, die als Ausgangspunkt für herrschaftsfreie Kommunikationen diese deutlich von einem durch Missverständnisse bedingtem Dissensrisiko entlasten würde. Es dürfte auch kein Zufall sein, dass auf der Grundlage dieser radikalen Metaphysikkritik die Idee einer Idealsprache aufgekommen ist, die die von den Subjekten zu erbringende Verständigungsleistung deutlich vereinfachen würde, weil in der Idealsprache nur solche Sätze formuliert werden, die intersubjektiv wahrheitsfähig sind.

Dass es zu dieser Idealsprache nicht gekommen ist, hängt wiederum damit zusammen, dass die demokratische Verständigung sicherlich mehr umfasst als das Terrain der Naturwissenschaften, das nach Ansicht Wittgensteins das ausgezeichnete Terrain für sinnvolle Sätze ist. Wird dort eine wissenschaftliche Einstellung im Sinne des Tractatus eingenommen, würde sich grundsätzlich nicht viel gegenüber den bisherigen Ergebnissen verschieben. Es ginge um eine Adäquatio mit der Wirklichkeit, um die Verwendung logisch-mathematischer Operationen und es ginge um jene skeptische Bescheidenheit, die vor allem von Hume und Kant bereits angemahnt wurde. Auch Wittgenstein weiß um die Probleme der Induktion und der Kausalität und er weiß vor allem eins: Es sind exakt die Überlegungen, die die Wissenschaft auf eine rationale Strenge festlegen, die sich selber infrage stellen müssen, weil sie ihren eigenen Rationalitätskriterien nicht standhalten können. Weil aber das Nichtsagbare letztlich ohnehin gezeigt werden muss, nimmt das wissenschaftliche Prozessieren keinen Abbruch. Es zeigt sich eben, ob wissenschaftliche Sätze sinnvoll sind oder nicht. Dafür sensibilisiert zu sein, dass sie es auch nicht sein können, ist die Aufforderung, die sich aus den skeptischen oder paradoxen Implikationen des Tractatus folgern lässt. Der Fokus dafür verschiebt sich mit Wittgenstein allerdings auf die Sprache. Es geht nicht primär um subjektive Kognitionen, sondern darum, diese in klaren, logischen Sätzen zu formulieren. Das Subjekt in der wissenschaftlichen Einstellung mag mit seinen Erkenntnissen brillieren. Wenn es diese nicht in eine sinnvolle Sprache transformieren kann, sind diese Erkenntnisse indessen wertlos. Sie generieren weder neue wissenschaftliche Erkenntnisse, noch ermöglichen sie Anschlussfragen und schon gar nicht ermöglichen sie ihre Überprüfbarkeit. Vor dem Hintergrund des tractarianischen Sinnkriteriums gilt dabei, wissenschaftliche Sätze müssen einen Sachverhalt abbilden, der bezüglich seiner Wahrheitsfähigkeit überprüft werden kann. Die Frage nach der Existenz nicht zeigbarer Entitäten ist aus diesem Grund keine wissenschaftliche Frage. Es gibt keine Methode oder logische Operation, die den Satz, es gibt etwas, was wir nicht zeigen können, evaluierbar macht. Anders formuliert: Es lassen sich keine herstellbaren Bedingungen angeben, unter denen der Satz wahr wäre. Mit Wittgenstein zeigt sich einmal mehr, dass Wissenschaftlichkeit bedeutet, sich nur solchen Fragen zu widmen, die sich mit den Mitteln der Wissenschaft auch beantworten lassen.

Über die ideengeschichtliche Wirkung Wittgensteins gibt es keinen Zweifel. Recht unmittelbar hatte Wittgenstein mit seinem Tractatus den sogenannten Wiener Kreis beeinflusst. Dieser war eine Assoziation von Philosophen, die sich zentral um wissenschaftstheoretische Fragen bemühten, aber auch Fragen der Ethik bearbeiteten (etwa Schlick 1930/2002; Menger 1934/1997). Gründer und Kopf der Gruppe war Moritz Schlick, der 1936 von einem ehemaligen Studenten aus widrigen persönlichen und politischen Motiven ermordet wird (vgl. dazu Geier 2004). Mit diesem Mord und der erzwungenen Emigration der führenden Mitglieder der Gruppe durch den Einmarsch der Nationalsozialisten in Österreich wird die Denktradition, die der Wiener Kreis begründet hatte, unterbrochen. Dabei war es nicht nur die linkspolitische Gesinnung etwa von Rudolf

Carnap oder Otto Neurath, die diese zwang, vor den Nationalsozialisten zu fliehen. Schon die philosophischen oder wissenschaftstheoretischen Überlegungen dieser Gruppe musste diese in Opposition zu einer Ideologie bringen, die mit mystischen und (bis heute nicht verstehbaren) irrationalen Motiven agierte und die sich schlimmster und schließlich dem schlimmsten Menschheitsverbrechen schuldig gemacht hat. Der Kern der Philosophie des Wiener Kreises, der auch mit den Labeln „Logischer Empirismus" oder „Logischer Positivismus" bezeichnet wird, ist der Versuch, alle Metaphysik zu überwinden und an ihre Stelle eine klare und einfache Beschreibung der Wirklichkeit zu setzen. Wie schon bei der Besprechung Wittgensteins gesehen, ist es eine Methode der Metaphysiküberwindung, die Moritz Schlick meisterhaft durchexerziert, Sätze der Philosophie als Scheinsätze, als sinnlose Sätze, die nichts bezeichnen, zu entlarven. Wesentlich betonter als Wittgenstein thematisiert Schlick dabei Fragen der Erkenntnis, die er in Auseinandersetzung mit der Philosophiegeschichte seit Descartes neu justieren möchte.

Er macht zu diesem Zweck mehrere Fronten auf, die sich gegen den Apriorismus von Kant, gegen die Idee intuitiver Erkenntnis oder gegen die rationalistische Gleichsetzung von Mathematik und Wirklichkeit richten. Im Wesentlichen akzeptiert er Humes Position, die einerseits empiristisch und andererseits skeptisch aufgestellt ist. Insbesondere informiert durch die humesche Skepsis geht Schlick davon aus, dass es eine Diskrepanz zwischen allgemeinen Begriffen, Logik und Mathematik auf der einen Seite, und der Wirklichkeit auf der anderen Seite gibt. Er sieht nur anders als Kant sein Heil nicht darin, synthetische Sätze a priori anzunehmen, weil diese entweder durch eine Erfahrung begründet werden müssten, dann wären sie nicht mehr a priori, oder sinnlos sind, weil sie als reine Gedankenexperimente keine Aussage über die Wirklichkeit machen können, also in die Diskrepanz zwischen Begriff und Wirklichkeit fallen. Und weil Schlick anders als Kant darum weiß, dass es auch eine nicht-euklidische Geometrie geben kann und Einstein die newtonsche Absolutheit von Raum und Zeit destruiert hat, lassen sich für ihn auch die sinnlichen Anschauungsformen, die in der kantischen Philosophie auf Newton zugeschnitten waren, nicht länger als Anschauungsformen a priori halten. Da nun Erkenntnisse nicht auf dem apriorischen Weg gefunden werden können, zieht Schlick konsequenterweise auch die Differenz zwischen Wesen bzw. Ding an sich und Erscheinung ein, weil ein nicht vorhandenes Apriori keine Erkenntnisreichweite begrenzen kann und es zudem sinnlos ist, über ein Ding an sich zu reden, dass sich der Erkenntnis kategorial entzieht. Wovon wir keine Erkenntnis haben, davon sollten wir eben schweigen.

Was ist dann Erkenntnis für Schlick? Er steht in der empiristischen Tradition und speziell in der empiristischen Tradition, die durch Hume über sich selbst aufgeklärt wurde. Die Anschauungsdaten, über die jedes Subjekt verfügt, machen das Subjekt bekannt mit der Wirklichkeit. Sie liefern aber keine Erkenntnis. In diesem Punkt sind sich Schlick und Kant einig. Erkenntnisse gehen über Erfahrungen inhaltlich hinaus, weil Erkenntnisse begrifflich strukturiert sind und sich an ihnen neue Informationen ablesen lassen, die in der Erfahrung oder Anschauung allein nicht nicht zu haben sind. Den kantischen Weg, diese Begriffe als synthetische Urteile a priori zu initiieren, hat Schlick versperrt. Er muss also einen anderen Weg finden. Bei einem Empiristen würde sich vermuten lassen, dass er die Begriffe auf dem Weg der Abstraktion des Anschauungsmaterials entwickelt, er also vom Konkreten zum Allgemeinen schreitet. Da aber die Anschauungen für ihn keineswegs verlässlich und zudem subjektiv sind, kommt er letztlich zu dem Schluss, dass die Begriffe schlichtweg gesetzt werden. Er bedient sich der aus der Mathematik stammenden impliziten Definition und erreicht damit Begriffe, die auf sich selber verweisen, aber keinen Kontakt mit der Wirklichkeit haben. Es sind Axiome, die per definitionem keine Aussage über jene Gegenstände machen, wie sie in der Anschauung kenntlich werden. Mit anderen Worten: Auch Schlick sieht für den Erkenntnisprozess Begriffe vor, die nicht der Empirie entnommen werden, die aber anders als bei Kant keine synthetischen Urteile a priori darstellen. Seine Begriffe sind Definitionen oder eben Axiome, die einen arbiträren Charakter haben und sich damit deutlich von den kantischen Begriffen unterscheiden. Diese hatten einen (mehr oder weniger) notwendigen Charakter. Sie mussten für den Erkenntnisprozess angenommen werden. Schlicks Begriffe resultieren eher daraus, dass das Subjekt seine Anschauungen zum Anlass für einen Erkenntnisprozess nimmt, und dann jenseits seiner Anschauungen hypothetische Begriffe entwickelt, die eine Erkenntnis ermöglichen sollen. Gelingt dies, kommt das Subjekt zu Urteilen, die für Schlick (ähnlich wie für Dewey) dadurch bestimmt sind, dass sie Relationen zwischen Begriffen formulieren. Erkenntnis bedeutet für Schlick schließlich nicht, das Wesen eines Dinges zu erfassen. „Erkennen", so Schlick (1925/1979: 31), „ist ein Wiedererkennen oder Wiederfinden. Und alles Wiederfinden ist ein Gleichsetzen dessen, was erkannt wird, mit dem, als was es erkannt wird." Die Aussage „Der Apfel ist grün" wäre demnach deswegen ein Urteil, weil im Begriff Apfel nicht notwendig das Grün enthalten ist, er aber in der Aussage mit dem Begriff „Grün" in Beziehung gebracht wird. Eine entscheidende Pointe des schlickschen Ansatzes besteht nun darin, dass die Begriffe keine Qualitäten bezeichnen dürfen. Farbanschauungen etwa variieren je nach den Umständen (Beleuchtung,…) und von Subjekt zu Subjekt. Die Qualität der jeweiligen Farbanschauungen lässt sich deswegen auch nicht exakt mitteilen. Der alltagssprachliche Begriff „Grün" ist aufgrund seiner Fundierung in je subjektiven Anschauungen unterbestimmt. Für alltägliche Zwecke sind in aller Regel die Abweichungen im je subjektiven qualitativen Farberlebnis und damit die Ungenauigkeit der Bezeichnung unproblematisch. Für den Zweck exakter Wissenschaftlichkeit müssen die Begriffe jedoch so bestimmt sein, dass ihnen eine höchstmögliche Exaktheit zukommt. Dies wird erreicht durch ihre Quantifizierung. So lässt sich Farbe durch die Wellenlänge des Lichts beziffern. Besser formuliert: Es lassen sich bestimmte Farbeindrücke bestimmten Wellenlängen zuordnen. Auf diese Weise wird überhaupt nichts über den (je individuellen) Farbeindruck ausgesagt. Ausgesagt wird etwas über quantitative Verhältnisse bzw. Zuordnungen. Erkenntnis ist für Schlick keine qualitative Erkenntnis des Wesen des Dinge. Erkenntnis ist immer quantitative Erkenntnis.

Wenn auf diesem Wege Axiome, Hypothesen oder Definitionen gefunden wurden, verbleiben sie nun freilich immer noch ohne Kontakt zur Wirklichkeit. Um zu Tatsachenaussagen zu kommen, müssen die Aussagen verifiziert werden. Das meint, sie müssen Anschauungen zugeordnet werden können. Sind diese Zuordnungen eindeutig, spricht Schlick von Wahrheit bzw. wahren Aussagen. Was er damit aufgibt ist der Begriff einer Adäquatiowahrheit oder die Idee, dass Aussagen (bzw. Gedanken) mit der Wirklichkeit übereinstimmen. Es geht um Zuordnungen, die zwar empirisch abgesichert sein sollen, die aber nicht zuletzt aufgrund der rein theoretischen Begriffsbildung keine Aussage darüber erlauben, dass die Aussage und die Wirklichkeit übereinstimmen. Dies wäre dann der Fall, wenn Logik und Mathematik entweder der Erkenntnis der Wirklichkeit induktiv entspringen würden, oder wir Kenntnis davon hätten, dass Logik, Mathematik und Wirklichkeit korrespondieren. Da es aber für Schlick eine ausgemachte Sache ist, dass Logik und Mathematik mit der Wirklichkeit auseinanderfallen, er aber dennoch (oder gerade deswegen) seine Begriffe und hypothetischen Urteile vor dem Hintergrund von Logik und Mathematik herleitet, bleibt ihm nur ein Verifikationsverfahren, dass eindeutige Zuordnungen erlaubt, aber damit keine Übereinstimmung im Sinne einer objektiven Übereinstimmung erreicht. Ideengeschichtlich betrachtet, ist dies keine neue Einsicht. Die Idee eines Abbildverhältnisses zwischen Wirklichkeit und Erkenntnis wurde schon von Hume und Kant kritisiert. Weil Schlick nun aber offensichtlich daraus keineswegs konstruktivistische Konsequenzen ziehen möchte, muss er der Wirklichkeit bzw. den Anschauungen der Wirklichkeit eine Gesetzmäßigkeit unterstellen, die es überhaupt erlaubt, dass letztlich mathematische Begriffsverhältnisse einen Wahrheitswert haben können. „Die Gesetzmäßigkeit des Erscheinungsverlaufes", so schreibt er (1910–11/2017: 104), „ist die Ursache dafür, dass unsere Urteile sich verifizieren; da wir aber von der Art der Gesetzmäßigkeit keine vollkommene Erfahrung besitzen, so fehlt uns [...] die Einsicht in die Notwendigkeit der ausnahmslosen Verifikation der Tatsachenwahrheiten und damit die Möglichkeit, Wahrheiten auf diesem Gebiete anders als angenähert zu erreichen." An anderer Stelle resümiert er (1925/1979: 442): „Erkenntnis wäre nicht möglich, wenn es im Universum keine Gleichheit gäbe."

Streng genommen bedient sich Schlick damit der kantischen Idee einer transzendentalen Deduktion. Der Unterschied, der freilich einen Unterschied macht, ist der, dass Kant die Notwendigkeiten in den Verstand gelegt und diese dann durch das ominöse „Ding an sich" abgesichert hat, während Schlick diese in die Wirklichkeit projiziert. Sein Erkenntnisbegriff würde ohne diese Projektion deutlich in Richtung des noch zu besprechenden Radikalen Konstruktivismus kippen, was der Empirist Schlick nachvollziehbar nicht akzeptieren kann. Für ihn markieren die wissenschaftlichen Aussagen nicht die Wirklichkeit. Sie werden der Wirklichkeit zugeordnet. Ungeachtet solcher oder anderer möglicher Kritiken soll Schlick hier aber vor allem als Pate für einen Wendepunkt in der wissenschaftlichen Einstellung diskutiert werden. Hatten Denker wie Descartes, Locke, Hume oder Kant noch eine starke Fundierung der Wissenschaften in der Übereinstimmung zwischen subjektiven Erkenntnissen und der Objektivität im Sinn, markiert Schlick insofern eine Neujustierung, als er mit diversen Annahmen, die die klassischen Aufklärer machen mussten, um das Übereinstimmungsmodell begründbar zu machen, bricht. Es gibt keine Wahrheiten a priori, es gibt keine Wirklichkeitsabstufungen, und es bedarf der Übereinstimmung überhaupt nicht, um zu wahren Aussagen zu kommen. Das Subjekt in der wissenschaftlichen Einstellung schwebt mehr in der Luft und ist nur durch dünne Fäden mit der Wirklichkeit verbunden. Es entwickelt seine wissenschaftlichen Aussagen nicht primär dadurch, dass es sich durch empirisches Datenmaterial arbeitet, sondern dadurch, dass es exakte Begrifflichkeiten entwickelt, die dann mit entsprechenden Methoden und Experimenten verifiziert werden, ohne dass damit ewige, absolute Wahrheiten erreicht würden. Da Schlick deutlich zwischen subjektiven Anschauungen und objektiven Erkenntnissen differenziert, erlauben erstere keine strenge Allgemeingültigkeit. Schlick umgeht jedoch die skeptischen Einwände gegen erfahrungsgenerierte Tatsachenwahrheiten, indem er schlichtweg von Setzungen ausgeht, die durch Logik und Mathematik so umformuliert werden können, dass ihnen einfache Tatsachen eindeutig zugeordnet werden können. Letzteres erinnert an den klassischen Empirismus, der bereits angemahnt hatte, von einfachen Vorstellungen auszugehen. Anders als der klassische Empirismus steht Schlick indessen dafür, einerseits den Stellenwert von Mathematik und Logik für die Wissenschaften neu zu justieren. Diese werden nicht induktiv aus Erkenntnissen abgeleitet, sondern fungieren als reine Begriffsbildung, die dann notwendig keine Aussagen über die Wirklichkeit machen können. Andererseits umgeht er auf diese Weise das klassische Induktionsproblem, indem er den Wissenschaftsprozess auf eine deduktiv-hypothetische Vorgehensweise einstellt. Auch die durch Hume problematisch gewordenen Begriffe kann Schlick auf diese Weise entdramatisieren. Es sind hypothetische Begriffe, die durch geeignete Verifikationsverfahren Ereignissen zugeordnet werden können. Anders formuliert: Es geht in den Wissenschaften nicht um das Wesen der Dinge, nicht um Substanzen oder qualitative Beschreibungen, sondern um quantifizierbare Relationen.[2] Es geht um messbare Aussagen (und nicht mentale Repräsentationen), die weder an der unsicheren Anschauung noch an der wirklichkeitsfernen Begriffsbildung scheitern. Schlick wird nicht müde, zu betonen, dass gerade die Entfernung von der konkret-anschaulichen Wirklichkeit durch allgemeinste Begrifflichkeiten in der Lage ist, das konkret-individuelle zu erkennen. Wenn freilich letztlich nur messbare Aussagen für die Wissenschaft infrage kommen, ist unklar, ob die Sozialwissenschaften dann den Rang der Wissenschaftlichkeit für sich beanspruchen dürfen. Bei der Psychologie sieht Schlick zwar durchaus entsprechende Möglichkeiten, lässt aber offen, ob eine Mathematisierung der psychologischen Aussagen umstandslos möglich ist. Wenn die Gesetzmäßigkeit des Forschungsgegenstandes eine implizite Voraussetzung für eine gesetzmäßig verfahrende Wissenschaft ist, muss geklärt werden, ob das Individuelle und das Soziale diese Charakteristik aufweist. Es ist aus Sicht einer Kritischen Theorie zu hoffen, dass dies nicht der Fall ist, weil eine vollkommen gesetzmäßig operierende Individualität oder Gesellschaft ein autoritärer Zustand wäre. Eine freiheitliche Gesellschaft zeigt sich auch daran, dass mathematisierte Aussagen über sie bestenfalls in Form der Wahrscheinlichkeitsrechnung möglich und sinnvoll sind. Andererseits kann und sollte Schlick zugestanden werden, dass es um exakte Aussagen gehen sollte und die Mathematisierung ein Weg ist, dies zu erreichen. Mit diesem Ansinnen trifft er auch sicherlich einen Kern, wenn es um die Naturwissenschaften geht. Wie schon angedeutet, haben diese seit den Zeiten Galileis oder Newtons die Bedeutung abstrakter Begriffsbildungen mithilfe der Mathematik und Logik bereits erkannt. Was von Newton für die Naturwissenschaften geblieben ist, ist nicht der anekdotische Apfel in seiner anschaulichen Konkretheit, sondern es sind seine allgemeinen Formeln, mit denen sich fallende Äpfel, Orangen und Pflaumen gleichermaßen berechnen lassen, ohne dass diese Formeln jemals etwas über Äpfel, Orangen

---

[2] Vgl. dazu aus neukantianischer Perspektive Ernst Cassirer (1910/2000).

oder Pflaumen aussagen würden. Um es zugespitzt zu formulieren: Die modernen (Natur-)Wissenschaften bemühen sich recht wenig um die Wirklichkeit, sie bemühen sich um exakte, messbare bzw. verifizierbare Aussagen. Anders: „Alle Wissenschaft ist letzten Endes Theorie!" (Seck 2008: 168).

Für eine Kritischen Theorie bietet der Wiener Kreis insbesondere mit dem Motiv der Metaphysikkritik einen wichtigen Impuls an. Dieses Motiv hatte (der Sozialist) Rudolf Carnap eindringlich betont und dabei eine strenge Form der Wissenschaftlichkeit eingefordert, die auch sämtliche Werturteile als sinnlose Sätze ausklammert. Was auch Carnap diagnostiziert, ist, dass Wissenschaft nicht bedeutet, sich am Wesen der Dinge zu orientieren, sondern Relationen aufzustellen. Er macht dies an der Entwicklung der Logik fest, an der er eine Umstellung von der aristotelischen Substanzmetaphysik auf eine Logik der Beziehungen abliest (Carnap 1930/2004). Die Entwicklung der Logik ist dabei auch für Carnap keine Entwicklung hin zur Wirklichkeit oder zu einem adäquaterem Verständnis der Wirklichkeit, sondern basiert einzig auf Entwicklungen innerhalb der Mathematik und der Logik selbst. Logische Sätze sind tautologisch und inhaltsleer und dürfen nicht als Aussagen über die Wirklichkeit missverstanden werden. Damit ist für Carnap ein entscheidender Schritt zur Überwindung der Metaphysik gemacht. Die Verdeutlichung der Diskrepanz zwischen Logik und Wirklichkeit erlaubt es, logisierende Aussagen, die als Wirklichkeitsaussagen auftreten, als Scheinaussagen zu entlarven.

Er wandelt aber auch auf wittgensteinschen Pfaden, wenn er sich um die Klärung der Bedeutung von Wörtern bemüht (Carnap 1932/2004). Es kommt dabei auf ihre Verwendung in Elementarsätzen an. Für diese Sätze gelten dann ähnliche Sinnkriterien, wie sie bereits bei Wittgenstein zu finden waren. Es muss geklärt werden, aus welchen Sätzen die Elementarsätze ableitbar sind und welche Sätze sich aus den Elementarsätzen ableiten lassen, und es müssen die Wahrheitsbedingungen und Verifikationskriterien für die Elementarsätze angegeben werden. Wörter werden also letztlich auf einfache Sätze zurückgeführt, die Carnap auch als Protokollsätze bezeichnet. Ihre Verwendung in diesen Sätze verleiht den Wörtern ihre Bedeutung, wobei zu beachten ist, dass Carnap selbst einräumt, keine finale Klärung über die Protokollsätze formulieren zu können. Es lässt es offen, ob diese sich auf unmittelbare „Sinnes- und Gefühlsqualitäten", auf „Gesamterlebnisse und Ähnlichkeitsbeziehungen" oder auf „Dinge" (Ebd.: 85) beziehen. Klar ist nur, dass es sich um empirisch abgesicherte Sätze handeln muss (Vgl. dazu Carnap 1936/1992). Und klar ist auch, dass mit dem Sinnkriterium verschiedenste Wörter der traditionellen Philosophie als metaphysische Wörter ohne Bedeutung ad acta zu legen sind. Carnap (1932/2004: 90) nennt beispielhaft „das Absolute", „objektiver Geist" oder „Wesen". Die Philosophie, so Carnap, sollte nach ihrer metaphysikkritischen Reinigung überhaupt keine Lehre oder eigenständige Theoriebildung mehr sein, sondern sich als Wissenschaftslogik aufstellen und die Bedingungen für die Formulierung wissenschaftlicher Aussagen thematisieren. Dass sie als solche ihren eigenen Bedingungen nicht standhalten kann, konzediert Carnap (1934/2004) mit explizitem Hinweis auf Wittgenstein bzw. dessen Leitermetapher.

Es braucht hier nicht ausführlich diskutiert werden, ob Carnap mit seiner strengen Wissenschaftslogik plausible Empfehlungen für die wissenschaftliche Praxis formuliert. Nur soviel sei angemerkt. Es muss offen bleiben, ob zum Beispiel Begriffe wie „dunkle Materie" oder „dunkle Energie" den Kriterien genügen können. Empirisch beobachtbar sind (bis dato) beide nicht. Sie fungieren eher als Hypothesen oder als abduktive Schlussfolgerungen, mit denen sich bestimmte Phänomene so erklären lassen, dass sich das Standardmodell der Kosmologie aufrecht erhalten lässt. Insofern erfüllen sie zwar das Postulat der Ableitbarkeit, verfehlen aber das Verifikationskriterium. Nun könnte argumentiert werden, dass allein aufgrund der Ableitbarkeit ihre Sinnhaftigkeit stipuliert werden kann. Das würde aber auch für viele Begriffe der Philosophie gelten, die Carnap als metaphysischen Unsinn zu überwinden trachtet. Eine andere Möglichkeit wäre, die Begriffe als Hypothesen gelten zu lassen, und ihre empirische Verifikation auf eine unbestimmte Zukunft zu verschieben. Dies würde allerdings bedeuten, dass einerseits mit einem ungedecktem Scheck operiert wird, und damit andererseits der beliebigen Verwendung von Begriffen das Tor geöffnet wird. Diese müssen dann schließlich nicht mehr direkt ihre Sinnhaftigkeit mittels eines Verifikationsverfahrens demonstrieren.

Was von Carnap aber diskussionswürdig bleibt, ist seine scharfe Metaphysikkritik. Seine Idee, die Sprachverwendung so zu justieren, dass nur eindeutige und klar verständliche Wörter und Sätze formuliert werden, ist eine Idee, die auf die Prinzipien der Herrschaftslosigkeit und der Egalität verweist. Eine klare und distinkte Sprachverwendung ist aufgrund der ihr immanenten Transparenz eine Möglichkeit, autoritäre Ansprüche als solche zu erkennen, und damit diese entweder abzulehnen oder begründet anzunehmen. Es sollte jedoch in jedem Fall ausgeschlossen sein, dass über das Mittel der Sprache Subjekte derart hintergangen werden, dass sie sich auf Konsequenzen einlassen, die nicht zuvor explizit angekündigt wurden, weil eine Sprache verwendet wurde, die sinnlos ist, sodass die Subjekte genötigt sind, jeweils ihren Sinn in die Aussagen zu projizieren, der dann gegebenenfalls (und möglicherweise vom sprechenden Subjekt auch genau so intendiert) vom gemeinten Sinn abweichen kann. Die Subjekte stimmen dann letztlich ihrem Sinn zu, votieren aber öffentlich für einen anderen Sinn. Für die wissenschaftliche Einstellung kann daraus gefolgert werden, dass eine wissenschaftliche Praxis, die sich am Postulat einer klaren und einer intersubjektiv transparenten und anschlussfähigen Sprache orientiert, immer auch ein Moment der Egalität und der Emanzipation von unbegründeten Herrschaftsansprüchen inhäriert. Ob dieses Sprachideal überhaupt erreichbar ist, und ob es überhaupt wünschenswert ist, dieses Ideal zu erreichen, ist eine Frage, die hier nicht diskutiert werden kann. Das mit diesem Sprachideal verbundene politische Ideal einer herrschaftsfreien Gesellschaft bleibt aber das zentrale Anliegen einer Kritischen Theorie, die zu diesem Zweck eine konstruktive Beschäftigung mit den Thesen Carnaps nicht scheuen sollte.

Das strenge Sinnkriterium ist am Modell der Physik orientiert. Otto Neurath umschreibt die wissenschaftliche Weltauffassung des Wiener Kreises auch explizit als Physikalismus, der darin bestehen soll, dass nur Aussagen über räumlich-zeitliche Ordnungen dem wissenschaftlichen Standard genügen, und diese Aussagen auf Beobachtungsaussagen zurückgeführt werden müssen. Ist vor diesem Hintergrund überhaupt eine Sozialwissenschaft möglich oder sinnvoll? Für Neurath (1931/1979) besteht an dieser Stelle kein Zweifel: Sie ist möglich und sinnvoll. Er schränkt diese allerdings auf einen Sozialbehaviorismus ein und nennt (für einen Sozialisten nicht überraschend) den Marxismus als adäquate Soziologie, dem insbesondere mit seiner Klassenanalyse eine Prognosefähigkeit attestiert werden kann. Nun mag diesem Attest zugestimmt werden oder auch nicht. Neurath kann seinerseits attestiert werden, dass er ähnlich wie Durkheim den Gegenstand der Sozialwissenschaften theoretisch schon zugerüstet haben muss, um seine entsprechenden empirischen Forschungen durchführen zu können. Er gesteht dies auch insofern ein, als er behauptet: „Man muss bereits eine ungefähre Theorie haben, um überhaupt richtig Fragen an die Beobachtung stellen, um erfolgreich statistische Daten verbinden zu können." (Ebd.: 197) Es braucht hier nicht weiter zu interessieren, dass die von Neurath angeführte „ungefähre Theorie" im Spiegel der Weiterentwicklung der Soziologie als unterkomplex zu bewerten ist. Interessant ist das Eingeständnis, dass es in den Sozialwissenschaften einen Primat der Theorie gibt, der freilich an sich noch nicht das Programm des Wiener Kreises erodieren oder selbstwidersprüchlich werden lässt. Wie gesehen hatte Schlick mit seiner Erkenntnislehre auch für die Naturwissenschaften ein deduktives Ableitungssystem vorgeschlagen. Problematisch scheint vielmehr zu sein, dass sich die „ungefähre Theorie" zwar möglicherweise entsprechenden Beobachtungen zuordnen und damit bewähren lässt. Dies gilt aber für konkurrierende Theorien nicht minder, sodass sich kaum entscheiden lässt, welcher Theorie der Vorzug zu geben ist. Zu Denken wäre etwa an die klassische Habermas-Luhmann-Debatte, die sich durch empirische Forschung nicht auflösen ließ. Und auch Neurath positioniert sich eher auf dem Boden einer marxistischen Soziologie, als dass er durch Beobachtungen gesichert diese als tatsächliche adäquate Soziologie begründen könnte. Dies dürfte damit zusammenhängen, dass die Gesellschaft eben keine naturwissenschaftlichen Regelmäßigkeiten aufweist, was auch Neurath dadurch immer wieder implizit anerkennt, dass er konstatiert, dass es Abweichungen und alternative Möglichkeiten gibt, die die Theorie nicht prognostizieren kann. Dies schmälert nicht die soziologischen Gehalte, die Neurath anbietet, sondern wirft einen Schatten auf die generelle Wissenschaftstheorie des Wiener Kreises. Mag diese im Fall der Naturwissenschaften ihre Berechtigung haben – was freilich, wie sich noch zeigen wird, auch zu diskutieren ist –, so kann sie nicht recht überzeugen, wenn es um die Sozialwissenschaften geht. Da aber der Wiener Kreis mit dem Gedanken einer Einheitswissenschaft gespielt hat, müsste das strenge Sinnkriterium auch problemlos für die Sozialwissenschaften zur Anwendung gebracht werden. Das dies nicht der Fall ist, sollte aber nicht dazu führen, dass strenge Sinnkriterium schlichtweg aufzugeben, auch wenn es insbesondere mit dem hier zugrunde gelegtem radikalen bzw. erkenntniskritischem Subjektverständnis nicht unmittelbar kompatibel ist. Wie schon angedeutet: Mindestens als regulative Idee sollte es aufgrund seiner politischen Implikationen aus der Sicht einer Kritischen Theorie weiterhin seine Geltung als Anregungspotenzial beanspruchen dürfen.

Recht unmittelbar hatte Karl Popper eine kritische Diskussion des strengen Sinnkriteriums angeregt. Es ging ihm dabei nicht darum, die Metaphysik zu rehabilitieren. Im Gegenteil teilt Popper die grundsätzliche Metaphysikkritik des Wiener Kreises, sieht in dem strengen Sinnkriterium aber das Ziel verfehlt. Er gibt zu Bedenken, dass mit dem strengen Sinnkriterium, wie es vor allem von Wittgenstein und Carnap vorgeschlagen worden ist, auf der einen Seite physikalische Theorien ausgeschlossen, und auf der anderen Seite metaphysische Sätze als sinnvolle Sätze zugelassen werden (vgl. Popper 1963/2009a). Generell vertritt Popper die Position, dass das Sinnkriterium als Abgrenzungskriterium zwischen Wissenschaft und Metaphysik nicht tragfähig ist. Mit einem ihm eigenen Humor dekretiert er, dass das Problem des Sinnkriterium ein Scheinproblem ist. Rein sprachphilosophisch lässt es sich nicht lösen, weil ein Beweis einer immanenten Sinnlosigkeit von Sprache nicht erbracht werden kann. Warum sollte eine politische Rede auch grundsätzlich sinnlos – und das meint: unverständlich – sein, nur weil sie keine physikalistischen Begriffe verwendet? Und über die Wahrheitsfunktion lässt es sich nicht lösen, weil nach Popper Theorien grundsätzlich nicht verifizierbar sind. Würde dies dennoch zugestanden, würde sich eben zeigen, dass klassische Sätze der Metaphysik sinnvolle Sätze, und anerkannte physikalische Sätze sinnlose Sätze werden können. Bei diesem Manöver der Kritik des Sinnkriteriums ist es nicht das Ziel metaphysische Sätze gleichgewichtig mit wissenschaftlichen Sätzen zu behandeln. Auch Popper möchte, wie noch zu zeigen sein wird, Wissenschaft deutlich von Metaphysik abgrenzen. Er gesteht der Metaphysik allerdings zu, einerseits sinnvolle Sätze in dem Sinne zu formulieren, dass sie trotz ihrer Unbeweisbarkeit verständlich sind, und andererseits sieht er in der Metaphysik ein Anregungspotenzial für die Wissenschaften. Er erwähnt antike Theorien, die zu ihrer Zeit einen metaphysischen Charakter hatten, inzwischen aber in eine wissenschaftliche Form gebracht werden konnten (Popper 1957/2009: 56), oder er zeichnet nach, dass die Physik Newtons auf mystische Ideen zurückgeführt werden kann (Popper 1958/2009: 289 ff.). Was er damit desavouiert, ist die Idee, dass Wissenschaft und Erkenntnis auf dem Pfad der Beobachtung und einer daraus resultierenden Datensammlung voranschreiten, und damit einem transparenten Fundament – einer allen Subjekten gleichermaßen möglichen Beobachtung – aufsitzen, das als Bollwerk gegen die Metaphysik in Stellung gebracht werden kann. Die hoffnungsvolle Hinwendung zum Empirismus als modus vivendi der Metaphysikkritik entlarvt Popper als Illusion. Wenn er sich aber trotzdem gegen Metaphysik und Irrationalität positioniert, ist die Frage: Was ist dann aber der Unterschied zwischen Wissenschaft und Metaphysik?

Popper steht zwar durchaus in der sokratischen Tradition der Skepsis, zielt mit seiner Kritik der Fundierung der Wissenschaften in der Beobachtung aber nicht so sehr auf klassisch erkenntniskritische Argumente, die die Sicherheit der Beobachtung in Bezug auf eine Korrespondenzwahrheit bezweifeln. Es geht ihm nicht darum, Beobachtungen als grundsätzlich unsichere Quelle von Wissen und Erkenntnis infrage zu stellen. Er richtet seine Kritik unter expliziter Verwendung humescher Argumente gegen die Induktionslogik. Mögen die je subjektiven Beobachtungen auch sichere Beobachtungsdaten liefern, so erlauben diese dennoch keinen Schluss auf allgemeine Gesetzmäßigkeiten. Popper (1934/2005: 4 ff.) vermutet aber nicht nur eine logische Unzulässigkeit der induktiven Schlussfolgerung auf allgemeine Sätze. Er verwirft die Induktionslogik, weil diese zu zwei möglichen Konsequenzen führt, die das Projekt der Induktionslogik widersprüchlich werden lassen. Da das Induktionsprinzip selbst ein allgemeiner Satz ist, müsste es durch einen Induktionsschluss legitimiert werden. Es müsste dazu jedoch ein Induktionsprinzip höherer Ordnung angenommen werden und dies: ad infinitum. Das Induktionsprinzip würde also, anstatt sicheres Wissen zu generieren, in einen infiniten Regress münden. Würde das Induktionsprinzip nicht seinerseits durch einen induktiven Schluss begründet, bliebe nur die kantische Möglichkeit, dieses Prinzip als synthetischen Satz a priori zu interpretieren. Genau das sollte jedoch das Induktionsprinzip gemäß des logischen Positivismus zeigen: Die Sinnlosigkeit oder Unhaltbarkeit des Apriorismus. Das Induktionsprinzip erfüllt damit nicht das, was es erfüllen soll. Es führt nicht zu begründeten Sätzen, weil es selbst nicht widerspruchsfrei begründet werden kann. Damit entfällt nun ein aussichtsreicher Kandidat für die Überwindung der Metaphysik. Und nicht nur dies: Wird die Induktionslogik aufgegeben, bedeutet dies, dass wissenschaftliche Aussagen nicht verifiziert werden können. Das Verifikationsprogramm der Wissenschaften meint im Kern, dass Sätze oder Theorien dadurch bewiesen werden, dass bestätigende Beobachtungsdaten beigebracht werden, die über die Wahrheit oder Falschheit der Sätze oder Theorien entscheiden. Mindestens implizit wird dabei die Induktionslogik in Anspruch genommen. Wenn jedoch die Kritik der Induktionslogik zeigen kann, dass zwischen Beobachtungsdaten und allgemeinen Sätzen oder Theorien eine unüberwindbare Lücke klafft, hat das Verfahren der Verifikation keine begründete Basis. Keine noch so große Datenbasis kann eine Theorie verifizieren. Wird dennoch am Verifikationsprinzip festgehalten, kann dies, wie Popper (1957/2009) anmerkt, dazu führen, dass Theorien den Rang einer bestätigten Theorie erhalten, die möglicherweise klassische metaphysische Theorien sind. Popper nennt Marx oder Freud, deren Anhänger die jeweiligen Theorien durch unzählige Tatsachen stützen. In der Tat lässt sich etwa die marxsche Geschichtsphilosophie, die inzwischen als höchst problematisch zu bewerten ist, durch die Tatsachen „beweisen". Zeigt nicht die technische Entwicklung, dass die Produktionsverhältnisse mit dieser Entwicklung in Widerspruch geraten? Waren die Umstellungen der Wirtschaftspolitik seit Thatcher und Reagan nicht Ausdruck dieses Widerspruches? Selbst dann, wenn die Wirtschaftsgeschichte so gelesen wird, würde dies kaum die marxsche Geschichtsphilosophie verifizieren. Popper betreibt also durchaus das Projekt einer Ideologiekritik, wenn er den Verfikationsanspruch von Theorien desavouiert. Und gerade auch aus der Sicht einer Kritischen Theorie ist es erfreulich, dass er auch nicht davor zurückschreckt, der Erkenntnistheorie zu attestieren, möglicherweise durch politische Motive beeinflusst zu sein (Popper 1960/2009: 7). Um diesen Einfluss auszuschalten, empfiehlt er eine strenge und kritische Prüfung – und auch dies ist aus der Sicht einer Kritischen Theorie begrüßenswert. Es verwundert auch nicht, dass der liberale Popper trotz kritischer Prüfungen, die er sicherlich vorgenommen hat, einer Erkenntnistheorie das Wort spricht, die einen absoluten Wahrheitsanspruch von Theorien destruiert, weil eine solche Destruktion sich in das Ideal einer „offenen Gesellschaft" (Popper 1945/2003a/b) zwanglos einfügt. Invers dazu bleibt Popper gegenüber Theorien, die eine offenbare Wahrheit postulieren, also mit einer Wahrheit rechnen, die alle Subjekte, die Willens sind, einsehen können, äußerst reserviert. Er vermutet hier, sicher nicht zu Unrecht, die Gefahr einer autoritären Gesellschaft, weil dann diejenigen Subjekte exkludiert, diskriminiert oder sogar eliminiert werden könnten, die offensichtlich willentlich die Wahrheit nicht erkennen. Theorien oder wissenschaftliche Sätze können nicht bewiesen werden. Damit rutschen sie jedoch nach Popper nicht in Metaphysik ab, weil die Möglichkeit bleibt, sie zu widerlegen. Anstatt in der Wissenschaft von einem Verifikationsprinzip auszugehen, schlägt Popper vor, die Wissenschaftlichkeit von Theorien dadurch zu sichern, dass sie einem strengen Falsifikationsprozess ausgesetzt werden. Das prominent gewordene Beispiel mit den Schwänen mag dies illustrieren. Der Satz „Alle Schwäne sind weiß" kann nicht durch eine noch so große Anzahl bestätigender Beobachtungen bewiesen werden. Die Beobachtung eines schwarzen Schwanes hingegen falsifiziert den Satz. Popper denkt sich diesen Falsifikationsprozess im Groben so: Jeder Theorie oder jeder wissenschaftliche Satz impliziert ein Verbot. Bezogen auf das Schwanbeispiel, würde dieses etwa lauten können: Es gibt keine nicht-weißen Schwäne (oder: Es darf keine nicht-weißen Schwäne geben). Da die Beobachtung eines schwarzen Schwans diesem Verbot widerspricht, ist der Satz, dass alle Schwäne weiß sind, falsifiziert. Gesucht werden im Forschungsprozess also Bestätigungen für solche Sätze, die der zu untersuchenden Theorie widersprechen. Besteht eine Theorie einen solchen Test, wird die Theorie nicht bewahrheitet. Popper spricht davon, dass Theorien sich bewähren (etwa Popper 1934/2005: 9). Dies ist insofern konsequent, als grundsätzlich nicht ausgeschlossen werden kann, dass künftig neue Beobachtungen dazu führen, eine Theorie doch noch zu falsifizieren. Die Wissenschaft ist ein fallibles Geschäft und Wahrheiten können immer nur temporäre Wahrheiten sein.

Das Abgrenzungsproblem zwischen Wissenschaft und Metaphysik, dass Popper nach eigenen Angaben umtreibt, wird also nicht dadurch markiert, dass wissenschaftliche Sätze beweisbar sind und metaphysische Sätze dieses Kriterium verfehlen. Es wird dadurch markiert, dass wissenschaftliche Sätze in falsifizierbare Sätze transformiert werden können, die Popper auch Basissätze nennt. Die Falsifizierung solcher Sätze ist dann für Popper eine empirische Angelegenheit, wenn es sich um empirische Theorien oder Sätze handelt. Es geht also darum, experimentelle Beobachtungen zu arrangieren, die das Ziel haben, eine Theorie zu widerlegen. Gelingt dies nicht, gilt die Theorie bis auf weiteres als bewährt. Wichtig für Popper ist dabei, dass die Falsifizierungsversuche intersubjektiv nachprüfbar sein müssen. Es reicht nicht aus, ein singuläres, nicht wiederholbares Experiment durchzuführen, um eine Theorie zu falsifizieren. Damit sind zwei Markierungen benannt, die die Wissenschaft von der Metaphysik trennen. Die Sätze der Wissenschaft müssen *intersubjektiv nachvollziehbar* einer kritischen Prüfung im Sinne des *Falsifikationsprinzips* zugänglich sein. Es darf also für

Popper in der Wissenschaft keine Sätze geben, die „einfach hingenommen werden müssen, weil es aus logischen Gründen nicht möglich ist, sie nachzuprüfen" (Ebd.: 25). Damit entfallen für ihn auch universelle Es-gibt-Sätze (Ebd.: 46), die er der Metaphysik zuordnet. Dies eben deswegen, weil aus solchen universellen Sätze logisch keine Basissätze abgeleitet werden können, die mit dem universellen Satz in Widerspruch geraten können. Der universelle Satz „Es gibt weiße Schwäne" ermöglicht logisch keinen Basissatz, der durch eine entsprechende Beobachtung den universellen Satz zu falsifizieren vermag.

Der Wissenschaftsprogress ist für Popper damit nicht ein Prozess der Anhäufung positiven Wissens mittels der (induktiven) Verifikation, sondern ein Prozess der sukzessiven Ausschaltung von Irrtümern. Er empfiehlt zu diesem Zweck, mit besonders unwahrscheinlichen Hypothesen zu arbeiten, um den Erkenntnisgewinn zu steigern. Vergleichbar ist dies mit dem Vorgehen von Descartes, der seine Methode der Skepsis mit besonderer Schärfe aufstellt, um tatsächlich alle denkbar möglichen Fehlurteile auszuschalten, und auf diese Weise einen sicheren Satz zu generieren. So soll auch das Subjekt in der wissenschaftlichen Einstellung mit kühnen Behauptungen operieren, weil dann eine Überprüfung mit besonderer Schärfe durchgeführt werden kann. Wird die Theorie dann falsifiziert, sollte dies nicht als Misserfolg gewertet werden. Im Gegenteil: „Jeder Widerlegung sollte als großer Erfolg betrachtet werden; sie ist nicht nur ein Erfolg des Wissenschaftlers, der die Theorie widerlegt hat, sondern auch ein Erfolg dessen, der die widerlegte Theorie erfunden hat, und der so als erster, wenn auch nur indirekt, das widerlegende Experiment angeregt hat." (Popper 1963/2009b: 376) Der Grund für diese Empfehlung ist, dass das Operieren mit wahrscheinlichen – das meint: erwartbaren – Hypothesen einen geringen Erkenntnisgehalt hat. Was mit hoher Wahrscheinlichkeit erwartet werden kann, ist zum größten Teil bereits ein positives Wissen. Thesen, die höchst unwahrscheinlich und damit möglicherweise höchst kontraintuitiv sind, versprechen im Gegensatz dazu einen hohen Erkenntnisgehalt, weil sie bei bei einer entsprechenden Bewährung (zumindest temporär) ein neues Wissen zur Verfügung stellen. Es ist auch in diesem Fall die Umstellung der Verifikation auf Falsifikation, die dem zugrunde liegt. Das induktiv operierende Subjekt, das nach einer Verifikation sucht, muss mit möglichst erwartbaren Hypothesen arbeiten, die sich durch Beobachtung bestätigen lassen. Das Subjekt des Kritischen Rationalismus popperscher Provenienz kann sich darauf nicht einlassen, und muss vielmehr danach trachten, solche Theorien zu bewähren, die einen geringen Wahrscheinlichkeitsgrad haben. Popper führt an diversen Stellen das Beispiel Einstein an. Seine Relativitätstheorie hatte in der popperschen Lesart einen höchst unwahrscheinlichen Gehalt. Dass sie diversen Widerlegungsversuchen trotzte, macht sie noch lange nicht zu einer wahren Theorie – aber zu einer gut bewährten. Wenn das Subjekt in der wissenschaftlichen Einstellung also gemäß der Empfehlung Poppers verfährt, stellt sich der bereits konstatierte Trend in den Naturwissenschaften, sukzessive kontraintuitiver zu werden, als erwartbarer Gang der Dinge dar. Wenn neue Erkenntnisse gewonnen werden sollen, kann dies nur auf der Grundlage höchst spekulativer und allgemeiner Theorien und Sätze gelingen, die sich zwar nicht bewahrheiten, aber bewähren können. Fortschritte in der Wissenschaft werden, so lässt sich dieser Gedanke resümieren, dadurch gewonnen, dass neue Theorien einen höheren Grad an Allgemeinheit aufweisen, der zu einer größeren Menge an zu überprüfenden Basissätzen führt, sodass die jeweils neue Theorie sich einer größeren Falsifizierungsgefahr aussetzt.

Das ganze Programm impliziert ein theoretisches Motiv, dass mit dem hier zugrunde gelegtem und noch zu diskutierendem Radikalen Konstruktivismus koinzidiert. Für Popper ist es eine ausgemachte Sache und muss es eine ausgemachte Sache sein, dass Wahrnehmungen oder Beobachtungen theorieabhängig sind (etwa Popper 1957/2009: 69 ff.). Wenn er bestreitet, dass der Prozess der Erkenntnisgenerierung der Beobachtung aufsitzt, und stattdessen von (möglichst kühnen) Theorien ausgeht, ist es evident, dass die experimentellen Beobachtungen zum Zweck der Falsifikation durch genau diese Theorien angeleitet werden. Es gibt damit keine neutralen Beobachtungen, und selbst wenn es diese gäbe, wären sie in Bezug auf einen Erkenntnisgewinn nutzlos. Der view-from-nowhere, der den Vorzug hat, von allen Subjekten gleichermaßen beansprucht werden zu können, und so eine Garantie für einen intersubjektiven Konsens bereitstellt, entpuppt sich als Illusion. Dies bedeutet in der Konsequenz aber eben nicht, dass es nicht möglich ist, Erkenntnisse zu generieren, denen der Status der Objektivität supponiert werden könnte. Die kritische Überprüfung von Theorien ist schließlich nur dann ein kritisches Überprüfen im Sinne Poppers, wenn es potenziell intersubjektiv nachvollziehbar bzw. reproduzierbar ist. Dass ist sicher nicht das Gleiche wie der Anspruch auf Objektivität, der mit einer Korrespondenzwahrheit verbunden ist, die Popper so nicht vertreten kann. Es ist aber ein Surrogat, das es ebenso erlaubt am Ideal der Transparenz als wichtigem Baustein der Überwindung von unbegründeten Herrschaftsansprüchen festzuhalten. Dies dann, eingedenk der damit verbundenen Probleme, als objektive Erkenntnis zu betiteln, ist eine Möglichkeit, die vielleicht keinen zu großen Schaden anrichtet, die allerdings auch nicht zwingend notwendig ist.

Für die wissenschaftliche Einstellung des Subjekts bedeuten die Überlegungen Poppers eine Neujustierung. Neu ist nicht so sehr, dass er im Prinzip ein deduktives Vorgehen postuliert. Im Grunde hatte dies bereits Schlick in gewisser Weise gemacht, sodass die von Popper kritisierte Induktionslogik sich nicht in der Form mit dem Wiener Kreis identifizieren lässt, wie Popper das gemacht hatte. Jedenfalls meint das deduktive Vorgehen im Sinne Poppers, dass das wissenschaftlich eingestellte Subjekt nicht Beobachtungsdaten sammelt, um aus diesen dann allgemeine Gesetzmäßigkeiten abzuleiten. Popper unterstellt andersherum, dass die Subjekte sowohl in der Wissenschaft als auch im Alltag immer schon auf der Suche nach Gesetzmäßigkeiten sind, und entsprechende Vermutungen in entsprechend arrangierte Beobachtungen überführen. Der Unterschied zwischen Wissenschaft und Alltag ist nicht so sehr die grundsätzliche Einstellung, sondern der Falsifizierungsgrad der angewendeten Theorien oder Sätze, oder anders formuliert: Die jeweiligen Problemstellungen unterscheiden sich nach ihrem Inhalt bzw. nach ihrer Reichweite. Was dann aber mit Popper gegenüber den bisher diskutierten Ansätzen neu zu justieren wäre, ist, dass das wissenschaftlich eingestellte Subjekt sich nicht am Wissen, sondern an Irrtümern orientieren sollte. Wenn sich Wissen aus kategorischen Gründen nicht in positives Wissen transformieren lässt, also nicht verifiziert werden kann, sollte es zum Ziel des wissenschaftlich eingestellten Subjekts werden, möglichst viele Irrtümer ausschließen zu können. Popper (1934/2005: 36) umschreibt dies mit der Metapher, dass wir mit unseren Theorien die Welt wie mit einem Netz einfangen, und uns darum bemühen, die Maschen des Netzes immer enger zu machen. Enger werden die Maschen dadurch, dass der Bestand an zu überprüfenden Theorien immer kleiner wird. Auf der einen Seite wird durch dieses Wissenschaftsverständnis das wissenschaftlich eingestellte Subjekt entlastet. Es muss nicht mit verifiziertem Wissen aufwarten, sondern vielmehr eine Fehlerkultur praktizieren, die es ihm erlaubt, höchst kühne und spekulative Thesen aufzustellen. Auf der anderen Seite schwindet diese Entlastung aber wieder, weil es genau das tun muss: Spekulative und kühne Thesen aufstellen, und diese dann einer möglichst kritischen Prüfung aussetzen. Und weil Wissenschaft sich durch mögliche Falsifizierungen auszeichnet, müssen die spekulativen und kühnen Thesen aus solchen Sätzen bestehen, die potenziell widerlegbar sind. Ob es ein motivierendes Unterfangen ist, immer wieder mit Thesen zu scheitern, ist sicherlich eine psychologische Frage. Ohne dieser im Detail nachzugehen, darf aber doch vermutet werden, dass es dem Subjekt einiges abverlangt, sich nicht an positiven, sondern an negativen Erfolgen zu orientieren. Was jedoch dafür spricht, dies auf sich zu nehmen, ist der Umstand, dass eine kritische Wissenschaftseinstellung, wie sie von Popper eingefordert wird, sich mit einer kritischen Einstellung im Bereich des Politischen deckt, die von liberalen und demokratischen Subjekten abgefordert werden kann – oder sogar muss.

Wenngleich Popper die Frage nach dem Sinnkriterium als Scheinproblem deklassifiziert, vermögen seine Vorschläge zur wissenschaftlichen Methodologie durchaus dem hinter dem Sinnkriterium liegendem Motiv der Metaphysiküberwindung gerecht zu werden. Es ist schließlich nicht so, dass er auf jegliche Erfahrungsbasis verzichten würde. Sie bekommt lediglich einen anderen, nachgeordneten Stellenwert, der sich an der von Hume angestoßenen Empirismuskritik orientiert. Die Frage ist nur: Kann Popper mit seinem Falsifizierungsprogramm überzeugen? Eins jedenfalls dürfte unmittelbar klar sein: Auf sich selbst angewendet unterliegt es der gleichen Schwierigkeit wie der Kontrahent die Induktionslogik. Die Theorie der Falsifikation kann ebenso wenig falsifiziert werden, wie induktiv auf die Induktionslogik geschlossen werden kann. Damit wird aber zunächst nur deutlich, dass die Wissenschaftstheorie nicht mit den Mitteln plausibel gemacht werden kann, die sie den Wissenschaften entnimmt oder die sie diesen empfiehlt. Es wäre ein zirkuläres Unternehmen, wenn die Wissenschaftstheorie mit wissenschaftlichen Mitteln verifiziert oder falsifiziert würde. Die Wissenschaftstheorie soll über den Status wissenschaftlicher Aussagen Rechenschaft ablegen, oder anders formuliert: Sie soll darüber aufklären, wie die Wissenschaften sicheres – mithin: wahres – Wissen generieren können. Da dieses Unternehmen als Reflexionsinstanz interpretiert werden kann, kann es nicht mit denselben Mitteln operieren, die doch erst evaluiert werden sollen. Dies bedeutet nicht, dass die Wissenschaftstheorie beliebig operieren kann. Poppers erneut vorgetragene Kritik an der Induktionslogik weist auf immanente Probleme hin, die sich nicht einfach invisibilisieren lassen. Sein Vorschlag, stattdessen auf eine Falsifikationslogik umzustellen, ist jedoch seinerseits der Kritik unterzogen worden.

Thomas S. Kuhn (1962/1976) steht vor allem dafür, mit dem Fortschrittsoptimismus Poppers ins Gericht zu gehen. Popper hatte mit seiner Netzmetapher die Hoffnung zum Ausdruck gebracht, dass die Maschen des Netzes immer enger werden, und das darf gelesen werden als die Hoffnung darauf, dass durch ein perpetuiertes Aussieben falsifizierter Aussagen oder Theorien der Bestand an gesichertem Wissen sukzessive zunimmt. Ein Telos dieser Entwicklung hatte Popper aus guten Gründen freilich nicht genannt. Dennoch geht er offensichtlich von einem linear-kumulativen Wissenschaftsbild aus. Genau dagegen erhebt Kuhn Widerspruch. Für ihn stellt sich die Wissenschaftsgeschichte nicht dar als ein Fortschreiten in Richtung einer Anhäufung von Wissen oder einer immer besseren Übereinstimmung von Theorie und Wirklichkeit. Für ihn ist die Wissenschaftsgeschichte dadurch charakterisiert, dass Paradigmen durch wissenschaftliche Revolutionen abgelöst und durch neue Paradigmen ersetzt werden, die jedoch keineswegs einen kumulativen Progress darstellen, sondern schlichtweg eine andere, neue Art und Weise, die Wirklichkeit wahrzunehmen.

Kuhn differenziert im Wesentlichen zwischen einer Wissenschaft im Normal-betrieb und wissenschaftlichen Revolutionen, denen eine Krise des bis dahin anerkannten Paradigmas vorausgeht. Er geht davon aus, dass Wissenschaften sich nach einer Phase voneinander mehr oder weniger unabhängiger Forschun-gen zu einer Phase hin entwickeln, in der es ein fundierendes Paradigma gibt. Die newtonsche Physik ist ein Beispiel für ein solches Paradigma. Wird ein solches Paradigma erworben, ist dies für Kuhn ein Zeichen der Reife der Wissenschaft. Das Paradigma funktioniert dann, grob zusammengefasst, so, dass es von allen Subjekten der betreffenden Wissenschaft als gültig anerkannt und entsprechend im Ausbildungsprozess gelehrt und gelernt wird. Es gibt die Fragestellungen und Methoden vor, mit denen die Fragestellungen bearbeitet werden. Positiv formu-liert, ermöglicht es eine Komplexitätsreduktion. Während in vorparadigmatischen Zeiten ein zufälliges Datensammeln die wissenschaftliche Praxis ausmacht, wird dies unter der Ägide eines Paradigmas in streng definierte Bahnen gelenkt. Das Paradigma präskribiert die Regeln der wissenschaftlichen Praxis und nicht nur dies: Es grenzt den Forschungsbereich auf jene Phänomene ein, die durch das Paradigma als wissenschaftliche, als zu untersuchende Phänomene vorgegeben werden. Es geht dann nicht mehr darum, überhaupt Daten zu sammeln, son-dern darum, die Probleme zu lösen, die innerhalb eines Paradigmas als Problem auftauchen, und für die es im Rahmen des Paradigmas eine erwartbare Lösung gibt. Die wissenschaftliche Praxis im Rahmen eines Paradigmas ist also nicht darauf aus, neues Wissen zu entdecken oder zu erforschen. Es geht vielmehr darum, innerhalb des Paradigmas in die Tiefe zu forschen, also das Paradigma vollständig auszuleuchten. Die Stabilität eines Paradigmas bezieht dieses dement-sprechend nicht daraus, dass es mit den Daten (bzw. der Wirklichkeit) eine hohe Übereinstimmung hat. Die hat es gleichsam eo ipso, weil es ohnehin nur um solche Daten geht, die innerhalb des Paradigmas interpretiert werden können, die also das Paradigma erwartbar bestätigen. Die Stabilität eines Paradigmas ist für Kuhn eher eine soziologische Angelegenheit. Sie wird dadurch erreicht, dass über Lehrbücher die Theorien und Methoden des jeweils akzeptierten Paradig-mas als legitim anerkannte Theorien und Methoden vermittelt werden. Überspitzt formuliert: Die Subjekte werden durch die wissenschaftliche Ausbildung auf ein Paradigma eingeschworen.

Die gleiche Forschungspraxis, die den „normalen" Gang der Wissenschaft antreibt, droht auch immer wieder, die Wissenschaft in Krisen zu stürzen. Dies geschieht dann, wenn Anomalien auftreten, die vor dem Hintergrund des jeweils gültigen Paradigmas nicht zu erwarten wären. Für Popper wäre dies der klas-sische Fall einer Falsifikation. Kuhn folgt Popper zwar darin, dass mit solchen

Anomalien Krisen ausgelöst werden können – aber nicht müssen. Die wissenschaftlich eingestellten Subjekte reagieren auf Anomalien zunächst so, dass sie versuchen das gültige Paradigma zu retten. Dies können Ad-hoc-Thesen sein oder geringfügige Modifizierungen, die dazu dienen sollen, das Paradigma so zu justieren, dass die Anomalien nicht mehr als Anomalien erscheinen. Wichtig dabei ist zu beachten, dass Anomalien nur vor dem Hintergrund eines Paradigmas zu Anomalien werden. Irgendwelche Daten, die mit dem Paradigma zum Zeitpunkt ihrer Beobachtung keine Berührungspunkte haben, lösen auch keine Anomalien aus. Anomalien sind nicht anders als unerwartete Ereignisse innerhalb eines Paradigmas, und die auf dieses Paradigma eingeschworenen Subjekte versuchen zunächst, das Problem innerhalb dieses Paradigmas zu lösen. Die eingangs erwähnte Entdeckung des Neptuns als Rettung der newtonschen Physik ist hierfür ein Beispiel. Kuhn scheint mit einer starken Sozialisationswirkung zu rechnen, weil er vermutet, dass die innerhalb eines Paradigmas agierenden Subjekte tendenziell nicht geneigt sind, dieses aufzugeben. Erst wenn solche Subjekte sich der Anomalien annehmen, die entweder noch sehr jung oder neu auf dem betreffendem Gebiet sind, besteht die Chance darauf, dass aus der Krise des Paradigmas eine Revolution wird. Dies allerdings auch erst dann, wenn zumindest Umrisse eines neuen Paradigmas angeboten werden. Die Diskussion zwischen den Subjekten des alten und des neuen Paradigmas ist für Kuhn aber nur in Ausnahmefällen eine rationale Angelegenheit. Die Subjekte haben das Problem, dass sich sich paradigmenübergreifend nicht verstehen können: Sie sprechen von unterschiedlichen Dingen. Was also zu einer Revolution, zur Substitution eines Paradigmas durch ein neues, führt, ist nicht die falsifizierende Konfrontation des Paradigmas mit der Wirklichkeit, sondern der Disput zwischen konkurrierenden Paradigmen, in dem es wie bei politischen Revolutionen darum geht, Mehrheiten auf jeweils der einen oder anderen Seite zu sammeln. Dies führt im Fall der Wissenschaft auch über wissenschaftliche Argumente. Das neue Paradigma muss seine Leistungsfähigkeit bei der Bewältigung der aufgetretenen Probleme unter Beweis stellen. Beweisen in einem strengen Sinne lässt es sich aber nicht. Das eigentliche Erfolgsrezept für eine Revolution macht Kuhn daher eher in außerwissenschaftlichen Faktoren aus. Es geht darum, die nachwachsende Generation des wissenschaftlichen Personals für das neue Paradigma zu gewinnen. Auch wenn Kuhn dies nicht explizit erwähnt, darf vermutet werden, dass hierbei Aussichten auf lukrative Stellen oder Aussichten auf wissenschaftliche Reputationen eine Rolle spielen. Wenn eine Revolution erfolgreich war, führt dies dazu, dass die Lehrbücher ausgetauscht werden, und so die auszubildenden Subjekt nunmehr auf das neue Paradigma eingeschworen werden. Die wissenschaftliche Praxis geht wieder in den Normalbetrieb über.

Von besonderer Bedeutung für Kuhn ist nun, dass mit dem neuen Paradigma kein kumulativer Wissensfortschritt einhergeht. Er bemüht sich etwa zu demonstrieren, dass Newton kein Spezialfall der einsteinschen Physik ist, diese also die newtonsche Physik nicht integrierend übersteigt. Die Physik Einsteins ist eine neue wissenschaftliche Auffassung der Wirklichkeit. Es ist dieses Verständnis wissenschaftlicher Revolutionen, das für die noch zu diskutierenden radikalkonstruktivistischen Grundannahmen, die hier zur Verwendung gebracht werden sollen, in hohem Maß fruchtbar ist, und das eine deutliche Positionierung innerhalb des wissenschaftstheoretischen Diskurses darstellt. Neue Paradigmen bedeuten eine neue und eben: andere Sicht der Wirklichkeit, die sich natürlich ihrerseits gar nicht geändert hat. In den Worten Kuhns (Ebd.: 123): „Soweit ihre einzige Beziehung zu dieser Welt in dem besteht, was sie sehen und tun, können wir wohl sagen, dass die Wissenschaftler nach einer Revolution mit einer anderen Welt zu tun haben." Hinter dieser Aussage steht argumentativ die Behauptung einer theorien- oder paradigmenabhängigen Beobachtung. Es gibt keinen view-from-nowhere, sondern das, was die wissenschaftlich eingestellten Subjekte beobachten, messen oder experimentell arrangieren, hängt davon ab, innerhalb welchen Paradigmas sie operieren. Dies betrifft sowohl die Auswahl der möglichen Gegenstände, die beobachtet werden sollen, als auch die Methoden, die der Beobachtung zugrunde gelegt werden. Dies betrifft aber auch die Sprache. Kuhn hat wenig Hoffnung darauf, eine beobachtungsneutrale Sprache zu entwickeln, wenngleich er dies auch nicht völlig ausschließt.

Die Abhängigkeit der Beobachtung oder des Weltbildes von differierenden Paradigmen illustriert Kuhn mit dem leicht nachvollziehbaren Unterschied zwischen Aristoteles und Galilei. Während letzterer in einem Pendel einen Pendel sieht, sieht Aristoteles darin einen fallenden Gegenstand, der am Fallen gehindert wird. Beide sehen dasselbe, aber beide stellen (sofern sie dies tun) unterschiedlichen Messungen an. Die Pointe des kuhnschen Ansatzes besteht nun darin, dass beide Wissenschaft betreiben. Damit zerrinnt nun freilich wieder die Grenze zwischen Wissenschaft und Metaphysik. Mit dem strengen Sinnkriterium des Wiener Kreises war die Sache zwar nicht zwingend plausibel, aber eindeutig. Aussagen, die keinen empirischen oder logischen Bezug herstellen können, sind Metaphysik. Die antike Suche nach dem Wesen der Dinge kann mit diesem Kriterium als Metaphysik ausgesondert werden. Auch mit Poppers Abgrenzungsdefinition lassen sich metaphysische Aussagen als solche identifizieren und entsprechend aus dem Kanon der Wissenschaften herausfiltern. Aussagen oder Theorien, die nicht (potenziell) in ein empirisches Falsifizierungsprogramm transformiert werden können, gelten als Metaphysik. Wie sieht dies bei Kuhn aus? Was kann er anbieten, um zwischen Wissenschaft und Metaphysik zu differenzieren? Streng genommen muss die Antwort lauten: Nichts. Aristoteles Bemühungen, die Rätsel der Natur zu dechiffrieren, indem das Wesen der Dinge erkundet wird, müssen genauso als Wissenschaft gelten wie die newtonschen Gesetze oder die einsteinsche Relativitätstheorie. Dies deshalb, weil innerhalb der jeweiligen Paradigmen das Zusammenspiel von Theorien und Methoden seine Plausibilität hatte. Sie stammt vom Paradigma, dass gleichsam wie eine Rechtfertigungsmaschine funktioniert und nur solche Aussagen oder Theorien als unwissenschaftlich deklarieren kann, die sich nicht sinnvoll in das Paradigma integrieren lassen. Es gibt aber, und dies scheint das generelle Problem zu sein, keinen den Paradigmen übergeordneten Maßstab, der über die Wissenschaftlichkeit der Paradigmen selbst urteilen könnte. Paradigmen können nicht bewiesen werden und damit fehlt ein wissenschaftliches Kriterium dafür, zwischen (möglicherweise) metaphysischen und (möglicherweise) wissenschaftlichen Paradigmen eine Grenze zu identifizieren. Kuhn zieht das Abgrenzungsproblem, an dem sich Popper abgearbeitet hatte, auf eigensinnige Weise wieder ein. Ihm bleiben als möglichen Ersatzkandidaten für eine Abgrenzung nur außerwissenschaftliche Kriterien, die durch die Psychologie oder die Soziologie thematisiert werden können. Kuhn selbst schreckt vor scharfen Formulierungen zurück. Es dürfte seinem Ansatz aber nicht widersprechen, wenn vermutet wird, dass die Paradigmen sich selbst durch Machtstrukturen legitimieren. Kuhn verweist an diversen Stellen auf den Ausbildungsprozess, der mittels Lehrbücher dazu führt, dass sich wissenschaftliche Paradigmen so lange als gültig anerkannt reproduzieren, bis schließlich eine Krise auftritt, und junge oder auf dem betreffendem Fachgebiet neue Subjekte eine Revolution anzetteln. Der Terminus Revolution indiziert einen radikalen Bruch und einen radikalen Prozess, der grundsätzlich vor dem Hintergrund von Machtkämpfen stattfindet. Eine neue Partei versucht die Legitimität der herrschenden Partei zu delegitimieren. Wenn Kuhn zwar nicht vollständig ausschließt, dass dies mit den Mitteln der wissenschaftlichen Argumentation passiert, er aber die Möglichkeit und die Wahrscheinlichkeit dafür eher gering einschätzt, weil die Sprachbarrieren zwischen den Paradigmen zu hoch gebaut sind, dann bleiben eben nur solche Mechanismen, die klassischerweise als Machtkampf zu beschreiben wären. Für das Abgrenzungsproblem bedeutet dies: Die jeweils dominierenden Subjekte innerhalb eines Paradigmas definieren, was als legitim anerkannte Wissenschaft gelten darf. Für eine Kritische Theorie, insbesondere in einem radikalkonstruktivistischen Gewand, mag dies eine plausible Beschreibung der Wissenschaftsgeschichte sein. Wie sich noch zeigen wird, zwingt die Wahl der radikalkonstruktivistischen Grundlagen dazu, ebenfalls davon auszugehen, dass ein Wechsel in den wissenschaftlichen Grundannahmen (Paradigmen) eine Modifikation dessen bedeutet, was und vor allem wie beobachtet wird, ohne das dies mit einer Veränderung der Wirklichkeit einher gehen muss. Radikaler formuliert: Die Wirklichkeit verändert sich durch die Art und Weise ihrer Beobachtung selbst dann, wenn sie konstant bleibt. Gleichzeitig muss diese Beschreibung einen ernüchternden Eindruck hinterlassen. Eine Kritische Theorie tut schließlich gut daran, metaphysische Aussagen als solche kritisieren zu können. Ob es ein scharfes Abgrenzungskriterium geben kann, dürfte nach den bisherigen Diskussionen eher zweifelhaft sein. Wie schon gesagt, sollte ein solches Kriterium aus politischen Gründen aber wenigstens als regulative Idee angestrebt werden. Die Definitionshoheit über Wissenschaft und Metaphysik einem arbiträren Machtspiel zu überlassen, kann jedenfalls nicht im Interesse einer Kritischen Theorie sein. Die „Rassentheorien", denen sich auch die Nationalsozialisten bedient haben, waren zu ihrer Zeit anerkannt, und diese Anerkennung war im faschistischen Deutschland zudem noch durch politische Macht gedeckt. Sie waren aber sicher keine Wissenschaft, sondern Metaphysik in ihrer schlimmsten Art und Weise. Es reicht nicht aus, empirisch darauf zu verweisen, dass alle Theorien und Methoden der „Rassentheorie" falsch sind. Es muss kenntlich gemacht werden können, wieso die „Rassentheorie" der wissenschaftlichen Diskussion überhaupt nicht wert ist, weil sie keine Wissenschaft sondern pure, menschenverachtende Ideologie ist. Wer sich auf eine Diskussion einlässt, und da kann der Ansatz Kuhns informativ genutzt werden, lässt sich auf ein paradigmatisches Sprachspiel ein, das seine eigene Regeln formuliert. Innerhalb dieser Regeln lässt sich, anders formuliert, nicht gegen diese Regeln diskutieren, und dies zumal dann, wenn hinter diesem Sprachspiel eine autoritäre politische Macht steht. Kurzum: Der Wissenschaftsrelativismus, den Kuhn nicht hinreichend ausschließen kann, hat, wie sich im Zusammenhang mit dem Radikalen Konstruktivismus noch zeigen wird, seine analytische Berechtigung. Er ist aber der politischen Korrektur bedürftig.

Und wenn es nach Imre Lakatos geht, bedarf es auch der wissenschaftstheoretischen Korrektur. Er entfaltet seine Argumente zwischen Kuhns Relativismus einerseits und Poppers Falsifikationismus andererseits. Gegen Kuhn wendet er zu Recht ein, dass dieser nicht mit den Bordmitteln der Wissenschaften oder der Wissenschaftstheorie erklären kann, warum es überhaupt zu wissenschaftlichen Revolutionen kommt. Überspitzt formuliert, kann Kuhn nicht erklären, was Wissenschaft eigentlich ist oder sein soll, weil es letztlich außerwissenschaftliche Bedingungen sind, die eine Revolution erfolgreich machen und damit den weiteren Verlauf bestimmen. Ein Kriterium dafür, ob eine Revolution in die richtige Richtung weist, gibt Kuhn – vor dem Hintergrund seines Denkens konsequenterweise – nicht an. Er kann also bestenfalls als Historiker notieren, dass eine Revolution stattgefunden hat. Lakatos reicht das nicht aus. Er möchte Wissenschaftlichkeit von Unwissenschaftlichkeit, Rationalität von Irrationalität differenzieren können. Den Weg zurück in die Induktionslogik sieht er versperrt. Es bleibt also zunächst nur der popperianische Falsifikationismus. Diesen kritisiert Lakatos indessen mit ähnlichen Argumenten, mit denen Popper die Induktionslogik konfrontiert hatte. Er wirf Poppers Abgrenzungskriterium vor, letztlich wissenschaftliche Aussagen oder Theorien verwerfen zu müssen, weil diese sich in einem strengen Überprüfungsverfahren eigentlich nicht bewährt hatten, aber schließlich doch zu einem wissenschaftlichen Erfolg wurden. Mit anderen Worten: Die popperianische Logik der Forschung ist zu streng. Sie siebt auch solche Theorien aus, die sich längerfristig als Wissenschaft erwiesen haben. Wäre die popperianische Logik der Forschung jeweils in vollem Umfang zur Geltung gekommen, würde der wissenschaftliche Fortschritt deutlich gehemmt gewesen sein. Das er das nicht war, liegt an dem glücklichen Umstand: „Die 'experimenta crucis' Poppers gibt es nicht." (Lakatos 1971/1982: 161).

Dennoch werden wissenschaftliche Grundlagen modifiziert oder besser: weiterentwickelt. Lakatos geht es nun darum, diesen Umstand auf einem rationalen Boden zu erklären, um so den kuhnschen Relativismus umschiffen zu können. Weil er nun gleichzeitig die Maschen der Rationalität nicht so eng ziehen möchte wie Popper, nimmt er einige Neujustierungen am Falsifikationismus vor. Zunächst trennt Lakatos (1973/1982: 46 ff.) zwischen einem „harten Kern" von Forschungsprogrammen und einer positiven Heuristik, die einen Schutzgürtel um den „harten Kern" legt, und die angibt, welche Fragen mit welchen Methoden bearbeitet werden sollen, und welche Anomalien zu erwarten sind. Die Pointe seines Ansatzes ist es nun, den „harten Kern" als (temporär) unwiderlegbar zu konzipieren. Zu diesem Zweck fokussiert Lakatos auch keine einzelnen Theorien, sondern Theoriereihen, die mit dem Terminus Forschungsprogramm bezeichnet werden. Dahinter steht die Idee, dass einzelne Theorien leichter falsifiziert werden können als Theoriereihen. Der Zweck dieser Neujustierung liegt vor allem darin, den Kern des Forschungsprogramms gegen Widerlegungen zu immunisieren, um so dem Forschungsprogramm zunächst Zeit zu verschaffen, seine Leistungsfähigkeit unter Beweis zu stellen. Das dieser Zweck erreicht wird, dürfte einsichtig sein. Komplexere Theoriereihen sind nicht umstandlos falsifizierbar. Dennoch gilt auch für Lakatos, dass Theorien aufgegeben werden müssen, wenn sie ihr Potenzial ausgereizt haben. Dies sollte allerdings nach rationalen Kriterien geschehen und Lakatos schlägt dafür vor, Theorien erst dann zu ersetzen, wenn erstens eine neue Theorie zur Verfügung steht, die gegenüber der alten Theorie sowohl einen theoretischen Überschuss hat, der neue Prognosen erlaubt, als auch einen empirischen Überschuss, der neue Tatsachen in den Fokus rückt. Zweitens sollte sich die alte Theorie dadurch disqualifizieren, dass sie sich nur noch mit

Zusatzannahmen erhalten kann, die weder eine theoretische noch eine empirische Gehalterweiterung darstellen. Solange einer Theorie aber dies gelingt, lässt Lakatos Widersprüche und Anomalien zu, die für Popper eine sofortige Aufgabe der Theorie erzwingen sollten. Grob zusammengefasst besteht Lakatos Innovation gegenüber Popper also darin, dass die Regeln für eine Aufgabe von Theorien gelockert werden, weil Theorien grundsätzlich ein Vertrauensvorschuss gewährt wird auch dann, wenn die Theorie mit Problemen behaftet ist. Für diese Position spricht sicherlich, dass Lakatos zugestanden werden kann, dass Theorien Anomalien implizieren können, und ein vorschnelles Ende der Theorie durch ein experimentum crucis das dennoch mögliche Potenzial der Theorie ohne Not preisgeben würde. Schließlich kann Lakatos Differenzierung zwischen einem Kern und einer Peripherie von Forschungsprogrammen darauf verweisen, dass experimentelle Überprüfungen möglicherweise solche Theorieteile widerlegen, die zur Peripherie gehören, und auf die mit einer progressiven Theorieverschiebung reagiert werden kann. Das meint etwa, dass Beobachtungstheorien oder interpretative Theorien, die das Experiment leiten, sich als Problem herauskristallisieren, und die eigentlich zu prüfende Theorie davon unberührt bleibt. Und da auch Lakatos davon ausgeht, dass es keine reinen Beobachtungsdaten gibt, sondern diese immer theoriegetränkt sind, gibt es auch keine einfachen Beobachtungen, die eine Theorie schlichtweg zum Einsturz bringen können. Es können immer andere Ursachen für ein gescheitertes Experiment gefunden werden als die in Frage stehende Theorie. Und da Lakatos ohnehin nicht einzelne Theorien, sondern ganze Forschungsprogramme im Visier hat, erhöht sich die Anzahl der Faktoren, die für das Scheitern des Experiments verantwortlich sind. Der „harte Kern" des Forschungsprogramms jedenfalls wird durch Experimente nicht zwingend direkt getroffen, sodass er seine Immunität auch bei falsifizierenden Experimenten konservieren kann. Lakatos fasst mit diesen Überlegungen den Gehalt der sogenannten Duhem-Quine-These zusammen, die bereits darauf hingewiesen hatte, dass im wissenschaftlichen Forschungsprozess nicht nur einzelne Sätze überprüft und gegebenenfalls falsifiziert werden. Duhem hatte darauf aufmerksam gemacht, dass in Experimenten eine Gruppe von Theorien zur Anwendung kommt, die zunächst als unproblematisch anerkannt sind. Wenn nun die erwarteten Ergebnisse nicht eintreten, „wird nicht nur der einzige strittige Lehrsatz widerlegt, sondern das ganze theoretische Gerüst, von dem der Physiker Gebrauch gemacht hat" (Duhem 1906/1998: 245). In Lakatos' Worten: Der „harte Kern" der Theorie kann unproblematisch bleiben. Quine hatte ähnlich argumentiert, dass „unsere Aussagen über die Außenwelt nicht einzeln, sondern kollektiv vor dem Tribunal der Sinneswahrnehmungen stehen" (Quine 1951/2011: 113). Eine eindeutige Falsifikation eines einzelnen wissenschaftlichen Satzes oder Gesetzes durch ein

Experiment ist, so die Duhem-Quine-These, nicht umstandslos zu haben. Theorien werden durch einzelne Beobachtungsdaten nicht klar und deutlich falsifiziert, weil es immer möglich ist, dass andere im Experiment verwendete Theorien die Fehlerquelle für gescheiterte Experimente sind. Lakatos wäre vor diesem Hintergrund so zu lesen, dass er versucht diesen Hinweisen gerecht zu werden, und dennoch nicht in einen Wissenschaftsskeptizismus zu verfallen, sondern diese Hinweise mit seiner Differenzierung zwischen einem Kern und einer Peripherie von Theorieprogrammen produktiv aufnimmt, um daraus einen rationalen Wissenschaftsbegriff abzuleiten.

Wie zu erwarten begründet Lakatos seine Position, ähnlich wie Popper oder Kuhn dies getan haben, auch durch Verweise auf die Wissenschaftsgeschichte. Er bietet Beispiele dafür auf, dass Theorien zwar experimentell widerlegt worden waren, sich aber im weiteren Verlauf doch als produktiv erwiesen. Dass er die Wissenschaftsgeschichte dabei anders interpretiert als Popper oder Kuhn, dürfte erwartbar sein. So sieht er in in dem Verhältnis zwischen Newton und Einstein nicht eine revolutionäre Substitution eines Paradigmas durch ein anders, sondern eine gehalterweiternde Theorieverschiebung. Anders als Popper sieht Lakatos auch nicht, dass Newton eben widerlegt wäre und deswegen Einstein ein neues Paradigma begründen konnte. Einsteins Relativitätstheorie ist, so Lakatos, ebenfalls von Anomalien durchzogen. Sie ist deswegen die bessere Theorie, „weil sie alles erklärt, was Newtons Theorie erfolgreich erklärt, weil sie bekannte Anomalien bis zu einem gewissen Grade erklärt und weil sie zusätzlich Ereignisse verbietet wie etwa die geradlinige Fortpflanzung des Lichts in der Nähe großer Massen, über die Newtons Theorie nichts ausgesagt hatte [...]" (Ebd.: 39).

Lakatos beansprucht durch seine Interpretation der Wissenschaftsgeschichte Poppers Logik der Forschung falsifiziert zu haben, weil seine Methodologie mehr erklären kann. Popper muss zu viel an wissenschaftlichen Theorien ausschließen, die sich im Nachhinein als anerkannte Wissenschaft etablieren konnten. Lakatos kann diese problemlos in seine Wissenschaftsgeschichte integrieren, weil er den liberaleren Maßstab für wissenschaftliche Rationalität anbietet. Dennoch vermag auch Lakatos nicht vollständig zu überzeugen. Er schwankt zu sehr zwischen Popper und Kuhn, die er doch beide überholen wollte. Gegenüber Popper muss er Zugeständnisse an Kuhn machen und vice versa. Gegenüber Popper spannt er einen größeren Willkürrahmen, wenn er etwa schreibt: „Mag die Natur auch ein NEIN rufen, so kann sie doch vom menschlichen Scharfsinn [...] übertönt werden." (Lakatos 1971/1982: 160) Dies nämlich dadurch, dass sich selbst falsche Theorien längere Zeit durch geschickte Theoriemanöver verteidigen lassen. Ein empirisches und damit klares Aus für Theorien gibt es also nicht.

Gegenüber Kuhn sollen es dann aber doch nicht primär außerwissenschaftliche Faktoren sein, die über die Forschungsprogramme entscheiden. Für das Subjekt in der wissenschaftlichen Einstellung dürften diese Empfehlungen eher Ratlosigkeit hinterlassen. Es mag zwar immer wieder den Punkt geben, an dem ein altes Forschungsprogramm nur noch durch Hilfsannahmen gerettet werden kann, die keinen progressiven Wert mehr haben, und zeitgleich eine Alternative zur Verfügung steht, die das alte Programm theoretisch und empirisch zu überbieten vermag. Doch genau zu erkennen, wann eine solche Situation vorliegt, obliegt letztlich den Subjekten, deren Subjektivität aus dem Forschungsprozess doch eigentlich ausgeschlossen werden soll. Kurzum: Lakatos Methodologie hat gegenüber Popper den Nachteil nicht hinreichend trennscharf zu sein. Sie hat gegenüber Kuhn den Nachteil, nicht hinreichend einzugestehen, dass außerwissenschaftliche Kriterien möglicherweise einen deutlicheren Einfluss haben, wenn keine trennscharfen innerwissenschaftlichen Kriterien angegeben werden. Gegenüber beiden, Popper und Kuhn, hat Lakatos aber den deutlich Vorteil, einerseits an der Idee festzuhalten, dass es eine wissenschaftliche Rationalität gibt bzw. geben sollte, und andererseits den plausiblen Nachweis zu erbringen, dass der Falsifikationismus nicht das letzte Wort der wissenschaftlichen Rationalität sein kann. Dies zumindest nicht in einer naiv-dogmatischen Form. Eine schlichte Widerlegung von Theorien gibt es nicht. Dies demonstriert zu haben, bleibt das Verdienst von Imre Lakatos.

Popper, Kuhn und Lakatos können als Entwürfe jenseits oder sogar als Überwindungsversuch des Positivismus, wie er im Wiener Kreis vertreten wurde, kategorisiert werden. Der Positivismus hatte indessen, wenn es nach Adorno geht, nach dem zweiten Weltkrieg auch in den Sozialwissenschaften Einzug gehalten, und dies in einer durchaus annektierenden Art und Weise, der nur noch die Kritische Theorie oder die Frankfurter Schule entgegenstand. Zwar räumt Adorno (1969/1998a: 538) ein, dass nicht alle, die von ihm als Positivisten gescholten werden, sich auch selber als solche klassifizieren würden. Dennoch hat Adorno in dieser Frage einen gewissen Rigorismus entwickelt, der alles jenseits der Kritischen Theorie als Positivismus brandmarkt. Was hier als Rigorismus bezeichnet wird, hat freilich aus der Perspektive Adornos seine gewisse Berechtigung. Er möchte die Sozialwissenschaften, insbesondere die Soziologie, als kritische Wissenschaften aufstellen, und er muss zu diesem Zweck einige Weichenstellungen vornehmen, die ihn in der Tat in eine distinkte Opposition zu einem Großteil der soziologischen Positionen seiner Zeit (und sicherlich darüber hinaus) manövrieren. Diese dann alle gleichermaßen unter dem Label des Positivismus zu subsumieren, wirkt im Angesichts eines Denkers, der die Befreiung des Inkommensurablen propagiert (Adorno 1966/1998), freilich eigentümlich. Die Kritische

Theorie, um die es Adorno geht, ist ein Theoriezusammenhang, der an die marxsche Theorie anknüpft, diese aber vor allem dahingehend modifiziert, dass es nicht so sehr das Sein ist, das das Bewusstsein bestimmt, sondern die Kultur oder besser: die Kulturindustrie (Adorno und Horkheimer 1944/1987). In der Konsequenz ähnelt die Zeitdiagnose Adornos aber der von Marx. Das Subjekt verliert aufgrund einer übermächtigen Gesellschaft seine Nicht-Hintergehbarkeit. Es wird bei Adorno (wie schon bei Marx) nicht immer ganz deutlich, inwieweit sich dies auf eine gedachte logische Nicht-Hintergehbarkeit erstreckt. Er geht auf der einen Seite davon aus, dass, selbst wenn es jemals eine Nicht-Hintergehbarkeit im Sinne von Mündigkeit gegeben haben sollte, diese in der spätkapitalistischen Gesellschaft vollkommen erodiert ist. Er betont in diversen Varianten immer wieder, dass das Subjekt zum „Anhängsel der Maschinerie" ( Adorno 1963/1998: 337) verkommen ist. Auf der anderen Seite soll das Subjekt über „das Potenzial der Aufhebung seiner eigenen Herrschaft" (Adorno 1998:755) verfügen. Damit wäre auf eine logische Nicht-Hintergehbarkeit verwiesen, die anzunehmen, Adorno (1956/1998) sich aber wohl eher geweigert hätte, weil damit eine Prima Philosophia instruiert wird, die er schroff verurteilt hat.

Die Soziologie nun soll das Herrschaftsverhältnis zwischen Gesellschaft und Subjekt fokussieren und dies derart kritisch untersuchen, dass eine Perspektive auf eine andere, eine befreite Gesellschaft möglich wird. Adorno fordert dies aber nicht nur als externe Wertorientierung der Soziologie ein, sondern er begründet die kritische Ausrichtung der Soziologie erkenntnistheoretisch. Die Gesellschaft zu erkennen, erfordert geradezu einen kritischen Bezug, weil „nur durch das, was sie nicht ist, wird sie sich enthüllen als das, was sie ist" (Adorno 1962/1998: 564). Gemeint ist damit, dass diverse Probleme oder soziologische Fragestellungen überhaupt erst relevant werden, wenn sie vom Ideal einer herrschaftsfreien Gesellschaft ausgehend in den Blick genommen werden. Wenn etwa das Ideal der Herrschaftslosigkeit nicht thematisch wird, können auch keine Herrschaftsverhältnisse, die dem Ideal im Wege stehen, diagnostiziert werden. Wenn die Idee einer anderen Medienkultur nicht prozessiert wird, werden auch keine Untersuchungen entmündigender Medienformate angeregt werden. Kurzum: Ohne eine Kritik an der gesellschaftlichen Verhältnissen reduziert sich die Soziologie auf eine reine Informations- und Datensammlung, die kaum in der Lage ist, Aussagen über die Gesellschaft zu machen. Es lässt sich dann feststellen, was die Subjekte denken, möglicherweise noch, welche Motive sie für ihr Denken angeben, es lassen sich Organisationen und Institutionen beschreiben, aber es bleibt vollkommen unklar, welche Fragestellungen hinter solchen Datenerhebungen oder Beschreibungen denn stehen sollen. Dass sich die Soziologie seiner Zeit auf genau dieses Datensammeln beschränkt, evoziert das adornorianische Verdikt des

Positivismus. Dieser wird aber nicht einfach deswegen kritisiert, weil er normativ-politisch andere Positionen vertreten würde, als dies Adorno getan hat. Sondern eben deswegen, weil der Positivismus die soziologische Absicht einer Erkenntnis der gesellschaftlichen Verhältnisse verfehlt. Adornos Kritik des Positivismus fährt also in ähnlichem Fahrwasser wie Poppers Kritik. Aus einer Sammlung von empirischen Daten lassen sich keine allgemeinen Sätze ableiten. So wie unzählige fallende Äpfel noch lange keine Gravitationstheorie ergeben, so bedeutet dies im Fall der Sozialwissenschaften: Es lassen sich auch aus unzähligen empirischen Daten keine Sätze über die Gesellschaft als Ganze ableiten, die aber benötigt werden, weil erst von diesen her Aussagen über soziale Einzelphänomene ihren Sinn erhalten. Adorno ist in diesem Punkt sicherlich zuzustimmen. Was sollen Aussagen über das Konsumverhalten bedeuten bzw. welchen Informationswert sollen solche Aussagen haben, wenn die Sphäre der Konsumtion nicht auf allgemeine Zusammenhänge wie zum Beispiel der Tauschverhältnisse und der damit möglicherweise inhärenten Dynamik von sozialer Ungleichheit bezogen wird. Dass die Subjekte massenhaft ein spezifisches Produkt kaufen, ist an sich keine weiterführende Information. Adorno würde sicherlich darauf insistieren, dieses Verhalten mit dem Einfluss von Werbung und Kulturindustrie zu vermitteln. Der Positivismus, der sich mit einer reinen Datensammlung begnügt, um das Ideal der wissenschaftlichen Reinheit nicht zu verwässern, gerät in den Verdacht der Sinnlosigkeit, dem er doch eigentlich gerade durch seine empiristische Aufstellung entkommen wollte.

Um was es Adorno bei diesem Manöver der Positivismuskritik geht, ist der Umstand, dass wissenschaftliche Forschung grundsätzlich theoriegeleitet ist. Dass dies dann notwendig eine Kritische Theorie sein muss, ist damit selbstverständlich noch nicht begründet. Auch Popper hatte die Theorieabhängigkeit der empirischen Forschung betont, dabei aber sicher keine Kritische Theorie im Sinne Adornos anvisiert. Die Begründungslast für eine Kritische Theorie ist freilich mit wissenschaftlichen Mitteln nicht einlösbar. In diesem Punkt hatte der Positivismus zweifelsohne Recht. Es muss an dieser Stelle auch nicht darum, die Begründungslast für eine Kritische Theorie zu bearbeiten. Es soll hier primär um wissenschaftstheoretische Erörterungen gehen, und auf diesem Feld trägt Adorno zunächst einmal die Einsicht vor, dass eine sozialwissenschaftliche Forschung aufgrund ihres Gegenstandsbezuges mit einer naturwissenschaftlichen Forschung nicht deckungsgleich sein kann. Während die Naturwissenschaften sich legitimerweise an mathematischen Formeln und kausalen Zusammenhängen orientieren, reklamiert Adorno zwar auch für die Sozialwissenschaften eine nomothetische Ausrichtung, die aber allenfalls Wahrscheinlichkeit konstatieren kann, die nach dem Modell „nachdem – so" anstelle von einem „immer wenn – dann" (Adorno 1968/1993: 246) verfährt. Nachdem sich die Gesellschaft in einer bestimmten Weise entwickelt hat, können die Sozialwissenschaften die Prognose wagen, dass sich bestimmte Ereignisse an das Gewordene der Gesellschaft anschließen. Nachdem beispielsweise der private Rundfunk in der Bundesrepublik Deutschland wieder erlaubt worden war, könnte bzw. hätte Adorno wohl prognostiziert, dass die Entmündigungstendenzen zunehmen. Allein: Wissen, im Sinne eines wahren Wissens, hätte er dies nicht können. Genauso gut hätte sich ein breiter Widerstand gegen die Aushöhlung einer kritischen Medienlandschaft entwickeln können. Kurzum: Den Maßstab der Naturwissenschaftlichkeit an die Sozialwissenschaften anzulegen, ist für Adorno eine wissenschaftstheoretische Sinnlosigkeit. Es ist aber auch eine politische Problematik damit verbunden. Die gesellschaftlichen Verhältnisse unter logische Formeln zu bringen, würde bedeuten, den Verdinglichungscharakter, der der spätkapitalistischen Gesellschaft immanent ist, in den wissenschaftlichen Begriffen zu reproduzieren. Dies wiederum hätte seine Wahrheit zwar insofern, als damit der Verdinglichungscharakter transparent gemacht würde. Er würde aber zugleich verstetigt oder deutlicher formuliert: Er würde naturalisiert und damit eskamotiert werden. Für den kritischen Theoretiker Adorno ist es demgegenüber selbstverständlich von besonderer Wichtigkeit, mögliche Naturalisierungen der falschen Gesellschaft zu vermeiden, und dort als solche zu entlarven, wo sie dennoch in Anschlag gebracht werden. Gelingen soll dies dadurch, dass grundsätzlich in Vermittlungen gedacht wird. Auf die Begriffsbildung bezogen, meint dies, das die Begriffe nicht erstarren dürfen, sondern immer wieder dialektisch entfaltet oder weiterentwickelt werden müssen, weil starre Begriffsbildungen eine Einseitigkeit der Erkenntnis implizieren, die eben dazu führt, die Verhältnisse selbst erstarren zu lassen, oder: sie als unveränderlich zu inthronisieren. Eine unkritische, nicht dialektische Begriffsbildung in Anlehnung an mathematisch-naturwissenschaftliche Begriffsbildungen aber würde genau dazu führen. Für die sozialwissenschaftliche Forschung bedeutet das Vermittlungsdenken, dass diese zwar theoriegeleitet ist, aber keineswegs in reiner Theoriearbeit aufgehen soll. Die Theorie steht in einem Vermittlungsverhältnis zur empirischen Forschung, die unter der Mitarbeit von Adorno (1950/1995) auch tatsächlich durchgeführt worden war. Dass aus der empirischen Forschung die Theorie nicht abgeleitet werden kann, ist aufgrund der Positivismuskritik klar. Adorno geht auch eher andersherum davon aus, dass in einer empirischen Studie keine Resultate zu erwarten sind, die nicht vorher durch die Theorie in sie hineingetragen wurden. Anders formuliert: Die Theorie rahmt die möglichen oder erwartbaren Ergebnisse der empirischen Forschung. Daraus folgt aber nicht, dass Theorien nicht falsifizierbar wären. Adorno (1969/1998b) selbst gesteht etwa anhand einer empirischen Studie zum Fernsehkonsum einer Hochzeit am niederländischen Königshaus ein, dass die totale Integration der Gesellschaft durch die Kulturindustrie möglicherweise Grenzen haben könnte, weil die Probanden die politische Relevanz des Ereignisses kritisch einzuschätzen vermochten. Damit wäre zwar, wie die Diskussionen von Kuhn und Lakatos gezeigt haben, die Theorie von der Kulturindustrie nicht automatisch in toto disqualifiziert. Sie wäre aber eingedenk der empirischen Befunde der Modifikation bedürftig. Adornos strenge Positivismuskritik bedeutet also für ihn nicht, auf empirische Studien zu verzichten. Er postuliert in diesem Zusammenhang auch, sich dabei auf den jeweiligen Stand der Methodenentwicklung zu beziehen, also nicht ohne methodologische Reflexion darauf los zu forschen. Er wendet sich aber gegen eine Verselbstständigung der Methoden, die dann etwa rein nach dem Modell der Mathematik aufgestellt werden und zu einem Selbstzweck mutieren. Dies würde, wie schon angedeutet die Konsequenz haben, die Gesellschaft unter logische Formeln zu bringen, und die Verdinglichung zu perpetuieren. Um dies zu vermeiden, möchte Adorno demgegenüber die Methoden durch die Vermittlung mit dem Gegenstand bestimmen. Es braucht dabei nicht lange diskutiert werden: Er verfehlt damit eine strenge Wissenschaftlichkeit. Er gesteht dies aber auch freimütig ein, verteidigt dies aber damit, dass – und hier schließt sich der Kreis zu der bereits erwähnten Positivismuskritik – eine reine Wissenschaftlichkeit insbesondere im Fall der Soziologie keine erwähnenswerten Informationen anbieten kann. Würde nach strengen Kriterien der Wissenschaft soziologisch geforscht, würden bestenfalls Datensammlungen produziert, die sich für administrative Zwecke nutzen lassen, die aber keine Erkenntnis über die Gesellschaft zur Verfügung stellen.

Angesichts eines Gegenstandes, der maximal Wahrscheinlichkeitsaussagen zulässt, ist Adorno sicherlich zuzustimmen, dass eine am Ideal der Naturwissenschaften ausgerichtete Soziologie sinnentleert wird. Die Gesellschaft oder einfacher: gesellschaftliches Handeln entzieht sich einer strengen Formalisierbarkeit. Die (sozial-)wissenschaftlich eingestellten Subjekte sind schlichtweg auf Deutungen des empirischen Materials verwiesen, die über das empirische Material hinausweisen müssen, wenn sie einen Informationswert haben sollen. Dieser speist sich damit aus den theoretischen Hintergrundannahmen, die die Subjekte (mehr oder weniger) arbiträr wählen müssen, und die letztlich auch die Ergebnisse präjudizieren. Sind die Subjekte zusätzlich kritisch eingestellt im Sinne der Kritischen Theorie, kommen sie gleichsam zwingend um eine Abweichung vom Ideal der strengen Wissenschaftlichkeit nicht herum. Herrschafts- und Klassenverhältnisse, Ausbeutung, Verdinglichungstendenzen oder die Entmündigung durch die Kulturindustrie sind keine offenen empirischen Tatsachen, die sich einer

Beobachtung unmittelbar aufdrängen würden. Es sind theoretische Begrifflichkeiten, mit denen die Gesellschaft zum Zweck ihrer Überwindung beschrieben werden soll. Solche Begriffe lassen sich aber (schon aus prinzipiellen Gründen) weder induktionslogisch herleiten, noch lassen sie sich problemlos falsifizieren. Die marxsche Klassentheorie etwa ist schließlich mitnichten durch Ulrich Beck (1986) oder Gerhard Schulze (1997) widerlegt worden. Solange die Gesellschaft durch die kapitalistischen Eigentumsverhältnisse charakterisiert ist, wird es diejenigen Subjekte geben, die (in welcher Form auch immer) über die Produktionsmittel verfügen, und diejenigen Subjekte, die nur ihre Arbeitskraft verkaufen können. Und da Marx sich gehütet hatte, einen genauen Zeitpunkt anzugeben, ist auch die These vom Umschlagen der Klasse an-sich in eine Klasse für-sich bislang nicht widerlegt – sie ist bestenfalls (empirisch und normativ) fragwürdig geworden. Die Klassentheorie von Marx ist zum einen sicherlich aus (zum Teil auch guten) politischen Gründen ad acta gelegt worden. Sie ist aber vor allem deswegen ad acta gelegt worden, weil sie unterkomplex ist. Ganz im Sinne von Lakatos konnte etwa Bourdieu (1979/1994) den Gehalt der marxschen Klassentheorie sowohl theoretisch als auch empirisch übersteigen. Auch er hat die marxsche Klassentheorie damit aber nicht widerlegt. Er hat ihren geringen Informationsgehalt deutlich gemacht. Begriffe wie Herrschaft oder Verdinglichung sind erst recht nicht widerlegbar, weil es theoretisch-normative Begriffe sind, die sich einer empirischen Falsifizierbarkeit entziehen. Sie wären nur der Sache nach zu überwinden. Dies zu konstatieren, wäre dann allerdings eine Aufgabe der empirischen Forschung, die zeigen müsste, dass die Herrschaftsverhältnisse, die zuvor als solche bestimmt worden waren, tatsächlich nicht mehr vorkommen. Die Gesellschaft als Herrschaftszusammenhang zu beschreiben, wie dies Adorno getan hat, ist soziologisch also nur dann legitim, wenn die Soziologie methodologisch von einer strengen Wissenschaftlichkeit abweichen darf, ohne dieses Ideal vollständig aufzugeben. Die Herrschaftsverhältnisse im Namen der Wissenschaftlichkeit zu invisibilisieren, würde andersherum die Konsequenz haben, die Kritische Theorie zu einem sinnlosen Projekt zu verurteilen. Ob es nun aber um eine Kritische Theorie geht oder nicht, die Sozialwissenschaften können Informationen nur dann anbieten, wenn sie über einen theoretischen Gehalt verfügen, der der empirischen Forschung notwendig vorausgehen muss, weil erst der theoretische Gehalt den empirischen Daten Informationen entlocken kann.

Der Kern der Debatte zwischen der Position einer strengen Wissenschaftlichkeit und den Forderungen ihrer Aufweichung dreht sich um die Frage nach möglichen neutralen Beobachtungen, die wissenschaftliche Theorien entweder verifizieren oder falsifizieren können. Nur haben allerdings Autoren wie Hume,

Kant, Popper oder auch Adorno nicht zu Unrecht darauf verwiesen, dass es solche Beobachtungen nicht geben kann, diese vielmehr theoriegeleitet sind. Auf der Spur vom Wiener Kreis über Popper und Kuhn bis hin zu Lakatos hat die Wissenschaftstheorie diesem Umstand insofern Rechnung getragen, als die strengen Kriterien der Wissenschaftlichkeit sukzessive geräumt wurden, um so dem anderen Umstand gerecht werden zu können, dass die Wissenschaften faktisch mit Theorien und Methoden operieren, die sich den strengen Anforderungen des Positivismus entziehen. Lakatos hält zwar am Prinzip der Rationalität wissenschaftlichen Operierens fest, hinterlässt jedoch eher Ratlosigkeit. Die Grenze zwischen einer wissenschaftlichen und einer nichtwissenschaftlichen Einstellung der Subjekte wird nicht eindeutig festgelegt, sodass es streng genommen schlussendlich die Subjekte sind, die über die Grenzziehung entscheiden müssen. Wird es angesichts dieser Befunde nicht nahe gelegt, überhaupt auf rationale Kriterien der Wissenschaftlichkeit zu verzichten?

Paul Feyerabend scheut sich nicht, diesen Schritt zu machen. Er gilt als der wissenschaftstheoretische Anarchist, dessen Anarchismus sich dadurch auszeichnet, dass er auf einen Regelkanon für die wissenschaftliche Praxis verzichten möchte. Prominent geworden ist sein Credo: „Anything goes" (Feyerabend 1975/1999: 32). Was Paul Feyerabend damit auf den Punkt bringt, ist sein wissenschaftstheoretisches Programm, dass eben kein Programm sein soll. Im Rahmen der bisher verfolgten Theorievorschläge zieht Feyerabend die Konsequenz aus der Diskussion, die sich darum dreht, dass die wissenschaftstheoretischen Regelvorstellungen immer wieder darauf hin kritisch evaluiert wurden, dass sie Teile der Wissenschaften ausschließen. Popper, Kuhn und Lakatos bemühen in ihren Argumentationen Beispiele der Wissenschaftsgeschichte, die zeigen sollen, dass die von ihren jeweiligen Vorgängertheorien gezogenen Grenzen schlichtweg zu eng sind, weil sie Theorien oder Methoden ausschließen, die sich als wissenschaftlich fruchtbar erwiesen haben, obwohl oder gerade weil sie die engen Grenzen überschritten haben. Feyerabend macht diesbezüglich keine Ausnahme. Anhand der kopernikanischen Revolution – vertreten durch Galilei Galileo – versucht er nachzuzeichnen, dass die Geschichte um Galilei Galileo sich vor allem dadurch schreiben lässt, dass in ihr ein wissenschaftlicher Regelkanon überhaupt nicht vorkommt. Vielmehr sind es außerwissenschaftliche Faktoren, die Feyerabend für den Erfolg oder den Siegeszug des kopernikanischen Weltbildes letztlich verantwortlich macht. Kurzum: So wie bereits Popper, Kuhn und Lakatos die Wissenschaftsgeschichte nach den Prinzipien ihrer Wissenschaftstheorie geschrieben hatten, schreibt Feyerabend die Wissenschaftsgeschichte nach den Prinzipien des wissenschaftstheoretischen Anarchismus. Er versucht zu zeigen, dass nicht bestimmte Methoden, bestimmte Theorien oder bestimmte Rationalitätsstandards in der Wissenschaftsgeschichte obwaltet haben, sondern eine Mixtur aus Theorien, Methoden, Beobachtungen und gänzlich außerwissenschaftlichen Handlungen. Für ihn stellt sich die Situation so dar, dass die Wissenschaft „ein geistiges Abenteuer ist, das keine Grenzen kennt und keine Regeln gelten lässt, nicht einmal die Regeln der Logik" (Ebd.: 239). In der Wissenschaft gilt eben: Anything goes, und genau das macht den Erfolg der Wissenschaften aus. Würden sie sich in ein Korsett aus Regeln einzwängen lassen, das zudem von der Philosophie, also von außen, bestimmt wird, wären die Wissenschaften wohl nicht zu dem geworden, was sie geworden sind.

Feyerabend argumentiert nicht ausschließlich wissenschaftshistorisch. Indem er die Idee einer neutralen, theorieunabhängigen Beobachtung kappt, entzieht er einer strengen Form der Wissenschaftlichkeit den Boden. Nun hatte auch Popper sich dieses Manövers gegen den Wiener Positivismus bedient. Gegen ihn räumt Feyerabend ähnlich wie Lakatos, nur wesentlich finaler, mit der Hoffnung auf, wenigstens ein Falsifikationsprinzip als Rationalitätsstandard halten zu können. Ein solches Prinzip „würde die gesamte Wissenschaft beseitigen müssen (oder zugeben müssen, dass große Teile von ihr nicht widerlegbar sind)" (Ebd.: 388), weil keine Theorie mit den Tatsachen vollkommen übereinstimmt. Das einzige Prinzip, das Feyerabend selbst vertritt, ist, dass Theorien eben nicht durch Tatsachen, sondern durch alternative Theorien widerlegt werden, die neue Tatsachen zugänglich machen. Und nicht nur dies: Alternative Theorien sollen eine Kontrastfolie darstellen, die die unhinterfragten Prämissen anerkannter Theorien aufdecken können sollen. Feyerabend scheint eine Art der Differenzlogik im Sinn zu haben, wenn er etwa behauptet, dass eine Traumwelt nötig ist, um die wirkliche Welt erkennen zu können. In diesem Sinne sollen alternative Theorien aufgrund ihrer Differenz zu anerkannten Theorien einen Erkenntnisgewinn evozieren.

Um was es Feyerabend bei seinem anarchistischem Manöver nicht geht, ist zu leugnen, dass die wissenschaftlich eingestellten Subjekte irgendwelchen Regeln, Theorien und Methoden folgen, wenn sie wissenschaftlich operieren. Sein Ziel ist es, zu zeigen, dass diese Regeln, Theorien und Methoden nicht a priori feststehen oder durch Tatsachen provoziert werden, und dass die jeweils instrumentalisierten Regeln, Theorien und Methoden ihre Grenzen haben, die ein Überschreiten eben dieser Grenzen sinnvoll oder sogar notwendig werden lassen, wobei sich dieses Überschreiten an den Erfordernissen der wissenschaftlichen Praxis ausrichten soll. Überspitzt formuliert, beendet Feyerabend das Projekt der Wissenschaftstheorie, und er empfiehlt den Wissenschaften, dieser nicht zu folgen, sollte sie dennoch fortfahren, Standards für die Wissenschaften zu formulieren. Er verbindet dieses tendenziell dekonstruktivistische Programm mit einem Frontalangriff auf rationalistisches Denken sui generis. Dies ist insofern konsequent, als dieses Denken zwar nicht deckungsgleich mit den Wissenschaften ist, diesen aber zentral zugeordnet wird. Wenn sich jedoch zeigen lässt, dass die Wissenschaften über einen genuinen Rationalitätsstandard überhaupt nicht verfügen, und zudem „Rationalisten und Wissenschaftler […] keine rationalen (wissenschaftlichen) Argumente für die ausgezeichnete Stellung ihrer Lieblingsideologie" (Feyerabend 1980: 133) haben, dann wird rationalistisches Denken zu einem Herrschaftsprojekt, das alternative Zugänge zur Welt mindestens diskreditiert. Feyerabend möchte hingegen auch nichtwissenschaftliche Alternativen gleichberechtigt behandelt wissen. Er begrüßt etwa die Politik Chinas, die gegen die westliche Schulmedizin die traditionelle chinesische Medizin wieder rehabilitiert hat. Den besonderen Stellenwert, den die Wissenschaften in großen Teilen der Welt innehaben, möchte er jedenfalls zurückgenommen wissen. Seine Idee ist dabei, dass letztlich das Staatsbürgerpublikum darüber entscheiden soll, ob den Wissenschaften gefolgt werden soll, oder ob alternative, nichtwissenschaftliche Erkenntnisse zu präferieren wären. Da Feyerabend ohnehin davon ausgeht, dass oftmals außerwissenschaftliche Faktoren den Gang der Wissenschaft bestimmen, weicht er mit diesem Vorschlag nicht von seiner generellen Linie ab. Er bringt eine Form der Diskursivität ins Spiel, die nicht auf die Wissenschaften beschränkt bleibt, sondern eben die gesamte Bevölkerung einbezieht. Das Ergebnis dieser Diskursivität muss dann keineswegs mit den Ergebnissen, die in den Wissenschaften erzielt worden sind, konform sein. Ebenso können mystische oder metaphysische Theorien und Begriffen zum handlungsleitenden Weltbild der Subjekt werden. Mit anderen Worten: Wenn sich keine rationalen Wissenschaftsstandards angeben lassen, operieren diese ohnehin mit nichtwissenschaftlichen Mitteln, und dann ist es zumindest ein demokratisches Ansinnen, diese Mittel durch eine politische Diskursivität zu justieren. Feyerabend weiß selbstverständlich, dass er damit einem Relativismus das Wort redet. Er möchte eine „prinzipienlose Gesellschaft", die verschiedene Praxisalternativen zulässt, ohne diese auf einen rationalen Kern hin zu verpflichten. Er wendet sich nicht dagegen, dass es Rationalität gibt. Er wendet sich dagegen, dieser eine dominierende oder prärogative Stellung in der Gesellschaft einzuräumen. Nun hat Feyerabend diesen Relativismus zum Ende seines Lebens selbst relativiert. Die Unantastbarkeit kultureller Eigenidentitäten mochte er so nicht mehr vertreten, weil es „keine kulturell gerechtfertigte Unterdrückung und keinen kulturell gerechtfertigten Mord" (Feyerabend 1995: 205) gibt. Ad acta gelegt wird damit

das universelle (sic!) Prinzip des Relativismus in Bezug auf politische Verhältnisse. Es bleibt freilich die These, dass sich ein Abgrenzungskriterium für die
Wissenschaften nicht begründen lässt. Grob betrachtet, ist dies die Konsequenz
des von Lakatos reformuliertem Kritischen Rationalismus, wenn die Kritik akzeptiert wird, dass seine Vorschläge Ratlosigkeit produzieren. Demgegenüber würde
Feyerabend dann nur noch die Spitze oben aufsetzen, dass er überhaupt den Versuch aufgibt, rationale Standards für die Wissenschaften zu formulieren, um diese
von nichtwissenschaftlichen Praktiken oder Einstellungen zu differenzieren. Dennoch schreibt Feyerabend über die Wissenschaften und dies in einer Art und
Weise, die den Verdacht erregen, er wisse, was mit dem Terminus Wissenschaft
gemeint ist. Wenn er die Geschichte der kopernikanischen Revolution erzählt
oder die moderne Gesellschaft von den Zwängen wissenschaftlicher Rationalität
befreien möchte, muss er zumindest eine Ahnung davon haben, was die Wissenschaft von Metaphysik oder Mystik unterscheidet. Wenn er die Ansicht vertritt,
dass außerwissenschaftliche Faktoren eine Rolle spielen, kann er diese Ansicht
nur vertreten, wenn zuvor geklärt ist, dass es eine Abgrenzung der Wissenschaften
gibt, jenseits derer außerwissenschaftliche Faktoren zu lokalisieren wären. Was
Feyerabend mit der Dekonstruktion jeglichen verbindlichen Rationalitätsstandards
in Anspruch zu nehmen scheint, ist eine institutionalistische Wissenschaftstheorie.
Wissenschaft wäre demnach das, was an wissenschaftlichen Institutionen prakti-
ziert wird. Die wissenschaftlich eingestellten Subjekte haben daher die Wahl, sich
vollständig auf sich selbst zu verlassen, oder sich auf ihre wissenschaftliche Ausbildung an entsprechenden Institutionen zu stützen. Im ersteren Fall mögen sie auf
kreativem Wege neue Erkenntnisse produzieren, hätten aber das Problem, von den
etablierten Institutionen möglicherweise nicht anerkannt zu werden. Im letzteren
Fall würden sich ihre Handlungsspielräume – vor allem, wenn es nach Feyerabend geht – unter Umständen einschränken. Dafür würden sie allerdings dadurch
entschädigt, dass sie über einen Leitfaden für ihre wissenschaftliche Praxis verfügen. Da dieser aber nicht nur einschränkend ist, sondern mehr oder weniger
heteronom definiert sein dürfte, kann Feyerabend damit wohl nicht glücklich
sein. Verbindliche Rationalitätsstandards zu formulieren, die in Anlehnung an
das demokratische Ideal als unpersönliche Herrschaft der Gesetze funktionieren, wäre eine mögliche Alternative dazu, die Feyerabend indessen ausschließt.
Grundsätzlich bleibt aber dabei das Problem, dass nicht nur relativistisch auch
metaphysische Weltbilder rehabilitiert werden, sondern dass Feyerabend eigentlich über ein Rationalitätsmodell der Wissenschaften verfügen müsste, um den
Wissenschaften attestieren zu können, dass sie nichtwissenschaftlichen Theorien
und Erkenntnissen aufsitzen und außerwissenschaftliche Faktoren der Gang der
Wissenschaften maßgeblich beeinflussen. Trotz dieser Kritik kann Feyerabends

Anarchismus aus der Sicht einer Kritischen Theorie als Befreiungsschlag gelesen werden. Adorno hatte, wie oben geschildert, darauf gedrängt, mit Deutungen operieren zu dürfen, die sich strengen Wissenschaftskriterien entziehen. Wenn Feyerabend postuliert: Anything goes, ist das Vorgehen Adornos damit legitimiert. Feyerabend wäre dann nicht als Dekonstruktivist zu lesen, sondern als ein Autor, der die bisherigen Ansätze zusammenfasst, indem er sie alle gleichermaßen als legitime Wissenschaftsregeln begreift. Sein Anarchismus würde zu einem wissenschaftstheoretischem Liberalismus mutieren. Und auch aus der Perspektive einer subjekttheoretisch reformulierten Kritischen Theorie hat Feyerabend mit seiner deutlichen Aufwertung der Stellung des Subjekts im Wissenschaftsprozess etwas anzubieten. Es sind letztlich die Subjekte, die darüber entscheiden, was als Wissenschaft gelten soll, und was eben nicht. Dies korrespondiert mit seinem auf Demokratie und Freiheit abzielenden Vorschlag, die Wissenschaften auf ein diskursives Fundament zu stellen, dass sowohl die gesellschaftliche Anwendung wissenschaftlicher Ergebnisse als auch den Prozess der wissenschaftlichen Praxis betrifft. Dass Feyerabend die Subjekte in der Frage danach, was denn nun Wissenschaft sein könnte, vielleicht noch ratloser zurücklässt, als dies Lakatos getan hat, ist dabei aber wenig hilfreich. Denn: Aus Sicht einer Kritischen Theorie bleibt es ein begrüßenswertes Motiv, mittels eines rational ausgewiesenen Wissenschaftsbegriffes metaphysische Ansprüche als solche zu dechiffrieren und kritisieren zu können. Das Aufgeben von Rationalitätsstandards könnte sich diesbezüglich als problematisch erweisen. Jürgen Habermas, als prominentester Vertreter der zweiten Generation der Kritischen Theorie, möchte auf Rationalität auch nicht verzichten. Er kann dabei so angeeignet werden, dass er mit dem Vorschlag Ernst macht, die Wissenschaften diskursiv aufzustellen. Sein zentrales Thema ist allerdings nicht die Wissenschaftstheorie, sondern der Versuch, einen kommunikativen Wahrheitsbegriff zu begründen. Er integriert auf diese Weise zwei bedeutende Momente, die sich in der bisherigen Diskussion abgezeichnet haben: Der Stellenwert der Sprache und die intersubjektive Transparenz.

Habermas differenziert zwischen subjektiven Gewissheiten und intersubjektiven Geltungsansprüchen. Ersteres sind die Wahrnehmungsdaten, die die Subjekte haben. Im klassischen Empirismus fungierten diese als Ausgangspunkt aller Erkenntnis. Habermas weiß aber, dass subjektive Gewissheiten eben nur subjektive Gewissheiten sein können, und keinesfalls einen direkten Anspruch auf Wahrheit erheben können. Subjektive Gewissheiten können nicht objektiviert werden und sie verfehlen damit die entscheidende Bedingung dafür, als Wahrheitsanspruch auftreten zu dürfen. Und nicht nur dies. Habermas erinnert an den cartesianischen Gedanken, dass Wahrnehmungen als subjektive Erlebnisse streng genommen nicht unwahr sein können, und ihnen daher ein Wahrheitsanspruch schlichtweg nicht zukommt. Dieser Anspruch lässt sich erst auf der Ebene der Intersubjektivität geltend machen und das bedeutet: der Wahrheitsanspruch residiert in Kommunikationen. Ähnliches gilt für Fragen der normativen Richtigkeit, die Habermas als wahrheitsanaloges Prinzip einführt, um gegen die positivistische Restriktivität gegenüber normativen Fragen zu demonstrieren, dass auch auf diesem Terrain eine Begründungsrationalität in Form von Diskursregeln denkbar ist (Habermas 1983, 1991).

Das Wahrheit eine kommunikative Angelegenheit ist, möchte Habermas nicht so verstanden wissen, dass subjektive Gewissheiten oder Wahrnehmungen keine Rolle spielen würden. Aber es gilt: „Die Akte des Wissens und der Überzeugung, welche die Anerkennung diskursiv einlösbarer Wahrheits- und Richtigkeitsansprüche ausdrücken, sind [...] in Erfahrung nur fundiert." (Habermas 1972/1984: 144). Subjektive Erfahrungen können also sowohl Anlass für Wahrheitskommunikationen sein, als auch indizierende Argumente im Diskurs um die Wahrheit. Die Pointe des habermaschen Ansatzes ist es jedoch, dass die Subjekte im Diskurs von ihrer je aktuellen Handlungs- und Erfahrungssituation abstrahieren. Im Diskurs geht es um Argumente, nicht um Wahrnehmungen, die ihren subjektivistischen Charakter nicht überwinden können. Immer dann, wenn Behauptungen mit einem Geltungsanspruch auf Wahrheit kommuniziert werden, kann dieser Geltungsanspruch problematisiert werden. Es ist sicherlich plausibel, wenn Habermas darauf insistiert, dass dann subjektive Gewissheiten allein nicht weiterhelfen. Wenn die Subjekte in einem Wahrheitsdiskurs ausschließlich auf ihre Wahrnehmung rekurrieren würden, würde sich eine intersubjektive Anschlussfähigkeit möglicherweise nicht finden lassen. Sie müssen daher ihre Wahrnehmungen in Argumente ummünzen, die eine intersubjektive Konsensbildung über strittige Wahrheitsansprüche möglich machen. Interessant und folgenreich für den Begriff der Wahrheit ist in diesem Zusammenhang, dass Habermas zwischen Objektivität und Wahrheit unterscheidet. In klassischen Adäquatiotheorien der Wahrheit lassen sich diese beiden Momente in einem gewissen Sinne synonym verwenden. Was wahr ist, ist objektiv, und was objektiv ist, ist wahr. Mit dieser Verschränkung von Objektivität und Wahrheit kann jegliche Subjektivität aus dem Prozess der Wahrheitsfindung ausgeschlossen werden. Für Habermas meint Objektivität den kontrollierbaren Erfolg von Handlungen, die sich auf spezifische Erfahrungen gründen. Tatsächlich kann eine solche Form der Objektivität von einem monologischem Subjekt konstatiert werden. Weil Habermas grundsätzlich in intersubjektiven Bezügen denkt, ist indessen auch sein Wahrheitsbegriff auf diesen Bezug hin ausgerichtet. Wahrheit bemisst sich an Argumenten, die in Diskursen auf den „zwanglosen Zwang des besseren Arguments" (Ebd.: 161) hoffen können. Habermas denkt in diesem Zusammenhang an eine „ideale Sprechsituation" (Ebd.: 177 ff.). Diese ist im Wesentlichen dadurch charakterisiert, dass sie als herrschaftsfreie Situation verstanden wird, in der alle beteiligten sprach- und handlungsfähigen Subjekte ihre Argumente äußern dürfen. Es darf keinen inneren oder äußeren Zwang geben. Dann allerdings soll der Zwang des besseren Argument gelten. Dies bedeutet, dass die Subjekte letztlich unpersönlich innerhalb des Diskurses agieren und einem Argument zustimmen, wenn sie es für zustimmungsbedürftig halten, und dies auch dann, wenn die Zustimmung zu einem Argument den je eigenen Interessen oder Überzeugungen gegenüber konträr ist. Auch wenn Habermas dies nicht expressis verbis formuliert, kann diese diskursive Einstellung der Subjekte als konstitutiv für eine ideale Diskurssituation unterstellt werden. Das Ziel des Diskurses ist schließlich nicht, eine Überredung mittels Zwang zu erreichen, sondern eine herrschaftsfreie Konsensbildung zu erzielen. Beharren die beteiligten Subjekte auf ihren Interessen oder Überzeugungen auch dann, wenn bessere Gegenargumente in den Diskurs eingebracht werden, können die Subjekte bestenfalls einen Kompromiss finden, der jedoch kaum den Anspruch auf Wahrheit erheben darf. Dieser Anspruch kann erst dann eingelöst werden, wenn die „ideale Sprechsituation" mindestens approximativ erreicht werden konnte und ein zwangloser Konsens gebildet wurde. Es braucht hier nicht zu interessieren, ob eine solche „ideale Sprechsituation" empirisch wahrscheinlich ist. Dies ist eine Frage der Gesellschaftstheorie. Eine Anmerkung muss aber dennoch gemacht werden. Aus einer kritischen Perspektive braucht es keine aufwendigen Diskussionen. Solange Gesellschaften sich als Herrschaftsverhältnisse darstellen, kann eine „ideale Sprechsituation" nur in Ausnahmefällen auf eine Realisierung hoffen. Habermas macht sich diesbezüglich auch keine Illusionen. Die „ideale Sprechsituation" kann aber als ein kritischer Maßstab, an dem reale Sprechsituationen gemessen werden können, genutzt werden. Ohne einen solchen Maßstab wäre jeglicher Diskurs geeignet, Wahrheitsansprüche zu legitimieren und dies würde im Zweifelsfall bedeuten, dass sich Wahrheiten autoritär begründen ließen. Dass Habermas mit einer kontrafaktischen Idee operiert, hat also den Zweck, jene rationale Grenze zu ziehen, die Feyerabend nicht ziehen wollte, ohne auf strenge Wissenschaftsregeln setzen zu müssen, die von Feyerabend mit guten Argumenten (sic!) kritisiert worden waren.

Was heißt dies nun aber für die wissenschaftliche Einstellung der Subjekte? Von Habermas können die Subjekte keine spezifischen Regeln für die wissenschaftliche Praxis erwarten. Er kümmert sich um die Wahrheitsfrage, die innerhalb der modernen Wissenschaften ohnehin vakant geworden ist. Wird trotzdem unterstellt, es ginge in den Wissenschaften um Wahrheit, so verschiebt auch Habermas die Entscheidung auf außerwissenschaftliche Faktoren, ohne allerdings den Kontakt zur wissenschaftlichen Forschung abzubrechen. Sein Wahrheitsbegriff, wie er hier expliziert wurde, ist mit den gängigen Methoden und Theorien der Wissenschaften kompatibel, und wenn Habermas wohl eher nicht so weit gehen würde, kann hier auch ein schlichtes „Anything goes" angeschlossen werden in dem Sinne, dass es nicht primär darauf ankommt, wie wissenschaftliche Beobachtungsdaten gewonnen werden, sondern darauf, wie sich wissenschaftliche Beobachtungsdaten in einem wissenschaftlichen Diskurs bewähren. Die antimetaphysische Idee einer allen Subjekten gleichermaßen zur Verfügung stehenden Wahrnehmung verschiebt sich auf die Idee einer intersubjektiven Zustimmung zu strittigen Wahrheitsbehauptungen. Die Rationalität, die im empiristischen Modell durch einfache Perzeptionen und logische Ableitungen garantiert werden sollte, wird in normative Diskursregeln transformiert, die allen Subjekten einen gleichberechtigten Zugang und eine gleichberechtigte Partizipation an wissenschaftlichen Diskursen ermöglichen sollen. Dies lässt sich auch so formulieren, dass die Frage nach der wissenschaftlichen Rationalität letztlich durch die praktische Philosophie beantwortet wird, ohne die wissenschaftstheoretische Debatte um wissenschaftliche Rationalitätsstandards ad acta zu legen. Innerhalb der Grenzen der Wissenschaft sollte jedoch in jedem Fall eine diskursive Freiheit gewährt werden, um das Ideal der Transparenz zu gewährleisten und um mögliche Falsifikationsprozesse oder theoretische Weiterentwicklungen anschieben zu können.

Das Ideal der Transparenz wird nicht nur nicht aufgegeben, sondern direkt auf einen intersubjektivem Konsens ausgerichtet. Es ist allerdings nicht klar, wie radikal Habermas seine Konsenstheorie der Wahrheit verstanden wissen möchte. Vorgreifend auf die Diskussion des Radikalen Konstruktivismus soll diese hier jedoch radikal gelesen werden. Wenn mit dem Wahrheitsbegriff operiert wird, ist wahr, auf was sich die Subjekte in einem herrschaftsfreien Diskurs einigen. Dass die reale Wissenschaftsgeschichte diesem Ideal nicht entspricht, dürfte unumstritten sein. Dennoch soll mit Habermas davon ausgegangen werden, dass Wahrheitsansprüche intersubjektiv geltend gemacht werden müssen. Es gibt keine Wahrheit in den Dingen oder in der Welt, sondern es gibt nur die Wahrheit, die von Subjekten als Wahrheit prozessiert wird, wie immer auch das intersubjektive Prozessieren von Wahrheit gesellschaftlich vermittelt ist – mit Herrschaft oder mit herrschaftsfreier Kommunikation. Dies schließt Irrtümer nicht aus, die durch alternative Wahrheitsansprüche als solche dechiffriert werden können. Es macht aber keinen Sinn mit einem objektiven Wahrheitsbegriff zu operieren, dem sich der Erkenntnisprozess anzunähern hat. Wie schon erwähnt, müsste eine solche Wahrheit schon bekannt sein, um den Erkenntnisprozess als Annäherung beschreiben zu können. Die Moderne ist nicht näher an der Wahrheit, sie hat eine andere Wahrheit als die Antike. Wie sich bei der Besprechung des Radikalen Konstruktivismus allerdings noch zeigen wird, ist der Wahrheitsbegriff ohnehin problematisch.

Bezüglich des Modells einer „idealen Sprechsituation" ist zu beachten, dass Habermas grundsätzlich die Diskursteilnahme auf sprach- und handlungsfähige Subjekte begrenzt. Dies kann hier weiter eingeschränkt werden. Teilnahmeberechtigt an wissenschaftlichen Diskursen sind solche Subjekte, die den Umgang mit spezifisch wissenschaftlichen Argumenten (institutionell oder autodidaktisch) erlernt haben. Die Frage die sich aufdrängt ist dann aber: Wird damit nicht wieder ein Herrschaftsmoment benannt, dass den gleichberechtigten Zugang zu wissenschaftlichen Diskursen unterläuft? Die Antwort auf diese Frage kann nur ein eindeutiges Ja sein, und dies muss eine Kritische Theorie irritieren. Soll hingegen an einer wissenschaftlichen Rationalität und einer Abgrenzung der Wissenschaften gegenüber Metaphysik und Esoterik festgehalten werden, müssen nicht-wissenschaftliche (d. h. nicht überprüfbare) Aussagen in einem wissenschaftlichen Diskurs ausgeschlossen werden können. Würden alle denkbaren Aussagen oder Behauptungen als spezifisch wissenschaftliche Behauptungen gelten können, gäbe es keine Sinngrenze der Wissenschaften. Die Kritische Theorie, so wie sie hier angelegt werden soll, gerät in eine Zwickmühle. Hält sie am Modell wissenschaftlicher Rationalität fest, droht ihr eine Aufweichung des Ideals einer herrschaftsfreien Kommunikation. Weicht sie das Modell auf, droht ihr ein Abgleiten in Metaphysik. Innerhalb des wissenschaftstheoretischen Diskurses kann sie dieser Zwickmühle nicht entkommen. Sie kann das Problem aber an die Gesellschaftstheorie oder Sozialphilosophie adressieren. Dann würde es darum gehen, die Bedingungen zu analysieren, die es allen Subjekten gleichermaßen möglich machen, den Umgang mit wissenschaftlichen Argumenten zu erlernen. Die Forderung danach, kein Subjekt von Diskursen auszuschließen, ist schließlich nicht identisch mit der Forderung nach einer Auflösung wissenschaftlicher Rationalität. Sie ist identisch mit der Forderung danach, die gesellschaftlichen Bedingungen so zu justieren, dass alle Subjekte über die Bedingungen der Möglichkeit für eine Partizipation an den unterschiedlichen gesellschaftlichen Diskursen einschließlich des wissenschaftlichen Diskurses verfügen können. Anders formuliert: Dass die Wissenschaften Wissenschaften sind und damit spezifische Anforderungen an die Subjekte stellen, ist auch dann kein Problem, wenn von einer „idealen Sprechsituation" ausgegangen wird. Das Problem ist, dass Gesellschaften den (oder einigen) Subjekten möglicherweise den Zugang zu einer wissenschaftlichen Ausbildung versperren.

Mit dem Diskursprinzip verschiebt sich der Rationalitätsanspruch auf außerwissenschaftliche Bedingungen. Seinen Sinn bezieht es insbesondere im habermaschen Oeuvre eher aus dem Bezug auf moralphilosophische Fragen, sodass es selbst dann, wenn es als mindestens ein entscheidendes Moment in der wissenschaftlichen Praxis unterstellt wird, als Abgrenzung einer wissenschaftlichen Einstellung zu anderen Einstellungen (etwa: Politik oder Kunst) nicht ausreichen würde. In wissenschaftlichen Diskursen muss es schließlich letztlich darum gehen, Erkenntnisse über die Wirklichkeit zu gewinnen. Anders formuliert: Es sind spezifische Argumente, die in wissenschaftlichen Diskursen eine Rolle spielen, sodass das Diskursprinzip entsprechend konkretisiert werden muss. Vor dem Hintergrund der bisherigen Überlegungen meint dies, es sind unter anderem Beobachtungsdaten, die über die Wahrheit von Aussagen entscheiden sollen. Dies schließt Habermas natürlich nicht aus. Die Frage bleibt dann aber, was mit dem Beobachtungsbegriff gemeint sein kann. Rekapitulierend kann festgehalten werden, dass die zwei großen Kontrahenten, die Induktion und die Falsifikation, beide mit Problemen behaftet sind. Über induktive Schlüsse lassen sich nicht gesichert allgemeine Gesetzmäßigkeiten ableiten. Das Falsifikationsprinzip hat zwar insofern einen Plausibilitätsvorsprung, als prima facie nichts dagegen spricht, eine Strategie zu wählen, die darin besteht, falsche Theorien sukzessive auszusortieren. Es laboriert aber an dem Umstand, dass ein experimentum crucis nicht umstandslos als solches zu erkennen ist, weil bei jedem Experiment grundsätzlich mehr auf dem Spiel als nur die zu falsifizierende Theorie. Als Handlungsanweisung ist das Falsifikationsprinzip zu unscharf.

Beiden Kontrahenten gemein scheint zu sein, dass sie letztlich doch heimlich auf Beobachtungen setzen, die als view-from-nowhere konzipiert sind. So jedenfalls würde es wohl Peter Janich einschätzen. Zwar wird die Theorieabhängigkeit von Beobachtungen etwa auch bei Popper konstatiert. Janich geht demgegenüber aber einen Schritt weiter, und fundiert Beobachtungen im Vollzug einer alltagsweltlichen Praxis, in der es um Zwecksetzungen und daraus abgeleitete Problemlösungen geht. Bereits die nicht wissenschaftlich eingestellten Subjekte gelangen zu Erkenntnissen, indem sie nach gesetzten Zwecken handeln. Die Differenz zwischen Wahrnehmungen und Handeln, die die europäische Denktradition entscheidend geprägt hat, wird eingezogen. Für Janich (2000) ist Wahrnehmung ein Handlungsakt, der darauf aus ist, ein Wissen zu generieren, dass in zweckgerichteten Praktiken zur Verwendung gebracht werden kann. Zu einer wissenschaftlichen Praxis werden diese alltagsweltlichen Wahrnehmungen erst dadurch, „dass sie unter erkenntnistheoretischen oder methodologischen Zielsetzungen erhöhter Geltungs- und Kontrollierbarkeitsansprüche begrifflich technisch normiert oder standardisiert werden" (Janich 1996a: 82).

Dies findet insbesondere dadurch statt, dass in den Wissenschaften im Rahmen von Experimenten Messungen durchgeführt werden. Was zunächst darauf schließen lässt, dass Janich damit auch auf Beobachtungsdaten im Rahmen einer view-from-nowhere-Konzeption abzielt, entpuppt sich als problematisches Unternehmen. Wenn die Wissenschaften der verlängerte Arm einer alltagsweltlichen Praxis sind, wird deren Zweckorientierung in die Wissenschaften prolongiert. Experimentelle Messungen sind damit keine unabhängigen Beobachtungen, sondern es sind Beobachtungen, die auf einen spezifischen Zweck hin arrangiert werden. Dies dürfte auch mehr oder weniger anerkannt sein. Die Konsequenz daraus wird allerdings eher nicht gezogen. In Experimenten wird nicht unmittelbar die Wirklichkeit befragt, sondern sie wird durch das experimentelle Arrangement bereits handelnd so justiert, dass sie den Forschungszwecken zugänglich wird (Janich 1997a). Pointierter: In wissenschaftlichen Experimenten wird nicht die Wirklichkeit enthüllt, wie sie an sich sein mag, sondern es werden subjektive Handlungsziele verwirklicht. Dies erinnert an Deweys experimentellen Empirismus, den Janich interessanterweise nicht erwähnt. Er fügt dem indessen den Hinweis hinzu, dass die Messapparaturen ihrerseits nicht neutrale Beobachtungsinstrumente sind. Unter dem Label „Protophysik" diskutiert Janich den Umstand, dass Messinstrumente das Ergebnis von subjektiven Handlungen sind, in denen bereits physikalische Grundannahmen einfließen. Anhand der Kategorien Raum, Zeit und Materie versucht Janich aufzuzeigen, dass diese mitnichten das Ergebnis naturwissenschaftlicher Forschung sind, sondern aus handwerklichen Zweckorientierungen resultieren. Geometrische Verhältnisse oder zeitliche Einteilungen findet Janich bereits in einer vorwissenschaftlichen Praxis, in der diese Einheiten zu konkreten Problemlösungen definiert werden. Und es ist diese vorwissenschaftliche Praxis, die in der Lage ist, zwischen funktionierenden und gestörten Messinstrumenten zu unterscheiden. Würden diese als Ergebnis naturwissenschaftlicher Forschung verstanden werden, müssten die Messinstrumente gleichsam durch sich selbst begründet und überprüft werden. Werden sie als zweckgerichtete Instrumente einer vorwissenschaftlichen Praxis interpretiert, so liegen ihnen Handlungsanweisungen zugrunde, die in Form von Rezepten zu ihrer Herstellung reproduzierbar sind. Janich geht soweit, die Messkunst als ein handlungstheoretisches Apriori der Wissenschaften zu instanziieren. „Zeitmessung ist, wie auch die Messung anderer methodischer Grundgrößen wie Länge, Masse, Ladung, für Physik und andere Naturwissenschaften konstitutiv. Das heißt, Meßkunst ist kein Zweck, sondern ein Mittel der Naturwissenschaften quantitative Aussagen zu gewinnen, und mithin auch kein empirisches Resultat, sondern eine technische Bedingung der Möglichkeit empirischer Resultate." (1997b: 254)

Die schließt natürlich nicht aus, dass im Laufe der Entwicklung von Messgeräten in deren Konstruktion naturwissenschaftliches Wissen einfließt. Janich dürfte wohl so zu verstehen sein, dass am Anfang der Naturwissenschaften eine vorwissenschaftliche Messkunst steht, die dann durch methodisch kontrollierte Wissensgenerierung weiter ausgebaut werden kann bzw. ausgebaut worden ist. Gemessen wird dennoch, was die Messgeräte messen, und dies ist letztendlich abhängig von einer vorwissenschaftlichen Praxis alltagsweltlich eingestellter Subjekte. Uhren etwa sind nicht das Ergebnis naturwissenschaftlicher Forschung. Uhren sind die Bedingung der Möglichkeit von Zeitmessungen und daraus resultierenden quantitativen Aussagen. Dies bedeutet für Janich nicht, dass Messgeräte einen beliebigen Charakter hätten. Auch auf der Alltagsebene von Handlungen und Wahrnehmungen machen die Subjekte die Erfahrung von „Widerfahrnissen" (etwa Janich 2000: 128). Dies meint, sie erfahren, dass bestimmte Handlungen nicht zu einem gesetzten Ziel führen. Janich opriert mit dem Beispiel einer bemalten Holzfigur, die erst geschnitzt, und dann bemalt werden muss. Andersherum würde zwar eine Holzfigur herauskommen, aber eben keine bemalte. Sollen also gesetzte Zwecke erreicht werden, müssen die Subjekte nach einer „methodischen Ordnung" (etwa ebd.: 140) vorgehen, die sie aus dem Zusammenspiel von gelingenden und misslingenden Handlungen extrahieren können.

Wenn den quantifizierenden Aussagen der Naturwissenschaften Eigenschaften von Messgeräten zugrunde liegen, die ihrerseits nicht das Ergebnis der Naturwissenschaften sind, hat dies Konsequenzen für das Verständnis von Kausalgesetzen. Janich wird nicht müde zu betonen, dass die Wissenschaften ihre eigene Praxis nicht mit Bordmitteln begründen können. Es sind nicht die beobachterneutralen Subjekte, die Naturgesetze entdecken. Vielmehr konstruieren die Subjekte Messgeräte, die situationsunabhängige Messergebnisse produzieren. Die Regelmäßigkeiten, die es erlauben, von Naturgesetzen zu sprechen, residieren damit in den Messgeräten, und von diesen können sie dann auf die Natur transformiert werden. Die technischen Handlungsanweisungen für die Geräte stellen, anders formuliert, die reproduzierbaren Aussagen dar, um denen es den wissenschaftlich eingestellten Subjekten geht. „Nicht die Naturgesetze machen die Meßkunst möglich, sondern die Meßkunst macht Naturgesetze möglich." (Janich 1992: 233) In einem weitem Sinn bestätigt Janich damit die Strategie Humes, Kausalitäten auf Gewohnheit und damit auf eine alltagsweltliche Praxis zu gründen. Und was für das Kausalitätsverständnis gilt, gilt a fortiori für den Wahrheitsbegriff. Wahre Aussagen sind für Janich (1996b) nicht die Bedingung für erfolgreiches Handeln. Erfolgreiches Handeln ist das Definitionskriterium für Wahrheit. Ganz im Sinne Poppers könnte dies auch so formuliert werden, dass wahr ist, was sich bewährt hat. Janichs kulturalistische Wissenschaftstheorie schließt somit das

Falsifikationsprinzip nicht grundsätzlich aus. Sie bricht aber konsequent mit der Tradition eines Wissenschaftsverständnisses, dass die Generierung wissenschaftlicher Aussagen nach dem Prinzip eines view-from-nowhere konzipiert. Es ist das praktische, zwecksetzende Subjekt, das die Wissenschaft konstituiert, oder anders: Es ist nicht das Subjekt als Zuschauer, sondern das Subjekt als teilnehmendes Subjekt. Und auch wenn Janich damit sicherlich nur bedingt einverstanden wäre, kann dieses Motiv von ihm an die Philosophie Fichtes angeschlossen werden. Wie erinnerlich hatte Fichte an den Anfang seiner Philosophie ebenfalls ein tätiges Subjekt gestellt, dass den Wirklichkeitsbezug erst aus sich heraus praktisch etablieren muss. Die zentrale Frontstellung ist damit deutlich: Das passive Sinnessubjekt, das seine Erkenntnisse rein rezipierend aus der Abbildung der Wirklichkeit gewinnt.

Wenn zentrale Begriffe der Wissenschaften, wie Kausalität oder Wahrheit, letztlich den Praktiken der Subjekte entspringen, stellen sie keine objektivierenden Bezüge her, die sich an der Wirklichkeit demonstrieren lassen. Was die Wissenschaften ausmacht, wenn sie nicht als beobachterneutrale Forschung beschrieben wird, ist also nicht primär ihr Verhältnis zur Wirklichkeit, sondern es ist eine spezifische Form der Normativität. Es sind Handlungsanweisungen zur Herstellung von Messgeräten, und diese Handlungsanweisungen speisen sich nicht aus einem wahren Wissen, das jenseits dieser Handlungsanweisungen gewonnen worden wäre, sondern sie speisen sich aus zweckorientierten Handlungen einer vorwissenschaftlichen Praxis. Damit enthalten sie bereits ein (vorwissenschaftliches) Wissen, und der Unterschied zu genuin wissenschaftlichen Wissen besteht lediglich darin, dass letzteres vornehmlich in quantitativen Aussagen besteht, die den Anforderungen an transsubjektive Überprüfbarkeit genügen müssen. Die Rationalitätsanforderungen an die Wissenschaften dürften auch bei Janich innerhalb derselben festzulegen sein. Sie sind aber nicht entkoppelt von Rationalitätsanforderungen, die sich den alltagsweltlichen Subjekten stellen, die bestimmte Zwecke verfolgen. Die Normativität, die damit in die Wissenschaften Einzug hält, darf indessen nicht verwechselt werden mit der Normativität, die Habermas anvisiert hatte. Für Habermas sind es explizit sprachliche Handlungen, die das Diskursprinzip fundieren. Deren Rationalität ließt er an den Bedingungen für eine herrschaftsfreie Kommunikation ab. Janich verschiebt den Fokus auf nicht-sprachliche Handlungen, denen im Sinne einer „methodischen Ordnung" eine Zweckrationalität supponiert werden kann. Er koppelt damit Rationalität stärker an klassisch empiristische Motive, ohne, wie gesehen, dessen Erkenntnisbegriff zu übernehmen. Das, was Habermas als Lücke hinterlassen hatte, drängt sich bei Janich wieder mehr in den Vordergrund: Die

Beobachtungen der Subjekte, die allerdings nicht passiv erworben werden, sondern aktiv produziert werden. Auf der anderen Seite verfehlt Janich allerdings die Einsicht von Habermas, dass in intersubjektiven Bezügen die Zwecksetzung im optimalen (das meint: demokratischen) Fall einem Diskurs entspringt, der den Anforderungen an eine herrschaftsfreien Kommunikation gerecht wird. In den Wissenschaften geht es um intersubjektive Bezüge, weil wissenschaftliche Aussagen intersubjektiv transparent gemacht werden müssen. Und es widerspricht den Wissenschaften nicht, Zwecksetzungen nach dem Modell einer herrschaftsfreien Kommunikation zu organisieren. In diesem Sinne müssen sich die beiden Normativitätsverständnisse von Janich und Habermas nicht widersprechen. Sie können in ein Ergänzungsverhältnis gebracht werden. Für die wissenschaftlich eingestellten Subjekte bedeutet dies, dass sie nicht-sprachliche Handlungen und diskursive Argumentationen in ein komplementäres Zusammenspiel bringen müssen, in dem die nicht-sprachlichen Handlungen über die Wahrheit wissenschaftlicher Aussagen mitentscheiden – wenn auch in einer sprachlich verfassten Form.

Janichs Wissenschaftstheorie firmiert unter dem Label des Konstruktivismus. Er grenzt sich indessen von einem Radikalen Konstruktivismus ab, dem er vorwirft, auf naturwissenschaftlichen Grundlagen aufzubauen, die er dann im Ergebnis seiner Überlegungen als Konstrukt entlarven muss mit der Konsequenz: Der Radikale Konstruktivismus sägt den Ast ab, auf dem er sitzt (Janich 1996c). Er trifft damit einen wunden Punkt des Radikalen Konstruktivismus, der tatsächlich von einigen Vertretern dieses Paradigmas mit empirischen Erkenntnissen der Neurowissenschaften oder der Kognitionswissenschaften versucht wird zu begründen. Wenn sich im Begründungsprozess indessen ergibt, dass es eine empirische Erkenntnis einer subjektunabhängigen Wirklichkeit nicht gibt, müssen sich die Erkenntnisse der Neuro- und Kognitionswissenschaften als subjektive Konstrukte entpuppen, die nicht geeignet sind, den Radikalen Konstruktivismus gleichsam auf dem Fundament harter, naturwissenschaftlicher Fakten zu errichten. Wenn hier der Radikale Konstruktivismus als zugrunde liegendes Theorieangebot instituiert werden soll, muss dieses Problem mindestens entschärft werden.

Es sind zwei wesentliche Motive, die die Wahl des Radikalen Konstruktivismus als fundierende Theorie motivieren. Zum einen soll der Radikale Konstruktivismus die Probleme der klassischen Erkenntnistheorie bearbeiten und dabei einen Subjektbegriff anbieten können, der zum anderen als Adressat einer an Emanzipationspotentialen orientierten Kritischen Theorie operationalisiert werden kann. Um mögliche Missverständnisse zu vermeiden und es deutlich zu formulieren: Der Radikale Konstruktivismus wird hier nicht primär deshalb als Theorieparadigma gewählt, weil er eine Erkenntnistheorie zur Verfügung stellt, die die traditionelle Probleme der Erkenntnistheorie final lösen würde. Wie sich noch zeigen wird, könnte der Radikale Konstruktivismus eine solche Behauptung gar nicht rechtfertigen. Was den Radikalen Konstruktivismus attraktiv macht, ist der Umstand, dass er mit seinem Subjektbegriff zwei zentrale Frage der Kritischen Theorie beantworten kann: An wen richten sich die Emanzipationsforderungen und sind diese überhaupt einlösbar? In diesem Sinne ist es der Versuch, eine Kritische Theorie zu betreiben, der die Wahl des Radikalen Konstruktivismus anleitet.

Freilich darf die Wahl nicht beliebig sein. Es muss argumentativ nachvollziehbar gemacht werden, dass der Radikale Konstruktivismus auch ohne seine Einbindung in eine Kritische Theorie fruchtbare Einsichten bereit stellt, die seine Verwendung als Erkenntnistheorie begründen können. Wie bereits angedeutet, soll der der Radikale Konstruktivismus hier so interpretiert werden, dass sich seine Begründungsfähigkeit aus dem Bearbeitungspotenzial der klassischen Probleme der Erkenntnistheorie ableitet. Diese Probleme resultieren im Wesentlichen aus dem cartesianischen Dualismus. Descartes hatte mit seinem Cogito zwar den Startschuss für ein modernes Subjektverständnis gegeben, dieses aber mit einer Erblast ausgestattet, die im weiteren Verlauf der Ideengeschichte zwar auf vielfältige Weise problematisiert wurde, ohne jedoch dabei eine Lösung der Probleme zu erreichen. Wie erinnerlich hatte Descartes sein Cogito dadurch freigelegt, dass er es aus allen Bindungen zur Außenwelt (inklusive des eigenen Körpers) herausdestilliert. Als Theoriemanöver gegen den Skeptizismus mag dies auch überzeugend sein. Der Preis, den Descartes dafür zahlen muss, ist indessen, dass er vor einer dualistischen Kluft steht, die mit Bordmitteln nicht zu überbrücken ist. Er kann die Bezugnahme zwischen Subjekt und Objekt weder von einem Pol, noch von dem anderen Pol her stabilisieren, und er sieht sich genötigt, einen funktionalen Gottesbegriff zur Verwendung zu bringen, um erklären zu können, wie das Subjekt wahres Wissen über seine Umwelt erreichen kann. Die empiristische Gegenstrategie kann aufgrund ihrer über die Sinne vermittelten Unmittelbarkeit zwar einen Kontakt zur Außenwelt erklären. Sie verfängt sich aber in zwei gewichtigen Anschlussproblemen. Zum einen kann sie von den Sinneseindrücken nicht auf einen subjektunabhängigen Reiz schließen und schon gar nicht kann sie eine Korrespondenz zwischen Abbild und Wirklichkeit begründen. Dazu müsste eine Wahrnehmung des Wahrnehmungsaktes möglich sein, die über die Identität von Abbild und Wirklichkeit informieren könnte. Zum anderen hat sie aufgrund des Induktionsproblems Schwierigkeiten, allgemeine Begriffe wie Kausalität oder Objektpermanenz aus dem empiristischen Credo heraus plausibel zu machen.

Die Pattsituation zwischen Rationalismus und Empirismus wurde zunächst dadurch bearbeitet, dass auf beide Varianten Steigerungsfunktionen angewendet wurden. Der Rationalismus entfaltete sich zu einem Idealismus, der sich – unsauber formuliert – auf die erkenntnisfähigen Leistungen des Subjekts zurückzog. Wahre Erkenntnisse sollten (nach Kant) vor allem dem Subjekt selbst zugemutet werden können. Der Empirismus findet seine Steigerung in einem eliminativen Materialismus (Helevetius), der auch das Subjekt in naturalistischen Begriffen beschreibt und auf ein Reiz-Response-Verhältnis reduziert, um die Kluft zwischen Subjekt und Objekt zu verkleinern, oder einem praxeologischen Materialismus (Marx), der das Subjekt zu einem tätigen Subjekt ausbaut, es aber dennoch auf subjektunabhängige Entitäten (Wirklichkeit, Geschichte,...) verpflichtet und damit der eigentlichen Problematik nicht entkommt. Wie oben bereits angedeutet, ist es Fichte, der den Vorschlag macht, die Subjekt-Objekt-Differenz dadurch aufzulösen, dass sie als re-entry konzipiert wird, und das meint: Sie findet im Subjekt statt. Zwar war bereits Spinoza mit einer monistischen Strategie aufgewartet, hatte aber die Differenzen in einem Gottesbegriff zusammengeführt, und war damit gegenüber der cartesianischen Lösung nicht weitergekommen. Fichte leistet zweierlei: Er löst die dualistische Differenz auf und lässt sie als Entwicklungsmotor dennoch weiter bestehen. Die Auflösung der dualistischen Differenz bietet sich dabei als eine Möglichkeit an, die cartesianische Erblast zu überwinden. Wenn schlichtweg nicht geklärt werden kann, wie sich wahre Erkenntnisse vor dem Hintergrund des Dualismus begründen lassen, ist es eine Option, den Fehler im Hintergrund selbst zu suchen. Dennoch haben sowohl der sozialisationstheoretische Diskurs als auch informationstheoretische Überlegungen zu Recht darauf hingewiesen, dass eine Ontogenese dadurch zustande kommt, dass konfligierende Differenzen bearbeitet werden (etwa Piaget 1976). Aus der alleinigen Setzung eines Subjekts würde sich nicht mehr ableiten lassen als: das Subjekt. Indem Fichte die Subjekt-Objekt-Differenz im Subjekt stattfinden lässt, behält er den ontogenetischen Motor bei, ohne diesen in der Kluft zwischen Subjekt und Objekt verlieren zu müssen. An diese Ausgangslage kann der Radikale Konstruktivismus anknüpfen. Dabei darf nicht übersehen werden, dass er sich damit zwar in die Tradition des Idealismus stellt, diese an entscheidender Stelle aber auch verlässt. Der Idealismus hatte zwar den Erkenntnisakt deutlich auf den Subjektpol verschoben, aber letztlich an einem korrespondenztheoretischen Wahrheitsbegriff festgehalten. Das Subjekt sollte mittels seiner Verstandesoperationen die Wirklichkeit erkennen können. Mit anderem Worten: Auch im Idealismus steht der cartesianische Dualismus nach wie vor mehr oder weniger im Hintergrund. Diesen schneidet der Radikale Konstruktivismus ab und postuliert: „Die Umwelt, die wir wahrnehmen, ist unsere Erfindung." (v. Foerster 1993: 26) Was damit indiziert werden soll, ist die Idee, dass das Subjekt als ein autopoietisches System zu verstehen ist, in das es keinen Informationsinput gibt. Alle Informationen, die das Subjekt über die

Außenwelt prozessiert, sind subjektintern konstruierte Informationen. Aussagen über die Wirklichkeit sind letztlich Aussagen über das je subjektive Erleben dieser Wirklichkeit und eben nicht Aussagen über die Wirklichkeit, wie sie an sich ist. Dies nämlich bestreitet der Radikale Konstruktivismus: dass die Subjekte in der Lage wären, eine subjektunabhängige Wirklichkeit zu erkennen, und er entledigt sich damit der Frage nach der Möglichkeit einer Korrespondenzwahrheit.

Bislang wurde der Radikale Konstruktivismus als philosophisches Theoriemanöver vorgestellt, dass auf die Probleme der klassischen Erkenntnistheorie reagieren können soll. Wie schon erwähnt, wurde er aber auch über den Weg neurophysiologischer Forschungen begründet. Ohne diese im Detail zu rekapitulieren (vgl. etwa Roth 1997; Singer 2002), wurden deren Ergebnisse so interpretiert, dass das Gehirn als autopoietisch geschlossenes System zu konzipieren ist, das zwar über entsprechende Sinnesrezeptoren mit seiner Umwelt in Kontakt steht, die Informationen über diese Umwelt aber intern erzeugt oder eben: konstruiert. Dies impliziert dann auch die für die Ontogenese fundamentale Differenz zwischen Selbst- und Fremdreferenz. „Der Beobachter trifft die Unterscheidung zwischen einem Organismus und seiner Umwelt als Unterscheidung in seinem eigenen Erfahrungsbereich." (Richards und v. Glasersfeld 2000: 208) Was bis dahin als philosophische Spekulation gelten musste, schien mit den Mitteln einer naturwissenschaftlichen Forschung seine Bestätigung zu finden. Kant, Fichte oder auch Husserl hatten schließlich bereits die Vermutung geäußert, dass es subjektive Konstruktionsleistungen sind, die zu Informationen über die Außenwelt führen. Wenn nun aber Informationen subjektintern erzeugt sind, und eine Erkenntnis der objektiven Wirklichkeit nicht zu haben ist, gilt dies auch für die naturwissenschaftlichen Erkenntnisse. Diese können keine Geltung für eine objektive Wirklichkeit übernehmen. Sie können bestenfalls als eine Art wittgensteinsche Leiter fungieren, die zwar darauf hindeutet, dass die *Philosophie* des Radikalen Konstruktivismus mit naturwissenschaftlichen Ergebnissen kompatibel gemacht werden kann, die sich aber als Begründungszusammenhang selbst destruiert. Andersherum freilich gilt, dass realistische Positionen durch die naturwissenschaftlichen Ergebnisse ihrerseits unter Zugzwang geraten. Gebhard Rusch (1987: 212) jedenfalls ist der Ansicht: „Wenn sie nämlich konsequente Realisten wären, müssten sie Konstruktivisten werden." Dies dreht den Spieß zwar um, kann aber die offene Flanke eines naturwissenschaftlich begründeten Radikalen Konstruktivismus nicht schließen. Der Spieß ist von beiden Seiten spitz. Wäre der Radikale Konstruktivismus allein auf eine naturwissenschaftliche Begründung angewiesen, wäre er nur schwer einsichtig zu machen. Wie gesehen, kann er aber auch genuin philosophisch auf traditionelle Probleme reagieren, sodass er als ein genuin philosophisches Paradigma gelesen werden kann.

Dies hatte Ernst von Glaserfeld, der zugleich der Namensgeber für den Radikalen Konstruktivismus ist, auch im Wesentlichen getan. Zwei Motive sollen hier prominent behandelt werden. Zum einen geht es dem Radikalen Konstruktivismus nicht darum, die Existenz oder Relevanz der Außenwelt zu leugnen. „Geleugnet wird nur, dass der Mensch die Realität im ontologischen Sinne erkennen kann." (v. Glasersfeld 1997: 223) Es gibt also objektiv einen cartesianischen Dualismus, dieser ist nur nicht entscheidend, weil sich der Radikale Konstruktivismus gleichsam dahinter zurückzieht, und den Dualismus als subjektinternes Erleben reinterpretiert. Erleben soll dabei das konstruktivistische Pendant zum Erfahrungsbegriff markieren. Dieses Erleben reagiert jedoch auf uncodierte Reize aus der Außenwelt, die aber lediglich bezüglich ihrer Reizintensität variieren und keine qualitativen Informationen zur Verfügung stellen. Das Subjekt operiert, anders formuliert, nach dem Prinzip des „order from noise" und konstruiert aufgrund der Kriterien, die es im Laufe seiner Ontogenese erworben hat, Repräsentationen der Umwelt. Dies hat zum anderen die Konsequenz, dass der korrespondenztheoretische Begriff der Wahrheit aufgegeben und auf den Begriff der „Viabilität" (v. Glasersfeld 2000a, 2000b) umgestellt wird. Da die Möglichkeit für ein ontologisches Wissen dementiert wird, begreift von Glasersfeld Wissen als instrumentelles Wissen. Dieses ist darauf ausgerichtet, dass subjektive Zwecksetzungen dann einen pragmatischen Nutzen haben, wenn sie sich realisieren lassen. Der Prüfstein für eine erfolgreiche Realisation subjektiver Zwecksetzungen ist dann nicht primär die Außenwelt, sondern das Passungsverhältnis subjektiver Konstruktionen untereinander. Die Wirklichkeit kommt dann ins Spiel, wenn Zwecksetzungen scheitern. Dies kann subjektintern als ein ontologisches Scheitern – also ein Scheitern an der Wirklichkeit – konstruiert werden, und es nötigt dazu, die je eigenen Wissensbestände weiterzuentwickeln. Mit diesem Umstellen auf den Begriff der Viabilität kann der Radikale Konstruktivismus an Motive Poppers anschließen. Solange das Subjekt nicht scheitert, gibt es keinen Grund für einen ontogenetischen Schub. Es gibt aber auch keinen Grund, daraus ein Wissen über die Wirklichkeit abzuleiten. Dies entspricht der Diskussion des Induktionsproblems durch Popper. Erst das Scheitern nötigt zu Weiterentwicklungen und dies würde dann Poppers Falsifikationsprinzip entsprechen.

Die Destruktion des Wahrheitsbegriffes führt dazu, dass diverse Probleme der klassischen Erkenntnistheorie und der Wissenschaftstheorie gar nicht erst aktuell werden. Wenn die Erkenntnis und damit auch die wissenschaftliche Erkenntnis nicht vor die Aufgabe gestellt wird, eine unabhängige Außenwelt erfassen zu müssen, entfallen die Probleme, die mit dem Dualismus verbunden waren. Fragen derart, wie das Subjekt zum Objekt finden kann, wie das Objekt im Subjekt repräsentierbar wird, oder wie sich mit sprachlichen Mitteln die Wirklichkeit abbilden lässt, machen vor dem Hintergrund des Radikalen Konstruktivismus keinen richtigen Sinn. Subjekt und Objekt passen solange zusammen, wie sie eben zusammen passen, das heißt, solange es nicht zum Scheitern subjektiver Zwecksetzungen kommt. So wie die Destruktion naturwissenschaftlicher Erkenntnisse auf den Radikalen Konstruktivismus zurückschlägt, schlägt nun freilich auch die Destruktion des Wahrheitsbegriffes auf diesen zurück. Der Radikale Konstruktivismus kann schlechterdings für sich geltend machen, eine objektive oder korrespondierende Wahrheit zu vertreten, die etwa darin bestehen würde, dass der klassische Dualismus ein subjektinternes Erleben ist. Wenn es keine derartige Wahrheitsfunktion gibt, gibt es diese auch nicht für den Radikalen Konstruktivismus, was nicht bedeuten muss, jegliche Wahrheitsfunktion aufzugeben, wie noch zu diskutieren sein wird (vgl. Kap. 3). Die Frage ist aber: Welchen Stellenwert kann der Radikalen Konstruktivismus haben, wenn er sich nicht selbst als objektive Wahrheit aufstellen kann?

Er kann sich nur als Heuristik aufstellen, oder besser: sich in eine Heuristik zurückziehen. Dies hat jedoch durchaus Vorteile. Der Radikale Konstruktivismus tritt erstens in die aufklärerische Tradition insofern, als er zu einem bescheidenden Umgang mit empirischen Daten anregt. Bereits die klassische Aufklärungsperiode hatte, wie gesehen, den Wissenschaften eine gewisse Demut bezüglich der Möglichkeiten einer wissenschaftlichen Welterkenntnis ins Stammbuch geschrieben. Die Diskussionen im 20. Jahrhundert halten zwar an dem gleichzeitig formulierten Fortschrittsoptimismus, der durch die Erfolge der Wissenschaften motiviert wird, fest, korrigieren dabei aber nicht die einstigen Mahnungen zur Zurückhaltung. Es soll nicht am Prinzip einer wissenschaftlichen Rationalität gerüttelt werden, das aber auf der anderen Seite auch nicht in eine Wissenschaftsgläubigkeit gesteigert werden soll. Der Radikale Konstruktivismus impliziert beide Motivlagen. Als Heuristik, die keinen Wahrheitswert für sich reklamiert, kann der Radikale Konstruktivismus – zweitens – andere, oppositionelle Paradigmen und Theorien integrieren. Anders formuliert: Er kann auf objektivierende Narrative Bezug nehmen. Er kann dabei nicht deren realistische Attitüde adaptieren, aber etwa soziologische Beschreibungen wie sie von Bourdieu unternommen wurden, als (ihrerseits heuristische) Beschreibung von Emanzipationshindernissen für das Subjekt zur Verwendung bringen. Entgegen Bourdieu würde der Radikale Konstruktivismus allerdings darauf bestehen, dass diese Beschreibungen keine ontischen Strukturen abbilden, sondern erst dann relevant werden, wenn diese Beschreibungen von Subjekten als Beschreibungen erlebt werden. Ob es aus einer ontischen Perspektive Ungleichheitsverhältnisse gibt, ist für den Radikalen Konstruktivismus eine unentscheidbare Fragestellung. Die Frage ist vielmehr, ob es Subjekte gibt, die Ungleichheitsverhältnisse prozessieren, und wenn ja, wie sie sie prozessieren. Erst dann können Ungleichheitsverhältnisse zu einer politischen Frage werden. Bourdieu ist dem dadurch entgegengekommen, als er bei seiner Klassenanalyse von einer „Klasse auf dem Papier" (Bourdieu 1984/1995: 12) gesprochen hatte, um dem Umstand gerecht zu werden, dass die mittels einer soziologischen Analyse in einem Klassenbegriff zusammengefassten Subjekte nicht zwingend von sich selbst als Angehörige einer Klasse sprechen müssen. Kurzum: Als Heuristik ist der Radikale Konstruktivismus für unterschiedliche Beschreibungen der Wirklichkeit offen. Drittens bietet gerade die Wahrheitsabstinenz eine Anschlussfähigkeit an eine Kritische Theorie, der es um die Emanzipation des Subjekts bietet. Schon Popper hatte darauf hingewiesen, dass der Vorteil seiner moderaten Absage an die Wahrheit darin besteht, in einem Korrelationsverhältnis zu einer liberalen Gesellschaft zu stehen. Wenn es keine objektive Wahrheit gibt, lassen sich daraus auch keine Dogmen ableiten. Der Radikale Konstruktivismus ist sicherlich nicht immun gegen eine autoritäre Verzerrung. Weil seine Selbstanwendung ihn aber selbst als Konstrukt – und eben nicht als Abbild der Wirklichkeit – ausweist, schließt er entscheidende Einfallstore für eine dogmatisch-autoritäre Interpretation oder Instrumentalisierung. Als Kritische Theorie positioniert sich der Radikale Konstruktivismus damit gegen Marx, der mit seinem Geschichtsbegriff eine ontologische Dimension aufgeboten hatte, die schließlich von der stalinistischen Sowjetunion als Begründungsfigur für ihren Terror eingesetzt werden konnte – auch wenn Marx dies sicherlich nicht im Sinn hatte. Die Verwendung des Radikalen Konstruktivismus für das Projekt einer Kritischen Theorie bemüht sich, darauf zu reagieren, und der Rückzug in eine Heuristik ohne dogmatischen Wahrheitsanspruch ist dabei ein gewichtiger Baustein.

Als Heuristik bleibt der Radikale Konstruktivismus auf die Wirklichkeit bezogen, unterstellt diese aber dem je subjektiven Erleben. Da es nicht darum gehen soll, die Wirklichkeit zu leugnen, ist der Radikale Konstruktivismus vor allem eine Akzentverschiebung. Es wird nicht gefragt, wie die Wirklichkeit an sich ist, sondern wie Subjekte Wirklichkeiten konstruieren, und diese Konstrukte entfalten ihre Relevanz dadurch, dass es ausschließlich diese sind, die für die Subjekte als handlungsmotivierend angenommen werden. Subjekte haben nicht die Wirklichkeit zur Verfügung, anhand der sie dann Interessen und Überzeugungen ausbilden. Sie haben nur ihre subjektinternen Konstruktion, vor deren Hintergrund sie handeln und urteilen können. Nicht wie die Wirklichkeit ist, bildet den Fokus, sondern wie sie verarbeitet wird, und für dieses Wie steht kein informativer Input aus der Wirklichkeit zur Verfügung. Für die wissenschaftliche Einstellung bedeutet dies zunächst, dass es nicht so sehr um ein Wissen geht, dass mit der Wirklichkeit korrespondiert, sondern um praktische Zwecksetzungen die ihr Ziel in Nützlichkeitsüberlegungen haben. Dies schließt Grundlagenforschungen selbstverständlich nicht aus, auch wenn diese nicht unmittelbar einen praktischen Nutzen haben mögen. Grundsätzlich bezieht sich jedoch der praktische Nutzen der Wissenschaften auf „Fortschritte in der Art und Weise des menschlichen Lebens, Veränderungen in der Art unserer Kognitionen, Optimierungen in der Art und Weise, wie wir unsere Autopoiese realisieren" (Rusch 1987: 220). Die Wissenschaften sind nicht auf dem Weg, sich sukzessive an eine objektive Wahrheit anzunähern, sondern sie sind ein entscheidender Beitrag dazu, das subjektive Erleben kohärenter zu machen und zugleich zu erweitern. Thomas S. Kuhn hatte diesen Gedanken bereits im Ansatz dadurch umschrieben, dass er seinerseits einen progressiven Wissenschaftsverlauf dementierte, und auf außerwissenschaftliche Faktoren bei der Paradigmenumstellung verwies. Der Hinweis auf die außerwissenschaftlichen Faktoren kann mit dem Radikalen Konstruktivismus modifiziert werden: Wenn es um Zwecksetzungen geht, die die Wissenschaft antreiben und entsprechend motivieren, Erkenntniskonstruktionen zu modifizieren oder zu substituieren, sind diese der Wissenschaft nicht äußerlich, und es braucht hier der Verdacht auf irrationale Mechanismen in der Wissenschaft nicht aufzukommen.

Es sind aber eben auch nicht primär empirische Daten, die die Wissenschaft zu Modifikationen oder Weiterentwicklungen nötigen. Bereits einer laienhaften Beobachtung der Wissenschaft kann nicht entgehen, dass empirisches Datenmaterial zuweilen äußerst kontrovers diskutiert wird. Keineswegs stellt sich die Situation so dar, dass es eindeutige Fakten gäbe, die zu eindeutigen Interpretationen und Theoriebildungen führen würden. Dies hatte die wissenschaftstheoretische Diskussion auch immer wieder befeuert. Das radikalkonstruktivistische Subjekt in der wissenschaftlichen Einstellung macht damit Ernst. Dies bedeutet, dass es mitnichten auf die passive Rolle des Datenlesens reduziert ist. Dies bedeutet aber auch, dass wissenschaftlicher Fortschritt, sofern davon gesprochen werden soll, primär eine Angelegenheit kognitiver Operationen ist. Es sind Veränderungen oder Weiterentwicklungen des „Wie", nicht des „Was", die den Motor der Wissenschaftsgeschichte antreiben. Habermas hatte dies für den sprachphilosophischen Zugang zur Wissenschaft dadurch kenntlich gemacht, dass er postulierte: „Erkenntnisfortschritt vollzieht sich in Form einer substanziellen Sprachkritik" (Habermas 1972/1984: 171). Sowohl erkenntnistheoretisch und als auch sprachphilosophisch kommt es auf das Subjekt, und nicht so sehr auf das empirische Datenmaterial an, das zwar der Anlass für kognitive oder sprachliche Prozesse sein kann, das jedoch nach subjektinternen Kriterien verarbeitet wird. Dass das wissenschaftlich eingestellte Subjekt im Prozess der wissenschaftlichen Forschung dennoch eine realistische Attitüde einnimmt, ist nicht nur unproblematisch, sondern durchaus opportun. Schließlich soll es in der Wissenschaft nicht um subjektive Beliebigkeiten gehen, sondern um intersubjektiv überprüfbare Aussagen. Diese residieren sprachlich in Aussagen, denen ein Bezug auf eine Wirklichkeit zugrunde liegt. Die radikalkonstruktivistische Einschätzung solcher Aussagen bzw. einer realistischen Attitüde kann mithilfe Vaihingers konzeptionalisiert werden. Realistische Einstellungen sind Einstellungen im Modus des „Als-Ob". Wie die Wissenschaftsgeschichte zeigt, hat eine realistische Einstellung auch tatsächlich dazu geführt, die kognitiven Operationen der Subjekte zu erweitern. Oder anders formuliert: praktische Zwecksetzungen zu realisieren, die vorher nicht möglich waren oder schienen. Sie hat sich als nützlich erwiesen.

Insbesondere die Diskussion um Wittgenstein und den Wiener Kreis hat darauf aufmerksam gemacht, dass es ein politisches Interesse einer Kritischen Theorie sein muss, Metaphysik soweit wie möglich zu überwinden. Ist dies mit dem Radikalen Konstruktivismus leistbar? Wenngleich sich für die wissenschaftliche Einstellung zwar rationale Operationen des Subjekts reklamieren lassen, desavouiert der Radikale Konstruktivismus dennoch die Grundlage für die Überwindung der Metaphysik: das empirische Datenmaterial, das eine transparente und eindeutige Zustimmung der Subjekte sollte garantieren können, sofern sie ihren Verstand gebrauchen. Für Gebhard Rusch ist auch zunächst klar, dass es „eine Illusion ist, das sogenannte metaphysische Wissen für letztlich irrelevant und völlig uneffektiv zu halten" (Rusch 1987: 228). Wenn es um die Erweiterung kognitiver Prozesse geht, denen die Empirie als letzter Prüfstein fehlt, ist es in der Tat konsequent, metaphysisches Wissen nicht diskreditieren zu können. Dass die Metaphysik einen Beitrag zur wissenschaftlichen Entwicklung geleistet hat, hatten zuvor auch schon diverse Autoren wie Popper, Lakatos oder Feyerabend konstatiert. Dies nicht in Form eines intersubjektiv überprüfbaren Wissen, sondern eher in der Form von Fragestellungen oder hypothetischen Spekulationen. Dennoch ging es diesen Autoren – mit Ausnahme von Feyerabend – doch letztlich darum, metaphysische Spekulationen in empirisches Wissen zu transformieren. Genau daran stößt sich der Radikale Konstruktivismus, dass er dieses empirische Wissen nicht als objektivierendes Wissen begreifen kann. Dennoch bietet auch er eine Möglichkeit metaphysische Wissen von wissenschaftlichem Wissen zu unterscheiden. Wenn für die Wissenschaft gilt, dass ihr Prüfstein die Nützlichkeit ist, kann die Metaphysik daran bemessen werden. Haben ihre Aussagen eine intersubjektiv nachprüfbare Nützlichkeit, können ihre Aussagen als wissenschaftliche Aussagen Geltung beanspruchen. Andernfalls können sie als dogmatische Ansprüche zurückgewiesen werden. Weil aber mit dem Begriff der Nützlichkeit ein letztlich normativer Begriff eingeführt wird, ist die Frage nach der Metaphysik ebenfalls letztlich eine normative Frage. Es geht eben genau darum: Dogmatische, nicht überprüfbare Aussagen als Herrschaftsansprüche zu delegitimieren. Dies wird noch genauer zu diskutieren sein (Kap. 4).

Es wurde bereits darauf hingewiesen, dass der Subjektbegriff, der hier zugrunde gelegt werden soll, aus dem Radikalen Konstruktivismus abgeleitet ist. Seine Herkunft findet er freilich in der klassischen Aufklärungsperiode. Descartes hatte dazu den Auftakt gemacht. Mittels seiner skeptischen Methode legt er eine Form der Subjektivität frei, die notwendig angenommen werden muss, um die skeptische Methode überhaupt durchführen zu können. Sie kann damit nicht hintergangen werden. Konsequenterweise stattet Descartes das Subjekt mit einem Aktivitätspotenzial aus, das sich darin zeigt, dass es vornehmlich subjektive Leistungen sind, die eine Wirklichkeitserkenntnis anleiten. Innerhalb seines dualistischen Denkens und in Kombination mit einer aristotelischen Substanzmetaphysik bleibt das Subjekt zwar körperlos und reines Denken, es erhält aber den starken Status eines Subjekts de re. Übersetzt heißt dies, es muss als mit sich selbst identische Entität erfahrbar sein. Dies wird David Hume bezweifeln. Seinem empiristischen Credo gemäß, nach dem nichts im Verstand ist, was nicht vorher in den Sinnen war, kommt er zu dem Schluss, dass es eine solche Entität nicht gibt. Was sich der Erfahrung darbietet, sind wechselnde Perzeptionen eines Ich, aber eben keine permanente Ich-Identität. Eine solche kann sich das Subjekt bestenfalls aus dem praktischen Motiv der Handlungsfähigkeit oder auch der moralischen Adressierbarkeit zuschreiben. Worin sich Descartes und Hume bei allen Differenzen indessen einig sind, ist die generelle Skepsis gegenüber der Erkenntnisfähigkeit des Subjekts. Zwar startet Hume mit seinem Empirismus wesentlich optimistischer, muss aber am Ende doch einräumen, dass eine sensualistische Philosophie ihr Ziel nicht erreicht, über den Erfahrungsbegriff sicheres Wissen generieren zu können. Auch wenn Hume sich standhaft weigert, rationalistische Manöver durchzuführen, sein Ausweichen auf das Alltagssubjekt rechnet nolens volens mit einer subjektiven Aktivität, die die philosophisch problematischen Sicherheiten schlichtweg setzt. Immanuel Kant wird daraus den Schluß ziehen, dass es tatsächlich eine mit apriorischen Begriffen ausgerüstete Subjektivität ist, die die Leistung der Wirklichkeitserkenntnis vollbringt. In diesem Sinne folgt er Descartes. Er lässt aber auch Hume zu seinem Recht kommt, wenn er seinem Diktum, dass „Gedanken ohne Inhalt sind leer" (Kant 1781[7]/1992: A

52/B76) sind, folgt, und für das Subjekt ebenfalls eine Erfahrungsbasis einfordert, die auch er nicht zu finden vermag. Ganz im Sinne Descartes postuliert er aber, dass es eine Instanz geben muss, die die mannigfaltigen Perzeptionen synthetisiert. Er windet sich zwischen der empiristischen Skylla, die eine perennierende Subjektivität nicht erkennen kann, und der rationalistischen Charybdis, die eine solche Subjektivität supponieren können muss, dadurch hindurch, dass er sich in eine Subjektivität de dicto zurückzieht. In den Worten Kants: „Das: Ich denke, muss alle meine Vorstellungen begleiten können; denn sonst würde etwas in mir vorgestellt werden, was gar nicht gedacht werden könnte, welches ebensoviel heißt, als die Vorstellung würde entweder unmöglich, oder wenigstens für mich nichts sein." (Kant 1781[7]/1992: B 132/133) Ein aktives Subjekt als Entität, das die notwendige Apperzeptionsleistung erbringen kann, gibt es nicht als Substanz, nicht als empirisches Subjekt. Es gibt es aber als formal-theoretisches Subjekt, weil ohne die Unterstellung eines solchen Subjekts unklar wäre, wie sich ein Erfahrungs- und Erkenntnisprozess denken ließe. Kurzum: Das Subjekt de hatte ein kurze Lebensspanne. Geboren am Anfang der klassischen Aufklärungsperiode im 17. Jahrhundert, wurde es zum Ende des 18. Jahrhundert bereits wieder aufgelöst. Wie schon erwähnt, ist dies durchaus vorteilhaft, weil synonym zum Radikalen Konstruktivismus nur eine heuristische Begrifflichkeit aufgeboten wird, die jeglichen Wahrheitsanspruch unterläuft. Wie der Radikale Konstruktivismus entzieht sich der Subjektbegriff einer dogmatisch-autoritären Instrumentalisierung – oder er erschwert sie zumindest. Dies ist zwar nicht zwingend ein Selbstzweck, aber aus der Perspektive einer Kritischen Theorie in jedem Fall begrüßenswert.

Kant hatte sich noch deutlich an der Subjekt-Objekt-Differenz abgearbeitet. Sein innovativer Vorschlag bestand lediglich darin, die Betrachtungsachse umzudrehen. Er denkt aus der Perspektive des Subjekts, und fragt, wie dieses zu wahren Erkenntnissen kommen kann. Fichte radikalisiert dieses Unternehmen, und setzt an den Anfang seiner Philosophie ein selbstidentisches Subjekt. Das ihm dabei vorgeworfen werden kann, damit letztlich doch eine Existenzaussage zu verbinden und wieder zu einem Subjekt de re zurückzukehren, braucht hier nicht weiter zu interessieren. Entscheidend ist, dass Fichte das Subjekt an den Ausgangspunkt seiner Philosophie stellt. Es ist nicht mehr abgeleitet als Fixpunkt für die Skepsis (Descartes) oder als notwendige anzunehmen Apperzeptionsinstanz (Kant), sondern es ist als selbstbezüglich konzipiert. Dies zwingt Fichte zur Anwendung der Differenzlogik, um das Subjekt aus einer tautologischen Selbstreferenz herauszuholen. Das Subjekt kann nur gedacht werden, wenn auch ein Nicht-Subjekt gedacht wird. Da aber aus der selbstbezüglichen Subjektivität heraus ein Zugriff auf die objektive Umwelt nicht problemlos zu generieren ist, zieht sich Fichte ins Subjekt zurück. Es muss die nötige Fremdreferenz in seinem eigenen Geltungsbereich setzen. Weil es dazu keinen äußerlichen Anlass gibt, ist das Subjekt folgerichtig von Fichte als tätiges, als aktives Subjekt konzipiert. Das Subjekt vollzieht die Operation des Re-entry autopoietisch und wird dadurch nicht nur zum Garanten wahrer Erkenntnisse, sondern bereits zum Garanten dafür, dass es überhaupt etwas zu erkennen gibt.

Damit ist eine komfortable Ausgangslage für den Radikalen Konstruktivismus geschaffen. Da er einen möglichen Bezug auf die Umwelt des Subjekts relativiert, muss auch das radikalkonstruktivistische Subjekt die Dualität von Selbst- und Fremdreferenz in seinem eigenen Hoheitsbereich organisieren. Es ist ein aktives Subjekt, dem nicht nur der Prozess der Erkenntnisgenerierung obliegt, sondern bereits die aktive Verarbeitung bzw. Aufarbeitung uncodierter Informationen, die die Sinnesrezeptoren zur Verfügung stellen. Es muss diese uncodierten Informationen in Informationen über seine Umwelt transformieren, oder anders, es muss seine Wirklichkeit konstruieren, die es dann kognitiv und sprachlich bearbeiten kann. Was damit erreicht ist, und worauf es hier besonders ankommt, ist ein Subjekt das logisch nicht hintergehbar ist. Dies bezieht sich dann auch auf den Apriorismus. Die Radikalität des Radikalen Konstruktivismus besteht auch darin, dass er mit seiner idealistischen Vorgängerposition dahingehend bricht, dass er zwar nicht zwingend das transzendentale Frageprogramm nach den Bedingungen der Möglichkeit sui generis ad acta legt, aber die Antwort auf die Frage nach den Erkenntnisbedingungen weiter auf ein bloß formales Subjekt hin abstrahiert. Das Subjekt muss, wie Piaget (1970/1980, 1970/2003), gezeigt hat, seine Begriffe und Kategorien erst ontogenetisch erwerben, und sich dazu auf einen krisenhaften Entwicklungsverlauf einstellen, der durch ein ständiges Scheitern der subjektiven Konstruktionen und einem darauf folgenden Äquilibrationsprozess angetrieben wird. Das Subjekt ist also in einer radikalen Art und Weise logisch nicht hintergehbar. Dabei darf nicht vergessen werden: Es ist dies nur der Theorie nach. Empirisch lassen sich soziale Mechanismen beschreiben, die als Hintergehung des Subjekts zu begreifen wären. Zu denken wäre etwa an den marxschen Entfremdungsbegriff, an Adornos Thesen zur Kulturindustrie oder an den bourdieuschen Begriff der symbolischen Macht. Vor dem Hintergrund des radikalkonstruktivistischen Subjekts bleiben dies jedoch Beschreibungen, die genauso wenig mit der Umwelt in einem Korrespondenzverhältnis stehen, wie der Radikale Konstruktivismus bzw. das radikalkonstruktivistische Subjekt selbst. Gerade jedoch für das wissenschaftlich eingestellte Subjekte muss indessen gelten, dass es gegenüber empirischen Beschreibungen offen ist. Im Kontext der Wissenschaften, dies kann nicht oft genug betont werden, geht es nicht um subjektive Beliebigkeiten. Auch wenn das wissenschaftliche Operieren im Sinne

Heinz von Foersters eine „Erfindung" bleibt, ist damit nicht gemeint, dass die wissenschaftlich eingestellten Subjekte sich die Welt à la Pippi Langstrumpf machen, wie sie ihnen gefällt. Im Gegenteil müssen sie eine Erfahrungsbereitschaft mitbringen und das heißt, sie müssen jene vom Empirismus bereits vorgesehene Passivität einnehmen, um Überzeugungen und Wissensbestände revidieren oder erweitern zu können. Sie müssen sich an ihrer (konstruierten) Umwelt reiben, um von dieser her zu begrifflichen Modifikationen angeregt werden zu können. Wie gesehen schließt der Radikale Konstruktivismus einen Umweltkontakt nicht aus. Dennoch droht eine mögliche Inkonsistenz zwischen einem aktiv gedachten Subjekt und der Passivität der Sinneswahrnehmung. Um dem zu entgehen, kann auf einen Vorschlag von John McDowell zurückgegriffen werden. Er hatte sich ebenfalls mit dem Dilemma, das zwischen einem reinen Denken und dem objektiv Gegebenen eine Kluft existiert, beschäftigt, und darauf so reagiert, dass er von einer tätigen Rezeptivität ausgeht. Er schreibt: „Obwohl Erfahrung passiv ist, bringt sie Fähigkeiten ins Spiel, die eigentlich der Spontanität angehören." (McDowell 1996/2001: 37) Diese Interpretation des Erfahrungsbegriffes lässt sich umstandslos für den Radikalen Konstruktivismus übernehmen. Wenn es darum geht, gegenüber (uncodierten) Umweltinformationen offen zu sein, sich dies aber nicht als reine Passivität konzeptualisieren lässt, bringt die Idee einer Passivität als Fähigkeit des Denkens dennoch das Aktivitätspotenzial des Subjekts auf den Begriff. Das Subjekt muss aktiv eine spezifische Einstellung einnehmen, die sich dadurch charakterisieren lässt, dass das Subjekt primär auf sein Erleben abstellen muss, oder anders formuliert: Das Subjekt muss die Bereitschaft haben, mit seinen Konstrukten zu scheitern, und darauf mit kognitiven Anpassungsstrategien zu reagieren. Es muss, salopp formuliert, eine realistische Einstellung einnehmen, auch wenn dies aus radikalkonstruktivistischer Perspektive nur eine „Als-Ob" Einstellung im Sinne Vaihingers ist. Entscheidend ist, dass Subjekt behält seine Aktivität und damit seine logische Nicht-Hintergehbarkeit.

Ein solches Subjekt wird sich trotz der Weiterentwicklungen gegenüber dem Deutschen Idealismus dem Pauschalverdacht einen naiven Idealismus nicht in toto entziehen können. Es ist allerdings auch kein Selbstzweck. Den Preis, sich dem Idealismusverdacht nicht entziehen zu können, zahlt es dafür, die Zielfigur für eine radikalkonstruktivistisch reformulierte Kritische Theorie zu sein. Es ist also die praktische Philosophie, die den Primat übernimmt und die Entfaltung des Subjektbegriffes anregt. Eine Kritische Theorie muss einen Adressaten haben, dem sie die Aufgabe einer Emanzipationsentwicklung zuordnen kann. In der klassischen Theorie war dies zunächst das Proletariat gewesen, das allerdings seiner historischen Mission nicht gerecht wurde. Nach dem zweiten Weltkrieg hatten Adorno und Horkheimer auch eher auf eine Adressierbarkeit ihrer Kritischen

Theorie verzichtet. Habermas schließlich hatte die Umwelt- und Frauenbewegung fokussiert, und von diesen eine Ausweitung der kommunikativen Rationalität erhofft. Das Problem dabei ist sicherlich nicht, dass die Ansprüche der Kritischen Theorie auf eine umfassende Emanzipation bislang nicht realisiert wurden. Das Problem ist, dass in den Theorien von Marx bis Adorno das Subjekt letztlich doch die tragende Instanz für Emanzipationsprozesse geblieben war, dieses aber in den Zeitdiagnosen empirisch so weit hintergangen wird, das von der einstigen Idee eines aktiven, emanzipationsfähigen Subjekts nicht mehr viel übrig blieb. Bei Habermas finden sich zwar wesentlich optimistischere Zeitdiagnosen, dafür hintergeht er mit seinem Intersubjektivitätsparadigma das Subjekt bereits in der Theoriebildung und lässt den Subjektstatus damit fragil werden (Beer 2015). Mit einem logisch nicht hintergehbaren Subjekt soll dies korrigiert werden, um den Anspruch der Kritischen Theorie auf eine umfassende Emanzipation einsichtig machen zu können. Wenn es um ein mündiges Subjekt geht, muss es auch ein Subjekt geben, das das Potenzial der Mündigkeit impliziert. Andernfalls wäre die Hoffnung auf eine umfassende Emanzipation nicht mehr als eine trostlose Hoffnung.

# Wissenschaft und Gesellschaft

Die Absicht der Emanzipation ist zunächst eine selbstreferenzielle bzw. subjektinterne Angelegenheit, oder eben der „Ausgang des Menschen aus seiner selbstverschuldeten Unmündigkeit" (Kant 1783/1991: 53). Die Betonung liegt hier auf: selbstverschuldet. Theoretisch untermauert wird dies durch die skizzierte Subjektphilosophie, die zum einen das Subjekt als überhaupt emanzipationsfähig beschreiben können soll, und die zum anderen damit demonstriert, dass das Subjekt in der Lage ist, unbegründete Herrschaftsansprüche zu delegitimieren. Dies meint in einem ersten Schritt, unbegründete Herrschaftsansprüche als solche zu erkennen und dann begründet zurückzuweisen. Dies ist insofern eine zunächst selbstreferenzielle Angelegenheit, als das Subjekt aufgerufen ist, seine Konstruktionen daraufhin zu reflektieren, ob diese konsistent sind, also nicht an sich selbst scheitern, und ob sie sich an Emanzipationsfortschritten orientieren, das heißt, ob die Konstruktionen sich begründen lassen oder eben nicht. Dabei stehen dann nicht nur einzelne Begründungen zur Disposition, sondern auch ganze Begründungsprogramme. Diese werden von Subjekten prozessiert und müssen auch von den Subjekten auf den Prüfstand gestellt werden. In ihrem Revolutionslied haben die Beatles das mit der Zeile: „You better free your mind instead" prononciert auf den Punkt gebracht. Ohne Subjekte, die sich der Aufgabe stellen, anders zu denken, gibt es keinen Emanzipationsfortschritt. Ein schlichtes Substituieren der Institutionen reicht dafür nicht aus. Historisch lässt sich das salopp daran illustrieren, dass die feudale Ordnung zugunsten demokratischer Entwicklungen erst dann überwunden werden konnte, als ihr das theologische Begründungsfundament als Kognitionsschema entrissen und auf Naturrechtsgedanken und Kontraktualismus umgestellt wurde (für eine solche Geschichtsbetrachtung vgl. Friedell 1927–31/2009).

R. Beer, *Die Wissenschaft des Subjekts*, https://doi.org/10.1007/978-3-658-37294-1_3

Indem das Subjekt nun aber einen solchen Reflexionsprozess in Gang setzt, wird es auf zweierlei Weise auf das Prozessieren von Fremdreferenzen verwiesen. Einerseits allgemein, weil das Subjekt die Tautologie seiner Selbstreferenz nur durch Fremdreferenzen durchbrechen kann. Bezogen auf das Begründungsspiel bedeutet dies, dass Gründe und Argumente sich ontogenetisch nur dann herausbilden, wenn das Subjekt sich auf Bildungsprozesse einlässt, die als Irritation von Außen zur Weiterentwicklung der je eigenen Argumente und Gründe anregen. Andererseits beziehen sich Argumente und Gründe nicht ausschließlich auf ein isoliertes subjektives Handeln. Sie haben eine inter- oder besser: transsubjektive Geltungsdimension gerade auch deswegen, weil sie durch Anregungen aus der Umwelt vermittelt sind. Der Sinn argumentativen Handelns ist es schließlich, eine intersubjektive Anschlussfähigkeit möglichst herrschaftsfrei herstellen zu können. Das Subjekt, das sich auf das Begründungsspiel einlässt, lässt sich damit auf Gesellschaft ein, und ab dann richten sich Emanzipationsabsichten auch auf intersubjektive Regelungen, bei denen aus Sicht einer Kritischen Theorie die Mindestanforderung sein muss, dass alle betroffenen Subjekte ihnen zwanglos zugestimmt haben. Es soll hier also nicht einem naiven Idealismus derart das Wort geredet, dass die Verhältnisse allein dadurch besser werden, dass die Subjekte anders denken. Wenn das passiert, gilt auch: „Es kommt darauf an, sie zu verändern" (Marx 1845/1990: 7).

Tatsächlich verfolgen die hier angestellten Überlegungen das Ziel, eine Gesellschaftstheorie zu entwickeln, und genauer: eine Kritische Theorie der Gesellschaft. Doch wie soll das möglich sein, wenn das Subjekt als logisch nicht hintergehbare Entität eingeführt wird? Aus einem solchen Subjektbegriff lassen sich nicht umstandslos gesellschaftliche Verhältnisse deduzieren. Dies zumindest nicht in dem Sinne, dass sich aus dem radikalkonstruktivistischen Subjektbegriff der objektive Tatbestand Gesellschaft ableiten ließe. Wenn als Beobachterstandpunkt das Subjekt gewählt wird, lassen sich von dort bestenfalls genau so viele Gesellschaften beobachten, wie es Subjekte gibt. Dies dürfte ein Grund dafür sein, dass soziologische Gesellschaftstheorien immer schon auf der Ebene von Kommunikation oder Handlung ansetzen. Von dort lassen sich Strukturen identifizieren, die jenseits subjektiver Sinnzusammenhänge beschrieben werden können. Sie stipulieren damit eine objektive gesellschaftliche Realität, der in der Regel zudem ein präjudizierender Einfluss auf das Subjekt zugeschrieben wird. Das Subjekt wird aus der Gesellschaftstheorie abgeleitet oder gleich ganz invisibilisiert. Eine radikalkonstruktivistische Perspektive muss den objektivierenden Stellenwert solcher Gesellschaftstheorien zurückweisen oder wenigstens in einem phänomenologischen Sinn einklammern. Sie muss solche Gesellschaftstheorien aber keineswegs zu überwinden trachten. Wie geschildert, kann der Radikale

Konstruktivismus als Heuristik auf andere theoretische Zugänge (zur Realität) zugreifen, wenn er diese ihrerseits als heuristische Konstruktionen begreift. Um eine radikalkonstruktivistische Gesellschaftstheorie zu entwickeln, können also alternative Theorien eine Verwendung finden. Die Frage ist dann: welche Gesellschaftstheorie? Diese Frage kann durch zwei Zusätze eingegrenzt werden. 1. Welche Gesellschaftstheorie ist an die subjektphilosophischen Überlegungen anschlussfähig? 2. Welche Gesellschaftstheorie ist mit dem Ziel einer Kritischen Theorien kompatibel?

Die Diskussion kann hier nicht in abgemessener Breite durchgeführt werden. Ein paar Hinweise, die eine ausführlichere Begründungslast nicht tragen können, müssen aber gemacht werden. Wenn es um eine Kritische Theorie geht, ist es ein naheliegender Gedanke, auf Marx zurückzugehen. Seine Gesellschaftstheorie ist ganz auf das Geschäft der Kritik abgestellt. Sie erreicht dies dadurch, dass sie den Bereich der Ökonomie als gesellschaftliche Basis zentriert und damit anonyme Herrschaftszusammenhänge (Marktgeschehen) fokussiert. Dies entlastet zugleich das Subjekt von einer moralischen Attitüde. Nicht die Subjekte sind falsch, sondern die gesellschaftlichen bzw. ökonomischen Verhältnisse, weil diese die Subjekte im Zweifel zu einem moralisch fragwürdigen Verhalten motivieren. Und da nun die anonymen Herrschaftszusammenhänge hinter dem Rücken der Subjekte operieren, stellen sie ein Emanzipationshindernis dar, das zu überwinden wäre. Als Akteur einer solchen Überwindung macht Marx die Arbeiterklasse aus, die nichts zu verlieren hat „als ihre Ketten" (Marx und Engels 1848/1959: 493). Sie wird durch die Lohnarbeitsverhältnisse der kapitalistischen Gesellschaft erzeugt, und da Marx die Prognose aufstellt, dass mit dem krisenhaften Gang der kapitalistischen Entwicklung sich sukzessive nur noch zwei Klassen antagonistisch gegenüber stehen – das Proletariat und die Bourgeoisie – kommt dem Proletariat eben die Aufgabe zu, die falsche Geschichte an ihr Ende zu bringen und die eigentliche Geschichte der Menschheit beginnen zu lassen. Kurzum: Es sind zwei dominierende Themen, die der marxschen Gesellschaftstheorie zu entnehmen sind. Marx behauptet einen Primat der Ökonomie gegenüber allen anderen Handlungszusammenhängen und er rechnet mit einer Klassengesellschaft, in der sich zwei Klassen, die entlang der Differenz Produktionsmittelbesitz/Nicht-Produktionsmittelbesitz konstituiert sind, unversöhnlich gegenüberstehen. Es bedarf keiner aufwendigen Diskussionen, dass trotz ihres nach wie vor aktuellen Anregungspotenzial die marxsche Gesellschaftstheorie schlichtweg unterkomplex ist. Bourdieu konnte mit seiner Kritik der marxschen Klassentheorie demonstrieren, dass sich das Ungleichheitsgefüge moderner, kapitalistischer Gesellschaften wesentlich differenzierter beschreiben lässt, und zudem nicht ausschließlich ökonomische Faktoren zur Reproduktion der Klassenverhältnisse beitragen. Kulturelle Praktiken, die immer auch einer Eigendynamik jenseits ökonomischer Imperative folgen, können eine wirkmächtige Gestaltungsmacht werden, die die Subjekte auf einen milieuspezifischen Handlungsraum festlegt, und die die Ungleichheitsverhältnisse naturalisiert und damit der Kritik entzieht (Bourdieu 1983/1997).

Gesellschaftstheoretische Einwände von Max Weber, Georg Simmel oder Theodor W. Adorno weisen zudem darauf hin, dass die Ökonomie zwar einen enormen Einfluss auf die gesamtgesellschaftlichen Zusammenhänge hat, Bereiche wie die Politik oder die Kultur aber keineswegs von der Ökonomie determiniert sind. Marx hatte zwar einen irritierenden Rückfluss des Überbaus (Politik, Recht, Kultur im weitesten Sinne) auf die Ökonomie eingeräumt, jenem aber in der Tendenz doch eine dependente Stellung zugeschrieben. Marx verfehlt das Differenzniveau, das moderne Gesellschaften entwickelt haben, und das etwa in Bezug auf die Wissenschaft mit einer (auch politisch gewollten) Autonomie derselben einher geht. Die Wissenschaft mag zwar nach wie vor Wissen zur Verfügung stellen, das von der Ökonomie als Produktivitätsfortschritt verwendet werden kann. Und die Wissenschaft ist im Gegenzug auf die Finanzierung durch die Ökonomie angewiesen. Sie ist aber, nicht zuletzt um ihre Dienstleistungen erbringen zu können, autonom in der Generierung wahren Wissens – was immer das sein mag. Ob ein technischer Fortschritt gelingt oder nicht, lässt sich jedenfalls nicht mit ökonomischer Macht entscheiden. Kurzum: Die Bereiche des Überbaus haben einen Eigenlogik, die Marx nicht hinreichend in den Blick bekommen.

Die andere Kandidatin, die für die Zwecke einer Kritische Theorie naheliegend ist, ist die Gesellschaftstheorie von Jürgen Habermas. Sie basiert auf dem kommunikationstheoretischem Intersubjektivitätsparadigma und geht vom einem Differenztheorem aus, nach dem moderne Gesellschaften sich vor allem dadurch charakterisieren, dass sie verschiedene Bereiche voneinander ausdifferenziert haben. Der vielleicht einschneidendste Differenzierungsprozess dürfte dabei die Entlassung von Politik, Wissenschaft und Ökonomie aus den Zusammenhängen der Religion gewesen sein. Habermas (1981) interessiert sich in diesem Zusammenhang vor allem für die Freisetzung einer kommunikativen Rationalität, die Sprachäußerungen möglich macht, die zuvor durch die Autorität des Sakralen gebunden waren (Berger 1986). Dadurch wird eine demokratische Gestaltung der Gesellschaft möglich, sodass sich über herrschaftsfreie Kommunikationen intersubjektiv anschlussfähige Regelungen in Form der Setzung positiven Rechts formulieren lassen. Gleichzeitig sieht Habermas mit der Administration und der Ökonomie zwei Bereiche, die sich innerhalb der Gesellschaft binnendifferenzieren und dem Potenzial einer herrschaftsfreien Kommunikation entziehen. In ihnen werden Handlungen über die Kommunikationsmedien Macht und Geld gesteuert. Den marxschen Impuls, dass die kapitalistische Ökonomie einen krisenhaften und imperativen Charakter hat, nimmt Habermas dadurch auf, dass er zeitdiagnostisch eine koloniale Substituierung herrschaftsfreier Kommunikationszusammenhänge durch die Medien Macht und Geld auch in den Handlungsbereichen, die im Rahmen einer demokratischen Selbststeuerung der Gesellschaft eigentlich dem kommunikativen Handeln vorbehalten sein sollten, ausmacht. Er kann auf diese Weise eine Kritische Theorie anbieten, die das normative Potenzial einer herrschaftsfreien Kommunikation gegen die expansive Verwertungslogik der kapitalistischen Ökonomie in Stellung bringt. Anders als Marx liest Habermas die Ausdifferenzierung der Ökonomie aus den sprachlichen Zusammenhängen der Lebenswelt indessen nicht als Problem sui generis. Er kapriziert Vorteile der Umstellung auf das Kommunikationsmedium Geld, die darin bestehen, dass Tauschverhältnisse (ökonomisches Handeln) von aufwendigen Diskursen und den ihnen impliziertem Dissensrisiko entlastet werden und so die Rationalität des zweckrationalen ökonomischen Handelns gesteigert werden kann. Dennoch möchte der kritische Theoretiker Habermas nicht einfach einer freien Marktorientierung das Wort reden. Er legt seine Gesellschaftstheorie so an, dass sie zwar die Deformationen der Gesellschaft durch die kapitalistische Ökonomie einspeisen kann, auf der anderen Seite den lebensweltlichen Kommunikationszusammenhängen aber ein generelles Steuerungspotenzial der ausdifferenzierten Ökonomie unterstellt. Über das positive Recht, das seinerseits dem Modell des herrschaftsfreien Diskurses aufsitzt, sollen die Intuitionen der Gesellschaft in Bezug auf Verteilungs-, Umwelt- oder allgemeiner Gerechtigkeitsfragen die Ökonomie so regeln, dass ein Übergreifen des Mediums Geld auf die herrschaftsfreien Kommunikationen unterbunden wird (Habermas 1994). Anders: Habermas visiert eine Gesellschaft an, die die kapitalistische Wirtschaft durch einen Primat der Politik im Zaum hält. Seine Gesellschaftstheorie, so darf vermutet werden, ist ganz auf ein klassisch sozialdemokratisches Projekt zugeschnitten.

Nun mag Habermas attestiert werden, dass sich dies in der Nachkriegszeit und insbesondere in der Phase der Prosperität auch so dargestellt haben mag. Die kapitalistische Entwicklungsdynamik konnte so eingebunden werden, dass nicht nur massenhafte Armutsverhältnisse vermieden werden konnten, sondern sogar eine Wohlstandssteigerung breiter Bevölkerungsschichten in Gang gesetzt wurde. Seit dem Zerfall keynesianischer Steuerungsutopien und der Umstellung auf liberalisierte Märkte (inklusive der Arbeits- und Finanzmärkte), scheinen die klassisch sozialdemokratischen Politiken jedoch in die Defensive geraten zu sein. Dies hebelt die habermasche Gesellschaftstheorie natürlich nicht aus. Habermas könnte (oder müsste?) nur um so mehr auf zivilgesellschaftliche Bemühungen drängen, die kolonialisierenden Imperative der Ökonomie wieder einzufangen. Allgemeiner ist indessen die Kritik, ob bei Habermas nicht doch der Wunsch der Vater des Gedankens war? Marx hatte darauf insistiert, dass die kapitalistische Logik sich nicht durch Politik regulieren lässt. Sie mag in prosperierenden Zeiten einen Ausbau sozial- und wirtschaftspolitischer Interventionen, also einen größeren politischen Handlungsspielraum, zulassen. Diese müssen, so die marxsche Annahme, in krisenhaften Zeiten indessen wieder unter Druck geraten (Lohoff und Trenkle 2013). Die Kritik an Habermas würde sich dann so formulieren lassen: Seine Gesellschaftstheorie hat sich von einer Phase der kapitalistischen Entwicklung blenden lassen, die möglicherweise auch ohne politische Interventionen den Wohlstand und damit den Freiheitsraum eines großen Teils der Bevölkerungen erhöht hätte.

Auch diese Kritik sagt wenig über das Potenzial der habermaschen Gesellschaftstheorie aus. Sie ist eindeutig marxistisch inspiriert, weil sie der kapitalistischen Ökonomie eine uneinholbare Dynamik unterstellt, die sie im Rahmen des habermaschen Politikprimats nicht haben darf. Vor allem lässt diese Kritik die Potenziale einer normativen Theorie vollkommen unberührt. Unzweifelhaft bleibt schließlich, dass sowohl Marx als auch Habermas Versionen einer Gesellschaftstheorie anbieten, die explizit auf eine Gesellschaftskritik hinauslaufen sollen. Genauso unzweifelhaft ist jedoch, dass beide Theorien mit Grundannahmen operieren, die mit dem hier zugrunde gelegtem Konstruktivismus kollidieren. Marx visiert zwar für die klassenlose Gesellschaft eine starke, unhintergehbare Subjektivität an, geht aber in seiner Gesellschaftstheorie von einem empirischen Subjekt aus, das durch sein gesellschaftliches Handeln konstituiert, also hintergehbar wird (wobei streng genommen das Subjekt immer schon einen unhintergehbaren Status gehabt haben muss, um in der klassenlosen Gesellschaft unhintergehbar sein zu können). Habermas folgt ihm darin in gewisser Weise, wenn er die Subjektivität aus der Partizipation am intersubjektiven Austausch hervorgehen lässt (wobei streng genommen das Subjekt schon Subjekt sein muss, um am inter*subjektiven* Austausch partizipieren zu können). Diese Differenzen müssen, wie gesehen, an sich kein Problem sein, wenn es darum geht, gesellschaftstheoretische Anschlüsse zu organisieren. Und vor allem bleibt das fruchtbare und anregende Potenzial beider Ansätze für eine Kritische Theorie von diesen Differenzen unberührt. Allerdings existiert mit der Theorie der funktionalen Differenzierung von Niklas Luhmann ein Alternative, die mindestens bei der Frage der theoretischen Kompatibilität punktet.

Luhmann fundiert seine Gesellschaftstheorie explizit auf konstruktivistischem Boden. Er setzt sich zwar an diversen Stellen vom Radikalen Konstruktivismus ab, was die Radikalität seines Ansatzes indessen nicht schmälert. Der kardinale Unterschied seiner Systemtheorie zu der hier verfolgten Subjektphilosophie ist, dass Luhmann von einer System-Umwelt-Differenz ausgeht, während die Subjektphilosophie sich weiterhin an der klassischen Subjekt-Objekt-Differenz abarbeitet. Der System-Umwelt-Differenz kann attestiert werden, dass sie ganz auf die Zwecke der Gesellschaftstheorie zugeschnitten ist. Sie eliminiert subjektive Sinnbezüge und kann sich mit einem Kommunikationsbegriff direkt auf soziale Phänomene beziehen. Dies eröffnet ihr die Möglichkeit, Gesellschaft als ein empirisches Phänomen zu beobachten, das sich nicht in der pluralen Beliebigkeit je subjektiven Prozessierens von Gesellschaft verfängt. Gesellschaft wird zu einer objektiven Angelegenheit. Dennoch soll sie genau dies nicht sein. Luhmann betont immer wieder die Beobachterabhängigkeit und das bedeutet: Jedes System (Bewusstsein und Kommunikation) beobachtet seine Umwelt nach Maßgabe systeminterner Kriterien und das heißt: Sie konstruieren ihre Umwelt. Mit Begriffen wie operative Geschlossenheit, Autopoeisis oder Selbstreferenz und der Umstellung von Was auf Wie-Fragen markiert Luhmann seinen Konstruktivismus, der insofern an die subjektphilosophischen Überlegungen anschlussfähig ist, als sich mit seinen Begrifflichkeiten auch die Idee eines radikalkonstruktivistischen Subjekts, bzw. die Idee der logischen Nicht-Hintergehbarkeit, beschreiben ließe. Ohnehin ist nicht ganz klar, ob es Luhmann tatsächlich gelingt, seinem Anspruch, sich aus der alteuropäischen Tradition zu lösen, gerecht zu werden. Wenn er etwa Bewusstseinssysteme als Umwelt der Gesellschaft begreift, laboriert auch er weiterhin an dem klassischen Verhältnis zwischen Individuum und Gesellschaft oder eben: Subjekt und Gesellschaft. Weil beide Systeme, Bewusstsein und Gesellschaft, nicht deckungsgleich operieren und auch nicht in das jeweils andere System hinein operieren können, seziert er beide Bereiche und er macht damit dasselbe, was auch hier aufgrund der radikalkonstruktivistischen Fundierung notwendig gemacht werden muss: Er löst das Bewusstsein (hier: Subjekt) aus den gesellschaftlichen Zusammenhängen heraus. Den Soziologen Luhmann interessiert dann nicht mehr so sehr das Bewusstsein, auch wenn dieses als Bedingung der Möglichkeit von Kommunikation immer mit thematisiert werden muss. Wie gesagt, legt er damit nicht nur das Bewusstsein, sondern auch die Gesellschaft als (mehr oder weniger) eigenständiges Phänomen frei, das er dann gleichsam objektivierend beobachten kann. Er kann sich dieses Manöver aber auch deswegen leisten, weil es ihm nicht um eine Kritische Theorie geht. Er braucht auf keine emanzipationsfähigen Entitäten abzuzielen, und schon gar nicht auf emanzipationsfähige Entitäten, die gegen die Gesellschaft agieren können sollen. Weil er aber mit seiner scharfen Sezierung von Bewusstsein und Gesellschaft nicht nur letztere freilegt, sondern in einem soziologisch ausgerichtetem Cartesianismus auch das Bewusstsein, besteht hier eine Anschlussfähigkeit in den theoretischen Grundpositionen, die so weder bei Marx noch bei Habermas zu finden ist.

Interessanterweise kann Luhmann aber auch bezüglich der Kompatibilität mit einer Kritischen Theorie bestehen. Es geht ihm nicht um eine Kritische Theorie. Er trifft aber mit seiner These der funktionalen Differenzierung, die in der Annahme operativ geschlossener bzw. autopoietischer Funktionssysteme kulminiert, auf eigensinnige Weise den marxschen Gedanken, dass die kapitalistische Ökonomie politisch nicht einholbar ist. Unterstellt, die marxsche Diagnose trifft zu oder hat zu wenigst eine hohe Wahrscheinlichkeit auf ihrer Seite, dann ließe sich mit Luhmann diese Diagnose weiterbearbeiten, ohne den Preis der Unterkomplexität der marxschen Gesellschaftstheorie bezahlen zu müssen. Marx geht nun allerdings nicht nur davon aus, dass die kapitalistische Ökonomie sich politisch nicht steuern lässt, sondern er nimmt andersherum auch die sozialpathologischen Einflüsse der Ökonomie in den Blick. Anders formuliert: Er behauptet eine Dominanz des ökonomischen Systems, die ihrerseits eine Steuerung nicht-ökonomischer Bereiche durch die Ökonomie impliziert. Mit der Theorie der funktionalen Differenzierung wird diese Steuerungsfähigkeit der Ökonomie dementiert. Bestenfalls ließe sich mit Luhmann eine erhöhte Irritationsfähigkeit des Wirtschaftssystems behaupten, die den Gedanken auf den Begriff bringt, dass die Politik, die Wissenschaft oder die Erziehung im höheren Maße von einer ökonomischen Funktionserfüllung abhängig sind, als andersherum, und dass diese Abhängigkeit in den nicht-ökonomischen Systemen als Irritation prozessiert wird, die sich zum Beispiel darin äußern kann, dass politische Vorhaben deswegen ad acta gelegt werden, weil sie dem Wirtschaftswachstum zu hohe Hürden auferlegen oder eine galoppierende Arbeitslosigkeit produzieren könnten. Da aber der (tendenziell) einseitige Determinismus der marxschen Gesellschaftstheorie ohnehin als zu unterkomplex kritisiert wurde, fällt der Wegfall dieser Annahme nichts ins Gewicht. Auf der Habenseite bleibt schließlich: Die kapitalistische Wirtschaft zeichnet sich durch eine Eigendynamik aus, die politisch nicht steuerbar ist, und die durchaus zu Irritationen in anderen gesellschaftlichen Bereichen führen kann, sodass in diesen Bereichen zwar ein erhöhter Anpassungsdruck erzeugt wird, der jedoch nicht die Eigenlogik dieser Bereiche suspendiert. Kurzum: Mit der Theorie der funktionalen Differenzierung kann die Komplexität moderner Gesellschaften beschrieben werden, ohne den kritischen Gehalt der klassisch Kritischen Theorie aufgeben zu müssen.

Dies zeigt sich auch noch auf andere Art und Weise. Luhmann zentriert iterativ Begriffe wie Kontingenz und Arbitrarität und verwendet immer wieder Redewendungen nach dem Prinzip „wenn dann, und wenn nicht, dann nicht". Dies ist bei ihm die soziologische Tradierung des Unvollständigkeitstheorems, mit dem er auf das oben besprochene Problem des Konstruktivismus reagiert, das der Konstruktivismus auf sich selbst angewendet seine eigene Begründungsstruktur (etwa Neurowissenschaften) erodieren lassen muss. „Der Konstruktivismus hat recht. Aber er kann sich selbst nur via negationis begründen." (Luhmann 1994: 527) Dies lässt sich aber auch lesen als eine Offenheit für gesellschaftliche Entwicklungen, die durch kein fundierendes Prinzip determiniert ist. Bei Marx läuft die gesellschaftliche Entwicklung auf die klassenlose Gesellschaft hinaus, und dies mit geschichtsphilosophischer Notwendigkeit. Habermas fixiert gut sozialdemokratisch die Grenze zwischen Lebenswelt und System und unterbindet damit etwaige Forderungen nach einer Demokratisierung der Wirtschaft. Auch Luhmann hatte derartiges sicher nicht im Sinn. Für eine Kritische Theorie indessen, die sich in die Formalität der subjektiven Emanzipationsfähigkeit zurückzieht, ist die Vorstellung einer Gesellschaft als offenem Möglichkeitsraum eine attraktive Anschlussoption.

Die Theorie der funktionalen Differenzierung (Luhmann 1998, 2005) lässt sich in nuce dadurch skizzieren, dass sie von einer Differenzierung unterschiedlicher Funktionssysteme ausgeht, die jeweils eine spezifische Funktion für die Gesellschaft übernehmen. Die Pointe dabei ist, dass diese Funktionsübernahme eine Ausschließlichkeit impliziert, sodass gilt, nur die Politik kann kollektiv bindende Entscheidungen zur Verfügung, nur die Wirtschaft kann Zahlungsfähigkeit generieren und nur die Wissenschaft kann neues und wahres Wissen anbieten. Die Systeme sind deutlich voneinander abgegrenzt, stehen aber gerade deswegen zugleich in einem Interdependenzverhältnis. Sie sind auf die Funktionserfüllung anderer Systeme angewiesen. Die Gesellschaft als Ganze ist nur der Raum aller möglichen Kommunikationen und sie hat weder ein Zentrum noch eine pyramidenförmige Spitze. Sie ist polykontextural. Weil nun die Funktionssysteme operativ geschlossen sind, können sie sich auch nicht gegenseitig steuern. Sie operieren einzig innerhalb ihrer Grenzen und können die Funktionen anderer Gesellschaftssysteme nicht nur nicht übernehmen, sondern auch nicht präjudizieren. Mit Geld lässt sich keine Wahrheit kaufen. Mit Wahrheit lässt sich nicht umstandslos politische Macht generieren. Trotz ihrer operativen Geschlossenheit betont Luhmann, dass dies weder mit Autarkie verwechselt werden darf, noch, dass es keine gegenseitigen Kontakte gibt. Systeme können strukturell gekoppelt sein, so wie etwa das politische und das rechtliche System über die Verfassung, und sie können sich gegenseitig irritieren. Dies hebelt die Autopiesis nicht aus. Es gibt keinen Input in die Systeme. Irritationen finden immer im irritierten System statt und dort nach Maßgabe der systeminternen Kriterien. Was nun für den vorliegenden Kontext interessant ist: Mit Luhmann lässt sich die Wissenschaft als ein eigensinniger Bereich begreifen.

In systemtheoretischer Sprache formuliert heißt das, die Wissenschaft ist durch Sinngrenzen als Kommunikationssystem bestimmt, das Kommunikationen und Anschlusskommunikationen daraufhin selektiert, das sie die Autopoeisis des Systems reproduzieren. Wissenschaftliche Kommunikation ist eben eine spezifische: wissenschaftliche Kommunikationen und keine Sache der Beliebigkeit. Die Forderung nach sozialpolitischen Umverteilungen ist eine politische Kommunikation, die zwar wissenschaftlich beobachtet werden kann, aber eben selbst keine wissenschaftliche Kommunikation ist. Das dies so ist, hat historisch aber durchaus einen politischen Hintergrund. Gerade auch die Ausdifferenzierung der Wissenschaft als einem unabhängigen oder eigenständigem Handlungsbereich war eine politische Forderung, die sich in der Autonomie von Forschung und Lehre manifestiert hat.

Es gibt also einen sozialen Bereich Wissenschaft, der sich durch eine eigene Logik mehr oder weniger selbst steuert. Wissenschaftliche Kommunikation muss an wissenschaftliche Kommunikation anschlussfähig sein. Es spielt dabei keine Rolle, was die wissenschaftlich eingestellten Subjekte sonst noch denken mögen. Sobald sie sich auf Wissenschaft einlassen, lassen sie sich auf Sinngrenzen ein, die mögliche Kommunikationen daraufhin selektieren, dass die Autopoeisis der Wissenschaft reproduziert wird. Selbstverständlich können die Subjekte jederzeit eine andere Kommunikation in Gang setzen, und sich etwa über die neuesten politischen Entwicklungen unterhalten. Sie reproduzieren dann aber eben nicht mehr die Wissenschaft. In der Regel dürfte es sich empirisch so darstellen, dass den Subjekten dies bewusst ist, dass sie also wissen, wann sie auf eine wissenschaftliche Kommunikation eingestellt sind, und wann nicht. Für Luhmann bedeutet dies indessen in keinem Fall, dass die Subjekte in einem intersubjektiven Sinn an der Kommunikation beteiligt wären und es bedeutet schon gar nicht, dass die Subjekte kommunizieren. „Nur die Kommunikation kann kommunizieren." (Luhmann 1988/1995: 37) Dennoch gilt, dass die Subjekte eine Bedingung für die Kommunikation sind. Die Beobachtungen der Subjekte befeuern die wissenschaftliche Kommunikation, sie stellen gleichsam die inhaltlichen Themen zur Verfügung, denn die wissenschaftliche Kommunikation ist „nur durch einen sehr schmalen Ausschnitt der Wirklichkeit mit der Außenwelt verbunden, eben nur durch das Bewusstsein" (Luhmann 1994: 45). Luhmann wird nicht müde, zu betonen, dass Kommunikation nur dann stattfinden kann, wenn es auch Bewusstseinssysteme gibt, und vice versa. Insofern ist auch die wissenschaftliche Kommunikation gegenüber dem Subjekt nicht autark. Aus der Perspektive einer radikalen Subjektphilosophie stellt sich Luhmann den Prozess der wissenschaftlichen Kommunikation aber in der Tendenz doch als entsubjektiviert vor. Soweit soll und kann hier nicht gegangen werden. Dennoch lässt sich mithilfe der Idee eines autopoetischen Wissenschaftssystems illustrieren, dass sich das

Subjekt in der wissenschaftlichen Einstellung auf Bedingungen einlässt, die spezifische Anforderungen an das Subjekt stellen. Es interessieren hier vor allem drei Begriffe der luhmannschen Soziologie: Funktion, Code und Programm. Die Funktion der Wissenschaft sieht Luhmann darin, neues Wissen zur Verfügung zu stellen. Diese Funktionsbestimmung der Wissenschaft kann hier problemlos übernommen werden – wird aber noch zu ergänzen sein (Kap. 4). Subjekte, die sich wissenschaftlich einstellen, sind darauf aus, neues Wissen zu generieren. Dies kann je nach Subjekt eine unmittelbar pragmatische Absicht sein (neues Medikament) oder das Interesse an Forschung sui generis (Grundlagenforschung). In jedem Fall geht es nicht um politische Macht oder ökonomische Transaktionen, sondern darum, Wissen zu generieren, dass sich gegenüber dem Bestand an Wissen durch Neuartigkeit auszeichnet. Es geht jedoch nicht um beliebiges Wissen. Wenn es wissenschaftlich sein soll, das haben auch die Ausführungen im vorherigen Kapitel gezeigt, geht es um wahres Wissen, also ein Wissen, das situations- und personenunabhängig ist und das strengen methodischen Kontrollen unterliegt. Doch welchen Sinn könnte der Terminus wahr haben, wenn dieser oben radikalkonstruktivistisch dekonstruiert worden ist? Dieses Problem stellt sich nicht nur dem vorliegenden Theoriezusammenhang, sondern auch der luhmannschen Systemtheorie, die schließlich ebenfalls gut konstruktivistisch eine Korrespondenzwahrheit ablehnen muss. Für Luhmann ist der Terminus wahr zusammen mit seiner Negation (unwahr) der Code des Wissenschaftssystems. Dieser markiert als Kommunikationsmedium die Grenze aller möglichen wissenschaftlichen Kommunikationen. Wenn wissenschaftlich kommuniziert wird, geht es um Wahrheit, und nicht um Macht, Zahlung oder Recht. Wahrheit ist der Wert, der die Anschlussfähigkeit der Kommunikation bezeichnet, und Unwahr ist dessen Reflexionswert. Die Wahrheit einer Kommunikation bemisst sich aber nicht an einem Input von außerhalb des Systems. „Was immer als Wahrheit zählt, ist im System selbst konstruiert." (Luhmann 1994: 198) Wahrheit hat damit, anders formuliert, zwar als Korrespondenzverhältnis zwischen System (oder Subjekt) und Umwelt keinen Sinn. Sie hat aber einen Sinn als ein soziologischer Begriff, der die Grenze und den generalisierten Sinn der wissenschaftlichen Kommunikation als Teilbereich der Gesellschaft bestimmt. Auf der Linie der wissenschaftsphilosophischen Diskussion kann dies auch so formuliert werden, dass mit dem Terminus Wahrheit eine intersubjektive Geltungsdimension verbunden ist, die mit wissenschaftlichen Mitteln eingelöst werden muss. Wer Wahrheit beansprucht, muss diese demonstrieren können. Der Prozess dieses Einlösens kann dann aus konstruktivistischer Perspektive nicht sein, eine objektive Korrespondenzbeziehung zwischen Kommunikation und Wirklichkeit aufzuzeigen – und wenn, dann nur mit der Attitüde

des „Als-Ob". Der Prozess dieses Einlösens ist vielmehr, einen sozialen Geltungsbereich abzustecken, innerhalb dessen spezifische Bedingungen herrschen,
die in Form von Methoden und Theorien – dem Programm des Wissenschaftssystems – über die Zuordnung zu dem Code wahr/unwahr entscheiden. Wer Wahrheit
behauptet, betritt einen sozialen Raum, in dem nach festgelegten Regeln über die
Behauptung entschieden wird – unabhängig davon, was außerhalb dieses Raums
der Fall sein mag. Kurzum: Wenn auch der Radikale Konstruktivismus als Philosophie dem Wahrheitsbegriff keinen Sinn zuordnen kann, kann der Radikale
Konstruktivismus als Soziologie sehr wohl auf eine Verwendung des Wahrheitsbegriffes drängen, die generalisierend auf die spezifischen Anforderungen an die
Subjekte in der wissenschaftlichen Einstellung abzielt. Ist die Wahrheit damit
dann ausschließlich eine soziales Phänomen?

Aus Luhmanns Perspektive sicherlich. Er geht von Kommunikationssystemen
aus, und wenn er Wahrheit dorthin adressiert, ist Wahrheit gleichsam per definitionem als soziales Phänomen ausgewiesen. Wenn hier primär das Subjekt
adressiert wird, stellt sich die Frage: Warum sollte ein individuiertes Subjekt
nicht den Begriff der Wahrheit benutzen? Trotz der Subjektorientierung ist Luhmann zuzustimmen, dass Wahrheit primär eine soziale oder gesellschaftliche
Funktion erfüllt. Dies hatten etwa bereits Max Adler (1936), Donald Davidson
(1992/2004) oder, wie besprochen, Jürgen Habermas, so gesehen, die den sozialen Charakter objektiver Aussagen betonen und daraus den sozialen Charakter des
Wahrheitsanspruches ableiten. Dagegen ist auch nichts einzuwenden. Wahrheit
hat zweifelsohne auch oder gerade aus der Sicht des Radikalen Konstruktivismus
einen sozialen Charakter, weil Wahrheit als epistemologischer Begriff ausfällt
und nur Sinn machen kann, wenn er auf das Einlösen von Geltungsansprüchen
in Kommunikationssituationen verpflichtet. Weil hier aber die theoretische Ausgangslage tiefer gelegt wird, ist nicht auszuschließen, dass auch das individuierte
Subjekt den Wahrheitsbegriff benutzt. Es gibt dann zwei Möglichkeiten. Robinson
Crusoe könnte den Satz formulieren: Es ist wahr, dass an einem bestimmten Ort
dauerhaft Nahrung zu finden ist. Für das individuierte Subjekt Robinson hätte dies
die Funktion eines Wissensspeichers, der von einer ständigen neu zu beginnenden
Nahrungssuche entlastet. Die Pointe ist jedoch, dass Robinson mit seinem Satz
auf eine intersubjektive Überprüfbarkeit abzielt, die sich zwar gezwungenermaßen
vor dem Auftauchen von Freitag nicht an ein tatsächlich anders Subjekt richten
kann, die aber so interpretiert werden kann, dass Robinson sie an sich selbst als
einem imaginiertem Anderen adressiert. Robinson, dies darf nicht übersehen werden, ist nicht auf der Insel geboren worden und dort isoliert aufgewachsen. Dies
wäre biologisch auch nicht möglich. Robinson hat in seiner Ontogenese gelernt,
Fremdreferenzen zu prozessieren, und aus diesem Grund darf ihm unterstellt

werden, dass er den sozialen Sinn des Wahrheitsanspruches gar nicht unterläuft. Konkret heißt dies: Es weiß, dass er regelmäßig die Wahrheit seines Satzes so überprüfen können muss, dass er sie im Zweifel intersubjektiv anschlussfähig machen könnte. Kurzum: Die individuierte Verwendung des Wahrheitsbegriffes findet vor einem mindestens imaginiertem sozialen Horizont statt. Dass es eine derartige individuierte Verwendung des Wahrheitsbegriffes gibt, kann indessen an die Überlegungen von Dewey angeschlossen werden, nach denen Alltäglichkeit und Wissenschaft in einer Kontinuität stehen. Wie erinnerlich hatte auch Dewey mit dem Programm einer Korrespondenzwahrheit gebrochen und auf das Lösen von Erkenntnisproblemen reduziert. Wenngleich das individuierte Subjekt im Alltag keine aufwendigen Methodiken und Theorien bemüht, um Probleme zu überwinden, ist die grundsätzliche Einstellung dennoch identisch: Es geht um überprüfbare Aussagen, die sich im Zweifel intersubjektiv demonstrieren lassen. Wissenschaft und Alltag bleiben aufgrund der unterschiedlichen Ansprüche an eine methodische und theoretische Fundierung, und damit verbunden einer unterschiedlichen Themenwahl, voneinander differenziert. Die Grenze ist aber keine undurchlässige Mauer, sondern eher ein offener Korridor.

Es gibt freilich noch eine andere Möglichkeit für eine individuierte Verwendung des Wahrheitsbegriffes, die wesentlich komplizierter ist. Es könnte ein Subjekt geben, das behauptet: Es gibt ein Wissen, das wahr ist, das aber nur mir und möglicherweise noch einem ausgewähltem Kreis von Subjekten zugänglich ist. Es dürfte unumstritten sein, dass es um metaphysische oder esoterische Weltbilder geht, und damit um ein Problem, dass bereits aufgetaucht war. Dem logischen Positivismus wurde zugestanden, mit seiner antimetaphysischen Attitüde einen Kern auch einer Kritischen Theorie getroffen zu haben. Nun ist an dem Satz nicht primär von Interesse, ob es dieses Wissen gibt, oder eben nicht. Unterschiedlichste Subjekte in der wissenschaftlichen Einstellung haben immer wieder auf ein Wissen aufmerksam gemacht, dass zu dem jeweiligen Zeitpunkt nicht allgemein anerkannt war, im Rahmen einer Überprüfung aber anschließend die Anerkennung zugesprochen bekam. Von Interesse ist hier, dass die Wahrheitsfunktion explizit mit einem exkludierendem Zugang verbunden wird. Wenn dies so kommuniziert würde, wäre es eine Möglichkeit, auf den richtigen Sprachgebrauch des Wahrheitsbegriffes zu hinzuweisen, und in der Regel werden esoterische Ansprüche auch genau so kritisiert. Es würde im Sinne einer Beobachtung zweiter Ordnung also darum gehen, dass es wahr ist, dass der Wahrheitsbegriff spezifisch, nämlich: als soziale Verpflichtung, verwendet wird. Wer diesen Anspruch unterläuft, kann ein privates Wissen reklamieren, dieses aber nicht mit der Wahrheitsfunktion belegen. Die Frage ist dann: Mit welchem Recht wird die Wahrheit behauptet, die Wahrheit habe eine soziale Verpflichtung? Dem

Wahrheitsbegriff inhäriert die Paradoxie, dass er sich selbst nicht als Wahrheit begründen kann. Luhmann weiß darum und reagiert unter anderem damit darauf, dass die Setzung einer Ausgangsdifferenz grundsätzlich abiträr und eben möglicherweise zirkulär ist. Das klassisch aufklärerische Denken hatte versucht, mittels einer Prima Philosophia diesem Problem zu entkommen, war damit aber schließlich gescheitert. Der kantische Apriorismus als letztem aufklärerischem Fluchtpunkt im Subjekt wurde durch das historistische Denken des 19. Jahrhunderts und schließlich durch die Entwicklungspsychologie Piagets als leere Hoffnung auf eine gesicherte Axiomatik ausgehebelt. Die Radikalität Luhmanns besteht nun unter anderem darin, dass er dazu auffordert, die Zirkularität auszuhalten. Es gibt keine letzte Begründung mehr und damit lässt sich nur noch beobachten, welche Differenzen als Ausgangspunkt gewählt werden, oder: wie (nicht was) beobachtet wird. Aus der Perspektive des Radikalen Konstruktivismus ist dem nicht zu widersprechen. Aus der Perspektive einer Kritischen Theorie wird die Problemlage damit nicht gelöst. Warum sollte eine falsche Verwendung des Wahrheitsbegriffes falsch sein? Eine letzte Begründung kann auch eine Kritische Theorie nicht anbieten. Sie kann die Frage aber an eine normative Theorie weiterleiten, die, wie noch ausführlicher zu diskutieren sein wird (Kap. 4), die Transparenzorientierung des sozialen Wahrheitsbegriff mit der Forderung nach einer umfassenden Demokratisierung der Gesellschaft koppelt. Denn gerade für eine Kritische Theorie müssen esoterische oder metaphysische Ansprüche, wie sie von dem beispielhaftem Subjekt formuliert wurden, kritisierbar bleiben. Aus der allgemeinen Theoriebildung heraus lässt sich dann ein sozialer Wahrheitsbegriff weiterhin rechtfertigen.

Bei dem Hinweis auf einen alternativen, rein individuellem Sprachgebrauch des Wahrheitsbegriffes geht es freilich noch um etwas anderes. Es ist denkbar und kommt tatsächlich vor, dass die Subjekte empirisch von der sozialen Verankerung des Wahrheitsbegriffes abweichen. Denkbar ist dies deshalb, weil die Subjekte auch in Bezug auf die Sprachverwendung ihre epistemologische Hoheit nicht aufgeben müssen. Solange in kommunikativen Zusammenhängen von den Subjekten trotzdem Anschlussfähigkeit prozessiert wird, gibt es auch keinen Grund, dass die beteiligten Subjekte diese Abweichung thematisieren. Dies könnte selbstverständlich aus einer Beobachterperspektive geschehen. Es wäre aber fatal, die Möglichkeit zu versperren, solche Abweichungen analytisch in den Blick zu bekommen. Die Soziologie muss beschreiben können, wie die Subjekte empirisch Sprache und damit den Wahrheitsbegriff verwenden, und dies wäre nicht möglich, wenn nur eine (die richtige) Verwendung als Analyserahmen zur Verfügung stünde.

Für Luhmann ist es eine einfache Aufgabe, die Wissenschaft als einen eigenständigen Bereich mit eigener Programmatik und Sinngrenze zu bestimmen. Er setzt seine Ausgangsdifferenz zwischen System und Umwelt in Bezug auf die Wissenschaft bereits auf der Ebene der Kommunikation an, und kann dann das Prozessieren des Wissenschaftssystems beobachten. Er kann, anders formuliert, objektivierend Sinngrenzen beschreiben. Doch wie ist dies möglich, wenn von einem logisch nicht-hintergebarem Subjekt ausgegangen wird? Aus einem solchen Subjekt lassen sich keine objektiven Sinngrenzen ableiten. Empirisch stellt es sich allerdings nicht so dar, dass es nur subjektive Beliebigkeiten gibt. Die Subjekte, die eine wissenschaftliche Einstellung einnehmen, operieren mit Methoden und Theorien, und sie sind auf die Generierung neuen Wissens aus. Die Sinngrenze der Wissenschaft muss also im Subjektbegriff repräsentierbar gemacht werden. Dies wird möglich durch den Begriff der Selbstdetermination. Er speist sich aus der kantischen Einsicht, dass Erkenntnisse keine beliebige Angelegenheit sind, sondern regelbasiert. Begriffe selektieren ihre Anschlussmöglichkeiten, sodass etwa gilt, dass die Erkenntnis eines kausalen Zusammenhanges notwendig zu bestimmten Erwartungen (Wirkung) führt. Beliebigkeit, die natürlich immer eine mögliche Option für ein subjektives Prozessieren bleibt, hat für das Subjekt immer den Nachteil, mit Konstruktionen operieren zu müssen, die eine hohe Wahrscheinlichkeit zu scheitern haben, weil sie eben nicht zu Erkenntnissen führt. Sprachphilosophisch lässt sich dies mit dem Inferentialismus von Robert Brandom abgleichen. Grob, und für den vorliegenden Kontext zugeschnitten, geht dieser davon aus, dass das Verstehen von Begriffen von ihrem Gebrauch innerhalb einer sprachlichen Praxis abhängt, die durch Festlegungen und Berechtigungen (Geben und Verlangen von Gründen) rational strukturiert ist. Konkret meint dies, dass Sprache inferentielle Konsequenzen impliziert, die Anschlüsse ein- und ausschließen. Aus dem Satz „Der Ball ist rot", folgt notwendig auch „Der Ball ist farbig" (Einschluss). Zugleich wird der Satz „Der Ball ist grün" ausgeschlossen. Es sind inferentielle Regeln, die die Verwendung von Wörtern und Begriffen strukturieren, sobald Sprache mit dem Ziel der Verständigung benutzt wird. Ein beliebiger Sprachgebrauch würde dieses Ziel verfehlen. So wie das Subjekt Erkenntnisse nur regelbasiert erlangen kann, kann es Verständlichkeit nur regelbasiert erlangen. Bedeutsam dabei ist, dass Brandom die inferentiellen Konsequenzen nicht als Determinationsverhältnis begreift. „Es kann schon sein, dass man nicht so handelt, wie man eigentlich festgelegt oder verpflichtet ist ist zu handeln; man kann, zumindest in besonderen Fällen, diese Art von Spielregel brechen oder an ihrer Befolgung scheitern, ohne dadurch aus der Gemeinschaft der Spieler des Behauptungsspiels ausgeschlossen zu werden." (Brandom 2001: 247) Das Subjekt, so darf dies wohl gelesen werden, behält

seine epistemologische Hoheit. Die aber eben nicht eine grundsätzliche Beliebigkeit impliziert. Wenn das Subjekt kognitiv oder sprachlich aktiv ist, bildet es – in
der Terminologie von Piaget – Schemata, die einen Möglichkeitsraum öffnen,
aber zugleich andere Möglichkeiten ausschließen. Und wenn Bateson zu Recht
postuliert: „Informationen bestehen aus Unterschieden, die einen Unterschied
machen" (Bateson 1987: 123), dann heißt dies, dass Subjekt muss Differenzen prozessieren, um Erkenntnisse generieren zu können. Es muss also zum
Beispiel Wissenschaft von Nicht-Wissenschaft unterscheiden können. Es muss
unterscheiden können, ob es um die methodisch und theoretisch kontrollierte
Generierung von neuem Wissen oder um politische Macht geht. Indem es die
eine Seite der Differenz wählt, legt es sich damit selbst auf mögliche Anschlussoperationen fest. Kurzum: Die Idee der Selbstdetermination hebelt die kognitive
Autonomie des Subjekts nicht aus. Das Subjekt entscheidet, welche Differenzen
es setzt, und welche Anschlussmöglichkeiten es dann weiterverfolgt. Die Idee
der Selbstdetermination erlaubt es aber, die soziale Sinngrenze von Wissenschaft
als kognitive Leistung des Subjekts in diesem zu repräsentieren. Die objektive
soziale Sinngrenze und die subjektive Selbstdetermination sind damit nicht zur
Deckung gebracht – in der bleibenden Lücke kann die epistemologische Hoheit
des Subjekt verortet werden. Mit der subjektiven Selbstdetermination kann indessen ein gesellschaftlicher Bezug des Subjekts demonstriert werden. Wenn sich
das Subjekt auf Wissenschaft einlässt, lässt es sich auf eine Wahrheitskommunikation ein, die auf intersubjektive – mithin: gesellschaftliche – Zusammenhänge
referiert. Es kann zwar theoretisch nicht ausgeschlossen werden, dass Wahrheit
auch selbstreferenziell vom Subjekt prozessiert wird. Wenn aber Wahrheit verstanden wird als Verpflichtung, diese methodisch zu begründen, muss sich das
Subjekt auf ein Argumentationsspiel einstellen, in dem andere Subjekte mitspielen, die über die gleiche epistemologische Hoheit verfügen, wie das Subjekt
selbst. Der Sinn der Wahrheitskommunikation besteht dann darin, sich selbst und
andere Subjekte auf bestimmte Aussagen zu verpflichten, also Wissen zu generieren, das intersubjektiv anerkannt ist. Mit der wissenschaftlichen Einstellung
lässt sich also ein Gesellschaftsbezug des Subjekts aufzeigen, der aus den rein
theoretischen Prämissen des Radikalen Konstruktivismus nicht deduzierbar ist.
Die radikale Philosophie des Subjekts kann einen drohenden Solipsismus nicht
klar und distinkt ausschließen (vgl. dazu Kurt 1995; v. Foerster 2000). Mithilfe
soziologischer Überlegungen kann dieses Problem aber entschärft werden. Salopp
formuliert, besteht die Entschärfung darin, dass die Soziologie (hier in Form der
luhmannschen Theorie der funktionalen Differenzierung) deutlich machen kann,
dass das wissenschaftlich eingestellte Subjekt sich schlichtweg auf Anforderungen einlässt, die auf eine intersubjektive Anschlussfähigkeit hinauslaufen und die

subjekttheoretisch als Selbstdetermination beschrieben werden können. Das Subjekt muss Fremdreferenzen prozessieren, wenn es Wissenschaft betreibt. Doch warum sollte das Subjekt sich auf so etwas einlassen? Warum sollte es sich selbst determinieren? Luhmann hilft sich mit der Idee aus der Verlegenheit, zu unterstellen, dass die Kommunikation das Bewusstsein fasziniert. Dies scheint mehr eine Hoffnung als eine theoretisch haltbare Unterstellung zu sein. Richtig daran ist aber sicherlich, dass sich das Subjekt nur dann entwickeln kann, wenn es Fremdreferenzen prozessiert. Weil aber auch mit dem Begriff der Selbstdetermination die logische Nicht-Hintergehbarkeit des Subjekts erhalten bleiben soll, ist es eine empirische Frage, ob die Subjekte sich speziell auf Wissenschaft einlassen, oder eben nicht. Für eine politische Einstellung des Subjekts kann postuliert werden, dass es ein Eigeninteresse des Subjekts gibt, sich an der Setzung kollektiv bindender Entscheidungen zu beteiligen, sofern das Subjekt von den Entscheidungen betroffen ist. Dieses Eigeninteresse lässt sich im Fall Wissenschaft wohl nur in Ausnahmefällen finden. Dass es trotzdem Subjekte gibt, die eine wissenschaftliche Einstellung einnehmen, mag aber vielleicht tatsächlich an der Faszination Wissenschaft liegen.

Dem Umstand, dass das wissenschaftlich eingestellte Subjekt über die Wahrheitsorientierung auf soziale Verhältnisse verwiesen wird, inhäriert zugleich die Möglichkeit, dass das Subjekt auf Emanzipationshürden trifft, die sich im Fall der Wissenschaft dadurch konkretisieren lassen, dass dem Subjekt aufgrund von Exklusionsmechanismen die Chance auf ein Prozessieren vom Fremdreferenzen genommen wird, die einen gewichtigen Beitrag für die Ontogenese darstellen können. Dies kann der rechtlich sanktionierte Ausschluss aus dem Wissenschaftsbetrieb sein, so wie etwa jüdischen Menschen im Nationalsozialismus die Partizipation an den wissenschaftlichen Institutionen untersagt worden war. Dies kann aber auch durch Ungleichheitsverhältnisse angeschoben werden, die keine manifesten Schranken aufstellen, die aber eine kulturelle Wirkmächtigkeit entfalten können, die in der Konsequenz dazu führt, dass die Subjekte sich gleichsam selbst exkludieren. So (oder so ähnlich) würde es jedenfalls Pierre Bourdieu formulieren. Seine Soziologie darf zwar als deutliche Gegenposition zu dem hier verfolgten Konstruktivismus gelten, auch wenn sich bei Bourdieu immer wieder Hinweise finden lassen, die zumindest eine Brücke zum konstruktivistischem Denken zu bauen erlauben würden. Der deutlichste Hinweis dürfte dabei der bereits erwähnte sein, dass Bourdieu seine Klassenanalyse selbst als eine Analyse von Klassen „auf dem Papier" (Bourdieu 1984/1995: 12) einordnet. Bei ihm dürfte dies dadurch motiviert sein, dass er weiß, dass seine Klassenanalyse spezifische Variablen und Theoriebildungen in Anspruch nimmt, die einerseits nicht alternativlos sind, und die andererseits nicht zuletzt deswegen keineswegs den Anspruch auf eine Abbildung der Wirklichkeit erheben können. Für Boudieu kommt der empirische Befund hinzu, dass die Angehörigen einer Klasse sich keineswegs als solche verstehen müssen. Die Idee dahinter ist, dass – gut marxistisch formuliert – eine Klasse an sich auch dann diagnostiziert werden kann, wenn es keine Klasse für sich gibt. Dass Bourdieu dann trotzdem ein Durchgreifen der Klassenverhältnisse auf eine probabilistisch erwartbare Subjektkonstitution mutmaßt, legt es nahe, sein Oeuvre grosso modo als eine objektivierende Einstellung zur Wirklichkeit zu lesen, der sicherlich nicht zu Unrecht eine deterministische Schlagseite vorgeworfen wurde. Diese Einstellung kann mit dem radikalen Subjektbegriff nicht umstandslos adaptiert werden. Wenn somit Bourdieu für den hier zugrunde gelegten Radikalen Konstruktivismus tendenziell unattraktiv ist, so bietet Bourdieu aber dennoch ein Narrativ auf, das für das Projekt einer Kritischen Theorie fruchtbare Anregungspotenziale bereit stellt. Es stünde auch einer radikalkonstruktivistisch reformulierten Kritischen Theorie nicht gut zu Gesicht, Ungleichheitsverhältnisse zu leugnen. Diese zu konstatieren braucht es schließlich nicht einmal der sozialwissenschaftlichen Analyse. Was Bourdieu auszeichnet, ist allerdings nicht pimär, dass er überhaupt soziale Ungleichheit thematisiert. Was seine Analysen interessant macht, ist, dass er soziale Ungleichheitsverhältnisse nicht als bloße Ungleichheit der Einkommens- und Vermögensverteilung begreift, sondern diese mit der Sphäre der Kultur derart koppelt, dass Ungleichheitsverhältnisse eine Dynamik entfalten können, die vor dem Hintergrund eines an Emanzipation orientiertem Denkens schlichtweg als Herrschaft zu titulieren sind.

Zwei Punkte sollen hier besprochen werden. Zum einen begreift Bourdieu (1979/1994) soziale Ungleichheit nicht allein nach ökonomischen Kriterien. Er wirft einer marxistischen Klassenanalyse vor, mit der einfachen Bipolarität von Proletariat und Bourgeoisie einer simplifizierenden Sicht der Dinge aufzusitzen. Wird die Klassenanalyse nicht nur an ökonomischen Kriterien aufgespannt, zeigen sich nämlich Binnendifferenzierungen gerade auch des Proletariats, die unter anderem eine proletarische Klassenbildung als Klasse für sich erschweren können. Sie zeigen aber auch, dass kulturellen Faktoren eine bedeutendere Stellung im Gefüge der sozialen Ungleichheit haben können. Um im marxistischen Hintergrund zu bleiben: Proletariat und Bourgeoisie unterscheiden sich nicht nur bezüglich ihrer ökonomischen Besitztümer, sie unterscheiden sich auch bezüglich ihres kulturellen Kapitals und dies hat wesentlich mehr Einfluss auf die Reproduktion der Ungleichheitsverhältnisse, als es der monetäre Besitz je haben könnte. Die unterschiedliche Verteilung kultureller Ressourcen kann zur Folge haben, dass der Eintrittspreis in kulturelle Räume (Museen, Universitäten, Theater,…) nicht entrichtet werden kann, und dass, obwohl der monetäre Eintrittspreis sehr wohl im Bereich des Erschwinglichen liegt. Salopp formuliert: Subjekte, die Bilder und Gemälde nicht lesen können, weil ihnen die Kunstkommunikation fremd ist, haben wenig Veranlassung ins Museum zu gehen. Gehen sie dennoch dorthin, droht ihnen das Gefühl der Fremdheit oder der Scham (Neckel 1991). Dies wäre an sich unproblematisch, weil in einer liberalen Gesellschaft es keinen Zwang zur Partizipation an der Kunstkommunikation geben darf. Subjekte, die sich nicht mit Kunst (oder Wissenschaft) beschäftigen möchten, beschäftigen sich eben nicht damit. Problematisch wird dies dadurch, dass in ungleichen Gesellschaften auch die kulturellen Praktiken einer Hierarchisierung unterworfen werden, sodass die Teilnahme an bestimmten Praktiken einen Distinktionsgewinn abwirft, der für die Reproduktion des je eigenen sozialen Status investiert werden kann. Subjekte, die an gesellschaftsweit als legitim anerkannten Kulturpraktiken partizipieren, bekunden damit ihre legitime Zugehörigkeit zur herrschenden Klasse, die diese Kulturpraktiken für sich reklamiert. Weil nun die beherrschten Klassen den kulturellen Eintrittspreis nicht bezahlen können, überlassen sie in Form einer Selbstexklusion den herrschenden Klassen diese Kulturpraktiken und tragen damit zur Perpetuierung der Klassengesellschaft bei. Die ungleiche Verteilung kultureller Ressourcen, die nicht unabhängig ist von der ungleichen Verteilung ökonomischer Ressourcen, entpuppt sich als ein Machtmechanismus, der die Reproduktion der Ungleichheit befeuert, und die somit keineswegs unschuldig ist.

Was Bourdieu in diesem Zusammenhang nicht erwähnt, ist, dass die als legitim anerkannten Kulturpraktiken wie die Beschäftigung mit Kunst, Philosophie und Wissenschaft nicht nur kulturelle Ressourcen für die Auseinandersetzungen zwischen den Klassen zur Verfügung stellt, sondern potenziell auch Denkangebote enthält, die über die Klassengesellschaft hinausweisen. Marx oder auch Bourdieu zu lesen, kann eine Ressource für eine universitäre Karriere sein, es kann aber auch bedeuten, Herrschaftsverhältnisse grundsätzlich infrage zu stellen. Schiller zu kennen, kann den Zutritt in bestimmte Milieus, die lukrative Sozialbeziehungen bereit halten, erleichtern. Es kann aber auch Fragen nach Demokratie und Freiheit provozieren. Für Bourdieu spielt dies keine Rolle, weil er kaum mit einer Ontogenese rechnet, die nicht durch ihre Verwobenheit in die Relation der Klassengegensätze angeschoben wird. Für eine radikale Subjektphilosophie, die überdies als Kritische Theorie auftreten soll, ist dies aber ein wichtiges Moment: Das Prozessieren dessen, was einst Hochkultur genannt wurde, kann (nicht muss!) eine Anregung dazu sein, unberechtigte Herrschaftsansprüche zurückzuweisen. Dies war der progressive Sinn des adornitischen Elitarismus. Und er bleibt dies auch dann, wenn ein solches Prozessieren in ungleichen Gesellschaft zudem noch einen Distinktionscharakter haben mag.

Die ungleiche Verteilung der kulturellen Ressourcen hat selbstverständlich eine ihrer Wurzeln im Bildungssystem. Dieses hat zwar offiziell die Aufgabe der je individuellen Förderung, die jedoch durch die gleichzeitige Selektionsfunktion konterkariert wird. In unzähligen Bildungsstudien, die auch öffentliche Aufmerksamkeit erreicht haben, konnte eine Korrelation zwischen dem Erfolg im Selektionsprozess und der sozialen Herkunft ermittelt werden. Aus bourdieuscher Perspektive ist dies kein Zufall. Die Exklusion der beherrschten Klassen aus den kulturellen Praktiken führt dazu, dass diese Praktiken für die beherrschten Klassen im Zweifel nicht nur keinen Wert sui generis darstellen, sondern sogar explizit abgelehnt werden (Intellektuellenfeindlichkeit). Anders formuliert: Die Subjekte, die in den Milieus der beherrschten Klassen aufwachsen, wachsen in einem kulturellem Rahmen auf, der den Kulturangeboten an den höheren Schulen und Universitäten fremd und zuweilen ablehnend gegenüber steht. Die Forderung nach einer solideren Finanzierung des Bildungssystems würde daran, außer in Einzelfällen, nichts ändern. Hinter dem Bildungssystem, dem immer wieder Ungerechtigkeiten vorgeworfen werden, liegt eine gesamtgesellschaftliche Ungerechtigkeit, die selbst durch ein hinreichend finanziertes Bildungssystem nicht kompensiert werden kann. Hinzu kommt, dass selbst dann, wenn dies möglich wäre, die Anzahl der gewinnträchtigen Positionen in einer ungleichen Gesellschaft limitiert ist, sodass einer erhöhten Anzahl an gut ausgebildeten Subjekten nicht zwingend eine gleiche Anzahl an (Job-)Positionen zur Verfügung steht. Für eine Kritische Theorie sind solche Überlegungen freilich sekundär, wenn das Ziel eine Gesellschaft ist, in der positionsbedingte Ungleichheiten überwunden werden. Wichtiger ist der Hinweis darauf, dass eine Ontogenese in einem bildungsfernen Milieu den Zugang zu Bildung zwar nicht kausal versperrt, ihn aber signifikant erschwert. Wenn dann die Hürden nicht übersprungen werden, kommt es eben zu jenen Effekten, die Bourdieu unter dem Begriff der „symbolischen Macht" (Bourdieu 1983/1997) zusammenfasst. Die depravierten Subjekte werden durch kulturelle Schranken von der gleichberechtigten Partizipation an der Kunst-, Philosophie- oder Wissenschaftskommunikation ausgeschlossen.

Die theoretischen Hintergrundannahmen der bourdieuschen Soziologie kollidieren mit der radikalkonstruktivistischen Perspektive. Bourdieu geht von einem empirischen Subjekt aus, dass mit dem Begriff des Habitus erfasst wird, der sich in Anlehnung an die sozio-ökonomischen Herkunftsbedingungen mindestens präjudikativ, wenn nicht deterministisch, entwickelt. Seine Beschreibungen der Ungleichheitsverhältnisse haben jedoch insofern einen instruktiven Charakter, als sie darauf aufmerksam machen, dass auch logisch nicht hintergehbare Subjekte in ihrer Ontogenese so irritiert werden können, dass sie möglicherweise Fremdreferenzen prozessieren, die einen gleichberechtigten Zugang zu allen Bereichen der Kultur erschweren oder sogar verhindern können. Während Bourdieu zwar den Fokus eindeutig auf den Pol objektiver Verhältnisse richtet, können seine Analysen dennoch dazu anregen, nach entsprechenden Kognitionsschemata beim Subjekt zu suchen. Sie würden dann nicht als von außen präjudiziert gelten, sondern als ein durch (uncodierte) Irritationen angeregter subjektinterner Aufbau von Denkmustern. Die Reflexion solcher Denkmuster könnte dann, wie oben geschildert, in einem ersten Schritt darin bestehen, mögliche Friktionen oder Inkonsistenzen aufzuzeigen, die einen emanzipationsfördernden Verlauf der weiteren Ontogenese blockieren. Es gilt in Hinsicht auf eine politische Praxis aber auch: Irritationen finden zwar immer im irritiertem Subjekt statt. Dieses kann aber die Ursache für die Irritationen in der Umwelt lokalisieren. Eine demokratische politische Praxis ist im Prinzip dann der Versuch, Mehrheiten für eine gemeinsame Lokalisierung von spezifischen Irritationen in der Umwelt zu organisieren, um die gesellschaftlichen Verhältnisse entsprechend zu ändern. In Anlehnung an Bourdieu können dies dann Ungleichheitsverhältnisse sein, die als Irritation thematisiert werden. Diese drängen sich aber nicht gleichsam automatisch als Irritation auf, sondern sie werden zur Irritation, wenn es Subjekte gibt, die sie als solche prozessieren. Wie aus der Geschichte bekannt, können depravierende Verhältnisse auch als göttliche Ordnung ontologisiert, oder als individuelles Versagen interpretiert, und damit als Irritation invisibilisiert werden.

Nach Bourdieu ist es indessen der generelle Ungleichheits- und Herrschaftscharakter der Gesellschaft, der eine gleichberechtigte Partizipation verhindert, und damit dem Subjekt Emanzipationshindernisse in den Weg legt. Den generellen Machtmechanismus der Gesellschaft findet Bourdieu (1988/1992, 1998) zum anderen in der Wissenschaft gespiegelt. Es brauchen hier die detaillierten Beschreibungen des französischen Wissenschaftsbetriebes, an denen Bourdieu seine Überlegungen illustriert, nicht zu interessieren. Von Interesse ist, dass auch Bourdieu eine Ausdifferenzierung der Wissenschaft anerkennt, die er mit dem Begriff des Feldes einholt. Damit versucht er die Autonomie der Wissenschaft, die darin besteht, dass sie einer eigenen Logik folgt, nachzuzeichnen, die jedoch, anders als bei Luhmann, von den Zwängen der Gesamtgesellschaft nicht vollständig entkoppelt ist. Die gesamtgesellschaftlichen Herrschaftszusammenhänge reproduzieren sich im Feld der Wissenschaft, aber eben nach Maßgabe der eigenen Kriterien. So spielt etwa Geldbesitz keine (offizielle) Rolle für die Vergabe von Forschungspreisen. Dennoch sind die Subjekte innerhalb des wissenschaftlichen Feldes weder unhintergehbar noch frei in ihrem Handeln. Sie folgen einer spezifischen Logik, die ihnen nicht bewusst sein muss, und die Bourdieu (1998: 24) auch als „objektive Wahrscheinlichkeiten" bezeichnet. Es geht dabei genauso wie im Gesamten des Klassengefüges um Kämpfe zwischen verschiedenen Fraktionen, die jedoch mit Einsatz eines wissenschaftlichen Kapitals (Reputation, Stellung innerhalb der Institute und der Universitätshierarchie) ausgefochten werden. Bourdieu kann damit die kuhnsche Idee der Wissenschaftsrevolutionen tiefer legen. Dieser hatte bereits außerwissenschaftliche Faktoren ins Spiel gebracht, um wissenschaftliche Entwicklungen erklären zu können. Kuhn war dabei aber mehr oder weniger nebulös geblieben, welche Faktoren genau dies sind. Bourdieus Analysen des wissenschaftlichen Feldes machen darauf aufmerksam, dass es eben die Faktoren sind, die auch die gesamtgesellschaftliche Entwicklung ausmachen: Machtkämpfe, die von Subjekten mit unterschiedlicher Kapitalausstattung geführt werden. Er koinzidiert zwar, dass die beteiligten Subjekte sich auf eine Wirklichkeit beziehen, die mittels der Erfahrung strittige Fragen entscheidet. Er weist aber zugleich darauf hin, dass die Wirklichkeit letztlich das ist, „was die am Feld beteiligten Forscher übereinstimmend als solche anerkennen" (Ebd.: 29). Konstruktivistisch, und wohl gegen Bourdieu, gelesen heißt das: Das, was als Wirklichkeit anerkannt ist, ist das Produkt von Kämpfen innerhalb des Wissenschaftsfeldes, die immer auch auf Kämpfe außerhalb des Wissenschaftsfeldes verlinkt sind.

Nun soll hier Bourdieu diesbezüglich weder zugestimmt noch widersprochen werden. So viel ist indessen klar: Was Bourdieu beschreibt, ist ein Umstand, der aus der Perspektive der Kritischen Theorie zu kritisieren wäre. Was als Wirklichkeit, was als Wissenschaft oder schlichtweg als Wahrheit anerkannt wird, sollte nicht das Produkt von Kämpfen zwischen ungleichen Subjekten sein, sondern einem herrschaftsfreiem Argumentationsspiel entspringen. Bourdieu sensibilisiert die Kritische Theorie dafür, dass ungleiche Gesellschaften einen Herrschaftszusammenhang provozieren können, der auch vor der Wissenschaft nicht halt machen muss. Er kommt somit nicht nur darauf an, den Autonomiestatus der Wissenschaft gegenüber anderen Feldern (vornehmlich: Politik und Wirtschaft) zu verteidigen, sondern auch nach innen auf eine herrschaftsfreie Kommunikation zu drängen.

# Wissenschaft und Kritische Theorie

Die Kritische Theorie hatte sich seit Marx' Zeiten nicht unbedingt als Erkenntnistheorie aufgestellt. Dies lag sicherlich auch daran, dass sie keinen unmittelbaren Beitrag zur Analyse der Gesellschaft beiträgt. Sie wurde aber auch verworfen, weil sie sich als Fragestellung nicht selbst beantworten kann. Es gibt keine Erkenntnis, die die Erkenntnistheorie fundieren könnte, weil die Erkenntnistheorie die Bedingungen für Erkenntnisse erst formulieren können soll. Sobald eine Erkenntnistheorie aufgestellt wird, kann diese sich nur zirkulär oder eben via negationis (Luhmann) begründen. Sie ist eine arbiträre Setzung. Dies schließt wissenschaftliche Untersuchungen der menschlichen Wahrnehmung, der kognitiven Verarbeitung von Informationen oder dem Funktionieren der Sinnesorgane nicht aus. Die Ergebnisse solcher Untersuchungen können sich aber strenggenommen nicht schon als Erkenntnisse ausweisen, wenn erst die Erkenntnistheorie – und in diesem Fall kommt noch die Wissenschaftstheorie hinzu – die Bedingungen der Möglichkeit für Erkenntnisse thematisiert. Der Vorwurf, dass der Erkenntnistheorie damit ein dogmatischer Charakter zukommt, kann schlechterdings ausgehebelt werden. Der Vorwurf kann aber zurück adressiert werden. Nach dem Zusammenbruch der religiösen Weltauffassung, gibt es keine letzten Prinzipien mehr, die mehr oder weniger unhinterfragt angenommen werden können. Der Materialismus hatte als Pendant die objektive Wirklichkeit angeboten, deren Erkenntnis eine verlässliche Beantwortung und damit eine Entscheidung der strittigen Fragen der Menschheit überantwortet wurde. Wie die Ausführungen zur Wissenschaftstheorie gezeigt haben, hat sich diese Strategie insofern als brüchiges Unternehmen erwiesen, als nicht so recht zu klären ist, wie denn die objektive Wirklichkeit befragt werden können soll, und wie die möglichen Antworten der objektiven Wirklichkeit zu verstehen und zu interpretieren seien. Eine radikalkonstruktivistisch reformulierte Kritische Theorie macht mit diesen Problemen ernst, und versucht diese in eine vorteilhafte Ausgangsposition umzudrehen. Dass es keine

R. Beer, *Die Wissenschaft des Subjekts*,
https://doi.org/10.1007/978-3-658-37294-1_4

letzten Prinzipien mehr gibt, markiert die Freiheit menschlichen Denkens und Handelns. Es gibt kein ontologisches Etwas oder sogar ein ontologisches Telos, dem sich das menschliche Denken und Handeln unterzuordnen hätte. Eine Kritische Theorie, die gesellschaftliche Verhältnisse kritisieren möchte, „in denen der Mensch ein erniedrigtes, ein geknechtetes, ein verlassenes, ein verächtliches Wesen ist" (Marx 1844/1956: 385), kann und darf dies damit machen, weil kritikwürdige Verhältnisse kein hinzunehmender, ontologischer Umstand sind. Es sind gemachte Umstände, die auch anders gemacht werden könnten. Alternative Ausgangspositionen wie die Sprachphilosophie oder das Intersubjektivitätsparadigma können diese Ontologiekritik selbstverständlich auch praktizieren. Wenn es aber keine gesicherten obersten Prinzipien mehr gibt, gilt auch für diese Ausgangspositionen: Sie sind arbiträre Setzungen und zumindest in diesem Punkt der Erkenntnistheorie gegenüber nicht im Vorteil. Sie können sich ebenso wenig als erstes Prinzip begründen.

Freiheit impliziert immer auch Verantwortlichkeit. Übertragen auf den Zusammenhang der Theoriebildung kann dies so verstanden werden, dass auch eine freie Wahl soweit wie möglich Argumente beibringen sollte. Es darf dabei nicht darum gehen, hinter das ontologiekritische Diktum Adornos (1956/1998) zurückzugehen, nach dem es keine obersten Prinzipien geben darf, die eine mögliche politische Praxis immer schon eingrenzen oder mit dem Charakter der Notwendigkeit versehen. Wird die Erkenntnistheorie sui generis daraufhin überprüft, kann sie diesem Anspruch nicht automatisch gerecht werden. Es lässt sich eine Erkenntnistheorie denken, die den Erkenntnisprozess so auslegt, dass das Subjekt auf spezifische Prozesse festgelegt ist, die einen subjektiven Gestaltungsspielraum limitieren. Sowohl die idealistische Erkenntnistheorie kantischer Provenienz als auch ein eliminativer Materialismus wären Beispiele dafür. Kant hatte mit seinem Begriffsapparat das Subjekt auf das newtonsche Weltbild festgelegt. Ein radikaler Materialismus verpflichtet das Subjekt auf eine objektive Wirklichkeit, die mehr oder weniger nur noch passiv zu konstatieren wäre. Beide Varianten eint das Motiv, Verbindlichkeiten für intersubjektive Anschlussoperationen formulieren zu können. Die Frage ist allerdings, ob die obersten Prinzipien, die beide Varianten aufbieten, notwendig sind für das Projekt der Erkenntnistheorie? Die obigen Ausführungen dürften deutlich gemacht haben, dass dies hier negiert wird. Mit dem Radikalen Konstruktivismus steht eine Erkenntnistheorie zur Verfügung, die auf sich selbst angewendet jeglichen Anspruch auf eine letzte Wahrheit destruiert. In diesem Sinne kann der Radikale Konstruktivismus keine letzten Prinzipien formulieren und auch selber kein letztes Prinzip sein. Als Erkenntnistheorie reagiert er aber auf den basalen Umstand, dass Menschen sich zu ihrer Umwelt verhalten müssen, und dies in dem Sinne, dass sie Erkenntnisse über diese Umwelt generieren. Dass das Sprachverhalten dabei eine Rolle spielt, wird damit nicht dementiert. Was der Radikale Konstruktivismus zunächst behauptet, ist die scharfe Trennung zwischen Mensch und Umwelt. Er leugnet nicht, dass es Menschen gibt, und er leugnet nicht, dass es eine Umwelt gibt. Er begreift das Verhältnis zwischen beiden aber als einen offenen Prozess, der weder durch apriorische Begriffe noch durch durch einen Informationsinput in den Menschen fundiert (und damit gerahmt) ist. Er steht damit in der Traditionslinie, die durch Descartes, Hume, Kant und Fichte vorgezeichnet worden war. Insbesondere Descartes und Kant, die den Anfang und den Endpunkt der klassischen Aufklärungsperiode markieren, stehen aber nicht nur für jeweils ihre Antworten auf die erkenntnistheoretische Fragestellung, sondern auch für die Idee eines mündigen Menschen. Bei Descartes resultiert dies aus dem skeptischen Begründungsfundament. Das Cogito ist nicht gott- oder naturgegeben, sondern muss sich durch einen Akt des Zweifelns aktiv konstituieren. Es weiß aufgrund dieser Herkunft, dass Erkenntnisse grundsätzlich fallibel sind, und es schlägt damit eine Bresche in objektivierende Ontologien. Kant nimmt durch Hume vermittelt die skeptizistischen Argumente auf. Er beansprucht zwar, diese für die Ebene des Verstandes gelöst zu haben, lässt sie aber auf eigensinnige Weise in der Dialektik der Vernunft weiterbestehen. Der Vernunft wird eine Demut oder Zurückhaltung gegenüber den metaphysischen Fragen ins Stammbuch geschrieben. Wovor Kant aber nicht zurückschreckt, ist, jenes Subjekt, das mittels einer mit dem Skeptizismus konfrontierten Erkenntnistheorie gewonnen wurde, mit einer moralischen Hoheit und damit einer potenziellen politischen Mündigkeit auszustaffieren. Wenngleich er diese Karte auf dem Feld seiner politischen Philosophie nicht so recht ausspielt (Horn 2014), so bleibt doch der zur Zeit Kants radikale Gedanke, dass die Menschen ohne äußere Führung in der Lage sind, normative Entscheidungen zu treffen. Kurzum: Was die Erkenntnistheorie der klassischen Aufklärungsperiode anzubieten hat, sind nicht primär die Antworten auf die Frage, wie Erkenntnis möglich ist. Sie bietet vielmehr diese Frage an, die für das menschliche Verhalten und Handeln in einer Umwelt nach wie vor ihre Relevanz hat, und sie findet dabei eine Subjektvorstellung, die das Subjekt – verstanden als erkenntnistheoretische Abstraktion des Menschen – in eine mündige und emanzipationsfähige Position versetzt. Und sie findet diese Subjektvorstellung genau dadurch, dass sie das Subjekt skeptisch aus der Verstrickung mit der Wirklichkeit löst und dann als nichthintergehbare Instanz begreifen muss. Aus der Perspektive der radikalkonstruktivistisch reformulierten Kritischen Theorie ist es kein Zufall, dass in der gleichen Periode die Grundlagen für ein modernes Demokratieverständnis und die Menschenrechte gelegt wurden. Diese können den Subjekten erst dann zugemutet und zugetraut werden, wenn plausibel davon ausgegangen werden kann, dass diese überhaupt zu einer selbstbestimmten und freiheitlichen Praxis befähigt sind. Die Widerstände gegen Demokratie und Menschenrechte zeugen immer wieder von dieser Problemlage. Ob dies die Frage nach einer Ausweitung des Männerwahlrechts auch auf nicht wohlhabende Männer, die Ausweitung des Wahlrechts auf Frauen, oder die Überwindung der rassistischen Exklusion der Afroamerikaner ist: Immer ging es auch um dem Subjektstatus dieser Gruppen, bzw. darum, diesen Gruppen den Subjektstatus (politisch: Menschenstatus) abzusprechen, um sie von einer gleichberechtigten Partizipation am demokratischen Prozedere auszuschließen. Ähnliches gilt für die Frage nach einer Ausweitung oder Radikalisierung der Demokratie. Die Frage etwa danach, ob die repräsentativen Demokratien durch plebiszitäre Elemente zu ergänzen sein, oder ob sich das Demokratieprinzip auch auf die Wirtschaft erstrecken soll, wird immer auch mit dem Verweis darauf abgelehnt, dass (in diesem Fall) allen Subjekten die Befähigung zur Mündigkeit, also die Fähigkeit dazu, selbstbestimmt und im Einklang mit der Freiheit aller Anderen Entscheidungen zu treffen, abgesprochen wird. Der Sinn und Zweck der Wahl der Erkenntnistheorie als Theoriefundament einer Kritischen Theorie ist es, sich damit nicht zufrieden geben zu müssen. Die spezielle Engführung auf den Radikalen Konstruktivismus resultiert dabei zunächst aus den Problemen der klassischen Erkenntnistheorie. Sie trifft sich am Ausgang der kritischen Reflexion der klassischen Erkenntnistheorie jedoch mit genau dem Ansinnen, um das es in der Kritischen Theorie geht. Die Idee eines Subjekts, dem die Fähigkeit zur Emanzipation immer schon zugeschrieben werden kann, weil es nicht derart in Entfremdungen, massenmedialen Zurüstungen, diskursiven Konstitutionsbedingungen oder ungleichheitsbedingten Denkmustern verstrickt ist, dass ein Entkommen aus diesen Verstrickungen nicht mehr so recht gedacht werden kann.

Weder die Erkenntnistheorie noch der Radikale Konstruktivismus können als oberstes Prinzip, als gesichertes Wissen oder dergleichen verstanden werden. Es besteht auch kein Zweifel daran, dass alternative Theoriepositionen nicht ihrerseits in der Lage wären, Demokratie- und Menschenrechtsfortschritte zu beschreiben und einzufordern. Jürgen Habermas (1994) hat dies mit seiner Diskurstheorie des Rechts für das Paradigma der Intersubjektivität eindrucksvoll demonstriert. Um also die gesellschaftlichen Verhältnisse zu kritisieren, ist der Umweg über die Erkenntnistheorie nicht zwingend nötig. Er soll auch entsprechend nicht als eine sich gegenseitig ausschließende Konkurrenzveranstaltung zu anderen Versionen einer Kritischen Theorie aufgestellt sein. Er soll aber dennoch eine alternative Version darstellen, die zentral darauf abzielt, dass die Veränderung kritikwürdiger Verhältnisse letztlich vom Subjekt prozessiert werden muss.

Andersherum formuliert: Die radikalkonstruktivistische Reformulierung behauptet gegen die Varianten der Kritischen Theorie von Marx über Adorno bis Habermas, dass diese ein unhintergehbares Subjekt immer schon voraussetzen müssen, wenn ein Emanzipationsfortschritt gelingen können soll. Die aufgezählten Varianten haben den Kontakt zu einem solchen Subjekt auch nie gänzlich abgebrochen. Dieses Subjekt dann aber ernst zu nehmen, und sogar zum Ausgangspunkt der Theoriebildung zu erheben, ist selbstverständlich folgenreich. Eine Folge daraus ist, dass zum Beispiel Ungleichheitsverhältnisse nicht mehr als Verhältnisse hinter dem Rücken der Subjekte verstanden werden können, die dann einen prägenden Einfluss auf die Subjekte haben. Sie haben dann einen prägenden Einfluss auf die Subjekte, wenn sie von den Subjekten entsprechend prozessiert werden. Die radikalkonstruktivistische Kritische Theorie macht keinen Hehl daraus, dass sie damit möglicherweise analytisch einen blinden Fleck produziert. Keineswegs soll dies aber einer Verharmlosung von Problemen gleichkommen. Ungleichheitsverhältnisse verlieren nichts an ihrer normativen Brisanz und Kritikwürdigkeit, wenn sie anders beschrieben werden. Die Beschreibung ist die eine Seite. Die Bewertung ist eine andere Seite, und diese folgt nach dem humeschen Gesetz (Hume 1739/1978: 211) nicht aus der ersten. Unterschiedliche Beschreibungen können bestenfalls unterschiedliche Bewertungen motivieren (und vice versa). Für eine Kritische Theorie ist es jedoch eine ausgemachte Sache: Ungleichheitsverhältnisse sind in jedem Fall kritikwürdig. Was an deren Stelle zu setzen wäre, ist dann eine Frage der normativen Theorie und in letzter Instanz: der demokratischen Verständigung.

Doch ist eine Kritische Theorie überhaupt eine normative Theorie? Diese Frage kann auch radikaler gestellt werden: Kann eine Kritische Theorie überhaupt eine normative Theorie sein? Diese Frage bezieht sich auf das bereits mehrfach erwähnte humesche Gesetz, dass argumentationslogisch aus dem Sein kein Sollen abgeleitet werden kann. Hume behauptet, dass ein Wechsel von Ist-Aussagen zu Soll-Aussagen ein fehlerhafter Kategorienwechsel ist, und Soll-Aussagen eine andere Art der Begründung verlangen als Ist-Aussagen. Tatsächlich ist nicht einsichtig, wie Ist-Aussagen Soll-Aussagen begründen könnten. Auf jeden Zustand lässt sich verschieden normativ reagieren, sodass eine eindeutige Ableitung oder Schlussfolgerung zwischen den verschiedenen Aussagetypen nicht plausibel zu machen ist. Auf der einen Seite ist dies ein bedauernswerter Umstand. Könnten sich normative Aussagen mit gleichsam logischer Strenge und mathematischer Eindeutigkeit aus Seinsaussagen ableiten lassen, wären normative Fragen streng und eindeutig beantwortbar. Dass sie dies nicht sind, hat immer wieder dann zu Verwerfungen geführt, wenn konträre normative Auffassungen aufeinandertreffen,

die sich nicht zugunsten der einen Seite entscheiden lassen, und deren Konfrontation dann mit Gewalt ausgetragen wurde. Auf der anderen Seite ist der scharfe
Schnitt zwischen Seins- und Sollensaussagen die Ermöglichungsbedingung für
eine pluralistische Demokratie, die überflüssig wäre, wenn eine Entscheidungsfindung in Bezug auf Normen und Werte nach dem Modell naturwissenschaftlicher
Forschung klar und distinkt erfolgen könnte.

Eine Konsequenz des humeschen Gesetzes ist, dass sich normative Aussagen nicht letztbegründen können. Empirische Diskussionen, so die Idee, können
durch empirische Demonstrierbarkeit konsensuell entschieden werden. Normativen Aussagen fehlt genau diese Möglichkeit: Sie können auf keinen Sachverhalt
zeigen, der normative Aussage begründen würde. Dies trifft dann auch das
Projekt einer Kritischen Theorie, weil Gesellschaftskritik notwendig einen normativen Kern hat. Es geht schließlich nicht global darum, überhaupt Kritik zu
üben, sondern eine spezifische Kritik, die auf einen anderen Gesellschaftszustand
weist, der durch spezifische Ideale charakterisiert ist. Wenn also etwa kritisiert
wird, dass es zu wenig Demokratie gibt, speist sich diese Kritik aus der normativen Forderung nach mehr Demokratie. Als normative Forderung ist dies nicht
letztbegründbar. Die Kritische Theorie marxscher Provenienz hatte darauf mit
einer Doppelstrategie reagiert. Einerseits hatte sie die Nichtbegründbarkeit von
normativen Aussagen akzeptiert. Utopische Entwürfe galten ihr als ideologiever-
dächtig und entsprechend operierte sie mit einen Bilderverbot. Die klassenlose
Gesellschaft als Zielvorstellung auszumalen hat sie sich geweigert. Bestenfalls
konnte aus der Kritik der Klassengesellschaft negativ bestimmt werden, was die
klassenlose Gesellschaft nicht sein soll. Andererseits hat sie auf ein wissenschaftliches Begründungsprogramm umgestellt. Die Geschichtsphilosophie sollte den
Nachweis erbringen, dass in der Geschichte eine Teleologie wirksam ist, die zur
klassenlosen Gesellschaft führt. Untermauert wird dies durch eine Analyse des
Kapitalismus, die diesem eine immanente Selbstzerstörungslogik attestiert. Diese
Umstellung kann nicht mehr überzeugen. Weder lässt sich in der Geschichte eine
Teleologie nachweisen, noch kann die Analyse einer immanenten Selbstzerstörungslogik des Kapitalismus, selbst dann, wenn sie zutreffend ist, die normativen
Fragestellungen beantworten. Auf einen selbstzerstörten Kapitalismus folgt nicht
mit Notwendigkeit die klassenlose Gesellschaft. Was sich indessen als Motiv in
der Kritischen Theorie erhalten hat, ist das Bilderverbot. Daran halten Horkheimer und Adorno fest. Sie üben zwar deutliche Kritik an den gesellschaftlichen
Verhältnissen, unterlassen es aber, die Vorstellung einer richtigen Gesellschaft zu
umschreiben. Sie verfolgen die Agenda, die gesellschaftliche Wirklichkeit mit
ihren inhärenten Möglichkeiten zu konfrontieren. Wenn der Stand der Produktivität eine ausreichende Nahrungsmittelversorgung ermöglicht, kann das Problem

des Hungers überwunden werden. Das Problem ist freilich, dass die technischen Möglichkeiten immer auch für menschenverachtende Zwecke genutzt werden können. Der Begriff der Möglichkeit, soll dies ausgeschlossen sein, muss sich also deutlicher positionieren und seine implizite Normativität explizit machen. Diese Aufgabe hatte Jürgen Habermas übernommen, und mit seinem Begriff des kommunikativen Handelns einen Begriff aufgeboten, der eine analytische Ausrichtung hat, aber explizit auch normativ aufgestellt sein soll. Mit ihm lassen sich Verzerrungen des Ideals einer herrschaftsfreien Kommunikation nicht nur beschreiben, sondern auch kritisieren, weil gegen die Verzerrungen ein Ideal gesetzt wird. Dass dieses Ideal bei Habermas tendenziell mit den liberalen Demokratien, wie sie sich in Europa ausgebildet haben, zusammenfällt, mag als Abrüstung der Kritischen Theorie interpretiert werden. Es macht aber auch deutlich, dass es Habermas nicht um ein ideenhimmlisches Ideal geht, sondern um ein Ideal, das sich in der Geschichte tatsächlich herausgebildet hat und an dem weiterzuarbeiten wäre.

Es kann und soll an dieser Stelle nicht darum gehen, welche Kritische Theorie am kritischsten ist, oder welche Kritische Theorie dieses Label zu Unrecht trägt, sondern allein darum, wie jegliche Kritische Theorie mit dem Problem der Normativität umgehen kann. Kritik impliziert immer einen normativen Überhang, der aus Gründen der Transparenz ausgewiesen werden sollte, und der dennoch nicht auf ein sicheres Begründungsfundament gestellt werden kann. Auch eine radikalkonstruktivistisch reformulierte Kritische Theorie kann sich diesem Dilemma nicht entziehen und auch sie kann dieses Dilemma nicht auflösen. Der Begriff des Subjekts soll indessen eine ähnliche Aufgabe übernehmen können, wie der Begriff des kommunikativen Handelns. Er soll auf eine Entität verweisen, die zwar einer unmittelbaren empirischen Beobachtbarkeit nicht zugänglich ist, die aber dem Menschen als erkennendem Wesen notwendig zugeschrieben werden muss. Als Heuristik im Rahmen kognitionswissenschaftlicher Forschungen wäre sie allerdings „sichtbar" zu machen. Gleichzeitig soll die spezifisch radikalkonstruktivistische Fassung des Subjektbegriffes den normativen Aspekt der Emanzipation thematisieren können, der dann als kritischer Maßstab gegen mögliche Emanzipationshindernisse in Anschlag gebracht werden kann. Explizit wendet sich diese Strategie gegen eine platonisch-idealistische Verortung von Idealen, ohne dieser Verortung in toto entkommen zu können. Der Wert der Emanzipation bleibt eine arbiträre und in diesem Sinne platonisch-idealistische Setzung. Der Subjektbegriff zeigt aber, dass er adressierbar ist, und damit auf Voraussetzungen trifft, die ihn realisierbar machen. Er wird nicht von außen an die Wirklichkeit herangetragen, sondern dieser Wirklichkeit entnommen. Hinzuzufügen ist dem, dass die Formulierung „der Wirklichkeit entnommen" sich auf die Wirklichkeit bezieht, die eine radikalkonstruktivistische Kritische Theorie als Wirklichkeit konstruiert. Anders: Es ist die Wirklichkeit, die von einem Subjekt-begriff ausgeht und damit in der Wirklichkeit auch Subjekte vorfindet. Wird die Wirklichkeit anders konstruiert – also ohne oder jenseits der Subjekte –, bricht die Strategie der Adressierung von Werten an das Subjekt in sich zusammen. Dies heißt dann nicht, dass nicht andere Entitäten (Geschichte, Intersubjektivität) adressiert werden könnten. Dass eine radikalkonstruktivistische Kritische Theorie diese Entitäten nicht als theoretischen Ausgangspunkt setzt, liegt eben daran, dass die Geschichte als Ausgangsposition ohnehin nicht begründbar ist, und die Inter-subjektivität daraufhin kritisiert wird, dass sie ihre subjektiven Voraussetzungen nicht hinreichend oder plausibel in den Blick bekommt (Frank 2001).

Die marxsche Betonung, dass es um eine wissenschaftliche Analyse der Gesellschaft geht, hat sich derart in die Tradition der Kritischen Theorie ein-geschrieben, dass diese grundsätzlich die Bedeutung der Wissenschaft für das Geschäft der Kritik als Selbstverständlichkeit angesehen hat. Max Horkhei-mer hat in seinem Aufsatz „Traditionelle und kritische Theorie" (Horkheimer 1937/1988a) nicht nur das Label „Kritische Theorie" eingeführt, sondern auch versucht, ein Wissenschaftsverständnis zu entwickeln, das mit dem Ziel einer Gesellschaftskritik kompatibel sein soll. Grob zusammengefasst geht es ihm dabei darum, Kategorien und Begrifflichkeiten zu entwickeln, die den Status Quo nicht festschreiben, sondern auf dessen Aufhebung mit dem Ziel einer „vernünf-tigen Organisation der menschlichen Aktivität" (Horkheimer 1937/1988b: 218) abzielen. Die jeweiligen gesellschaftlichen Verhältnisse sollen als gemachte Ver-hältnisse beschrieben werden, die eben auch anders gemacht werden können. Soziale Ungleichheitsverhältnisse etwa dürfen nicht rein deskriptiv oder statis-tisch erfasst werden, sondern sie müssen so kategorisiert werden, dass deutlich wird, dass sie einer spezifischen Organisation der Gesellschaft (etwa Kapitalis-mus) entspringen, und dass sie möglicherweise das Potenzial enthalten, diese Organisation zu überwinden (etwa Klassenkampf). Aus der Perspektive einer Kri-tischen Theorie mag dies zweifelsohne ein attraktives Wissenschaftsprogramm sein. Aus der Perspektive einer radikalkonstruktivistischen Reformulierung müs-sen sich indessen die Zweifel zu Wort melden, die durch die Diskussion der Wissenschaftstheorie thematisiert wurden. Sie können in der Frage zusammen-gefasst werden, ob die Wissenschaft überhaupt eine Objektivität erreichen kann, die dann dazu genutzt werden kann, die gesellschaftlichen Verhältnisse bezüglich möglicher Transformationspotenziale objektiv zu beschreiben. Anders formuliert: Ist das von Horkheimer anvisierte Wissenschaftsprogramm objektiver als die von ihm kritisierte traditionelle Wissenschaft? Die Antwort kann vor dem Hintergrund der wissenschaftstheoretischen Überlegungen nur negativ ausfallen. Gerade deswegen aber kann eine Kritische Theorie ein Wissenschaftsprogramm entwickeln, das auf die Zwecke der Kritik zugeschnitten ist.

Die wissenschaftstheoretischen Diskussionen seit den Anfängen des 20. Jahrhunderts können als ein sukzessives Rückzugsgefecht gelesen werden. Dem Wiener Kreis würde dann die Position zugeschrieben werden, den Aufschlag für ein modernes Wissenschaftsverständnis gemacht zu haben. Mit seiner radikalen Attitüde, wissenschaftliche Aussagen auf empirische Demonstrierbarkeit zu gründen, gelingt es ihm, das Feld oder System der Wissenschaft klar gegen andere Felder oder Systeme abzugrenzen. Es geht nicht um metaphysische Spekulationen, um empiriefreie philosophische Theoriebildung oder moralische Aussagensysteme, sondern schlichtweg darum, wissenschaftliche Aussagen auf die Wirklichkeit zu beziehen. Dass sich einem solchen Wissenschaftsverständnis die Probleme stellen, die in der klassischen Aufklärungsperiode bereits formuliert wurden, wird dabei durchaus gesehen. Beobachtungen können ihrer subjektiven Schlagseite nicht entkommen. Dies hatten Locke und Hume dem empiristischen Paradigma inskribiert. Gravierender ist jedoch das Problem, dass der Ausgang von Beobachtungen auf allgemeine Wahrheiten über den Weg der Induktionslogik gehen muss. Dass dieser Weg alles andere als ein sicherer Weg ist, bedeutet dann in der Konsequenz, die Wissenschaft kann ihrem hehrem Anspruch, wahre Aussagen zu generieren, nicht umstandslos gerecht werden. Wissenschaftliche Aussagen können nicht verifiziert werden. Diese These würde in der Geschichte der Wissenschaftstheorie als Rückzugsgefecht den ersten Schritt zurück markieren, der von Karl Popper gegangen wurde. Die mit dem starken Verifikationsmodell verbundene Idee einer Überwindung der Metaphysik droht zu erodieren, und damit die politische Idee einer Wissenschaft, die eindeutige und transparente Aussagen anbieten kann, die die Chance auf eine Überwindung unbegründeter Herrschaftsansprüche eröffnen. Für Popper stellt sich die Situation freilich nicht so dramatisch dar. Zwar können die Wissenschaften keine positiven Beweise zur Verfügung stellen, der Metaphysik müssen sie dennoch die Tore nicht öffnen. Sie können mit dem Prinzip der Falsifikation den Kreis wissenschaftlicher Aussagen weiterhin von nicht wissenschaftlichen Aussagen differenzieren. Beobachtungen oder Experimente behalten auch hier insofern das letzte Worte, als sie zwar Aussagen nicht beweisen können, diese aber einer Bewährungsprobe aussetzen, die zumindest temporär als Beweisäquivalenz fungieren darf. Und auch wenn der Gedanke nicht neu war, so ist für den vorliegenden Zusammenhang von Bedeutung, dass Popper explizit die Theorieabhängigkeit wissenschaftlicher Forschung betont. Singuläre Beobachtungen können der Anlass für wissenschaftliche Forschungen sein. Sie sind aber nicht der zentrale Ausgangspunkt, weil sie an sich keinen wissenschaftlichen Wert haben. Den bekommen sie erst durch ihre Einbindung in theoretische Aussagensysteme, die dann in Form kühner Thesen einer Überprüfung ausgesetzt werden. Dass Wasser bei entsprechenden Temperaturen gefriert, ist eine singuläre Beobachtung. Dass dies keine magische Wesensveränderung des Wassers ist, sondern ein Umstand, der mit wissenschaftlichen Mitteln erklärbar ist und damit reproduzierbar gemacht werden kann, folgt nicht unmittelbar aus der Beobachtung. Die wissenschaftliche Theorie (oder allgemeiner: die wissenschaftliche Einstellung) wird an das gefrorene Wasser herangetragen. Aussagen können dann nicht mehr unmittelbar, etwa aufgrund einer fehlenden Beobachtungsbasis, als metaphysisch eingestuft werden, sondern erst dann, wenn sie sich nicht in falsifizierbare Aussagen übersetzen lassen. Der Kreis möglicher Aussagen, die als Kandidatin für eine wissenschaftliche Überprüfung infrage kommen, wird dadurch erweitert.

Die falsifizierende Überprüfung von Aussagen als Merkmal von Wissenschaftlichkeit ist jedoch, so der nächste Schritt im Rückzugsgefecht, keineswegs eine so eindeutige Angelegenheit, wie Popper vermuten lässt. Die Duhem-Quine-These und vor allem Imre Lakatos geben dieses Programm zwar nicht in toto auf, zeigen aber dessen Durchlässigkeit als starkes Abgrenzungskriterium. In experimentellen Überprüfungen stehen immer mehr Aussagen auf dem Spiel, als nur die zu überprüfende. Wenn ein Experiment zu dem Ergebnis kommt, eine Aussage ist falsch, könnte dies zwar richtig sein, es könnte aber auch eine andere Aussagen falsch sein, die dem experimentellem Setting zugrunde lag. Es gibt damit weder die Möglichkeit einer eindeutigen Verifikation, noch die Möglichkeit einer eindeutigen Falsifikation. Die Idee eines Experimentum crucis ist eine faszinierende Idee, aber leider auch eine trügerische Hoffnung. Paul Feyerabend hat daraus den Schluss gezogen, den Rückzug noch weiter anzutreten, und den Anspruch an die Rationalität der Wissenschaft gänzlich infrage zustellen. Wenn gilt: Anything goes, ist dies mehr als nur ein methodologischer Rückzug. Es besagt nicht nur, dass jede Methode ihre Legitimität hat. Es besagt vor allem, dass es keinen Maßstab gibt, der über die Frage der Legitimität von Methoden entscheiden könnte. Wissenschaft ist dann das, was in einer Gesellschaft als Wissenschaft verstanden wird.

Das 20. Jahrhundert startet mit einem starken Begriff von Wissenschaftlichkeit und endet mit einer Desillusionierung, die sicherlich ein Motiv für die Entwicklung des konstruktivistischen Paradigmas ist. Dieses Paradigma umfasst verschiedene Strömungen, die sich bestenfalls in der Position zusammenfassen lassen, dass die Wirklichkeit nicht eine objektive Gegebenheit ist, die passiv zu konstatieren wäre. Das, was als Wirklichkeit konzipiert wird, ist vielmehr das Produkt eines Konstruktionsprozesses. Das Buch der Natur wird nicht gelesen, sondern geschrieben. Peter Janich verdeutlicht dies dadurch, dass bereits die Methodenwahl eine konstruktive und konstruierende Entscheidung ist, die keineswegs durch die Wirklichkeit selektiert oder sogar dekretiert wird. Uneinigkeit innerhalb des konstruktivistischen Paradigmas besteht nun darin, wer das Buch schreibt. Im Radikalen Konstruktivismus, wie er hier zur Anwendung kommen soll, ist es das Subjekt. Der konstruierende Aspekt und die These der Theorie- oder Beobachterabhängigkeit der wissenschaftlichen Einstellung wird dadurch radikalisiert. Die Subjekte generieren die wissenschaftlichen und wahren Aussagen, die sie aufgrund ihrer subjektinternen Kriterien generieren. Dies schließt, wie gesehen, die Aufforderung zu einer intersubjektiven Anschlussfähigkeit nicht aus. Doch wenn diese nicht auf dem Boden der Objektivität als transparentem Maßstab gegründet werden kann, wie ist diese dann operationalisierbar?

Vor dem Hintergrund des Radikalen Konstruktivismus ist zunächst eins klar: Es gibt keine objektive Beschreibung einer objektiven Wirklichkeit, wie dies in empiristischen oder positivistischen Philosophien tendenziell angenommen wird. Die Wissenschaften machen diesbezüglich keine Ausnahme. Auch wissenschaftliche Beschreibungen haben nicht den Status der Objektivität, der ihnen zugemutet wird (vgl. dazu Lüke und Souvignier 2017). Sie können nicht die Rolle übernehmen, die einst religiöse Aussagen hatten, die aufgrund ihrer göttlichen Offenbarung den Rang ewiger Wahrheiten inne hatten. Klar ist aber auch, dass es für eine Kritische Theorie eine ausgemachte Sache ist, dass es wünschenswert wäre, wenn den Wissenschaften wenigstens ein vergleichbarer Stellenwert eingeräumt werden könnte. Dies nicht deswegen, weil die Kritische Theorie dem Modell einer Expertokratie das Wort reden möchte. Entscheidungen, die in einer Gesellschaft getroffen werden, müssen im Rahmen eines demokratischen Verfahrens von den Betroffenen der Entscheidungen getroffen werden. Die Wissenschaften können Informationen bereit stellen. Sie können jedoch, wie bereits diskutiert, keine Werturteile begründen, um die es in demokratischen Entscheidungen immer auch geht. Zu der Frage, ob eine neue Straße gebaut werden soll oder nicht, kann die Wissenschaft Informationen darüber beisteuern, welche Auswirkungen der Straßenbau auf die Umwelt und welche Effekte er für Wirtschaft hätte. Entscheiden kann sie diese Frage nicht. Das hohe Ansehen der Wissenschaft innerhalb der Tradition der Kritischen Theorie resultiert daraus, dass der Wissenschaft zugetraut wird, unbegründete Herrschaftsansprüche delegitimieren zu können. Dies vor allem durch das allgemeine Credo der Wissenschaft, alle natürlichen und sozialen Phänomene rational erklären zu können, sodass es kein Exklusivwissen gibt. Karl Marx hatte dementsprechend Aufklärung in dem Sinne verstanden, dass es nicht darum geht, normative Ideale aufzustellen, sondern in einem ersten Schritt zu klären, wie die gesellschaftlichen Verhältnisse beschrieben werden können. Die zahlreichen Erkenntnisse, die im Laufe der Wissenschaftsgeschichte gewonnen werden konnten, können so interpretiert werden, dass sie dazu beigetragen haben, das Wissen über die Natur oder die Gesellschaft in ein Wissen zu transformieren, das potenziell von allen Subjekten angeeignet werden kann. Es gibt keine privilegierten Zugänge zu wissenschaftlichem Wissen, die durch das wissenschaftliche Prinzip selbst aufgebaut würden. Faktische Exklusionsprozesse finden außerhalb dieses Prinzips statt.

Wenn es darum geht, zu eruieren, wie Wissenschaftlichkeit und Kritische Theorie zueinander in ein Verhältnis gebracht werden können, geht es darum, auf der einen Seite das Problem der Objektivität zu reflektieren, und auf der anderen Seite den damit verbundenen normativem Anspruch auf Delegitimierung von Herrschaftsansprüchen zu konservieren. Zu prüfen ist, ob ein radikalkonstruktivistisches Wissenschaftsverständnis zwischen diesen Polen vermitteln kann. Dieses Wissenschaftsverständnis läuft im Kern darauf hinaus, dass wissenschaftliche Theorien und Methoden nicht der Wirklichkeit entnommen sind, sondern an diese herangetragen werden. Aus unterschiedlichen Theorien und Methoden resultieren dann unterschiedliche Wirklichkeitskonstruktionen. Es macht einen Unterschied, ob von einem absoluten Raum und einer absoluten Zeit (Newton) ausgegangen wird, oder ob Raum und Zeit in ein relationales Verhältnis (Einstein) gesetzt werden. Es macht einen Unterschied, ob die Gesellschaft als funktional differenzierte Gesellschaft (Luhmann) beschrieben wird, oder als Relationszusammenhang zwischen einer kommunikativ strukturierten Lebenswelt und mediengesteuerten Subsystemen (Habermas). Jeweils ergeben sich andere Fragestellungen, andere Antworten auf die möglicherweise gleichen Probleme und im Fall der Gesellschaftswissenschaften andere politische Bewertungen. Thomas S. Kuhn hatte dies mit seinem Begriff des Paradigmas umschrieben. Weder die eine noch die andere Wirklichkeitskonstruktion kann durch empirische Daten bewiesen werden. Sie können aber scheitern, wenn sich keine empirischen Daten angeben lassen, die die Wirklichkeitskonstruktionen mit einem subjektiven Erleben in Verbindung bringen. Gemeint ist damit, dass Subjekte in der Regel dann angebotene Wirklichkeitskonstruktionen zurückweisen, wenn diese mit ihren subjektinternen Begriffen oder Erlebnissen nicht kompatibel sind. Wenn etwa behauptet wird, spezifische Sternenkonstellationen haben einen Einfluss auf die Geschicke der Menschen, ist es eine gängige Reaktion, die fehlende empirische Validität in Form fehlender subjektiver Erlebnisse zu bemängeln. Diese Möglichkeit des Scheiterns dürfte der kleinste gemeinsame Nenner der unterschiedlichen Wissenschaftstheorien sein, der zudem die Grenze der Wissenschaft markiert. Eine radikalkonstruktivistische Wissenschaftstheorie steht nun vor dem Dilemma, dass es dennoch Subjekte gibt, die von sich behaupten, einen Einfluss der Sternen-konstellationen zu erleben, und die ihre Praxis auf diesen Einfluss hin justieren. Aus der Sicht einer liberalen Gesellschaftsphilosophie ist dagegen auch nichts einzuwenden. Für die Grenzziehung der Wissenschaft ist dies aber deswegen brisant, weil eine Grenzziehung immer auch ein Ausschließungsverhältnis ist, das begründet werden muss.

Wenn die Wissenschaften ihre Theorien und Methoden nicht mit der objektiven Wirklichkeit begründen können, muss das, was die wissenschaftlichen eingestellten Subjekte machen, anders beschrieben werden. Peter Janich hatte dafür das entscheidende Stichwort geliefert: Es sind normative Entscheidungen, die den Prozess der wissenschaftlichen Forschung anschieben. Pointiert formuliert: Wissenschaft ist ein normatives Geschäft. Für die Naturwissenschaft hatte Janich dies dadurch zu zeigen versucht, dass er die methodischen Handlungs-anweisungen als Zwecksetzungen interpretiert, die, so darf wohl hinzugefügt werden, immer auch einen normativen Kern implizieren. Die Normativität der Naturwissenschaften ist nicht vornehmlich eine moralische oder politische Normativität, sondern eine Normativität die sich dadurch auszeichnet, dass es Subjekte mit spezifischen Zwecksetzungen sind, die methodische und theoretische Entscheidungen treffen, die die Ergebnisse ihrer Forschungen zwar nicht determinieren, aber dennoch in dem Sinne präjudizieren, als alternative Theorien und Methoden möglicherweise zu anderen Ergebnissen führen. Für die Sozial-wissenschaften lässt sich zeigen, dass diese in einem deutlicher zu erkennendem Maße normativen Hintergrundannahmen aufsitzen (vgl. Ahrens et al. 2008, 2011). Es wurde auch schon angedeutet. Das System-Lebenswelt-Paradigma von Jürgen Habermas ist unverkennbar auf eine klassisch sozialdemokratische Politik zugeschnitten, während Luhmanns Theorie der funktionalen Differenzierung eher konservative Fragen einer gelungenen Organisation und wirtschaftsliberale Fragen nach den eingeschränkten Möglichkeiten einer wirtschaftspolitischen Steuerung beantworten soll. Ein Grund für den deutlicher zu erkennenden normativen Hintergrund in den Sozialwissenschaften ist, dass das Soziale seinerseits sinngenerierend ist. Es entzieht sich auf eine radikalere Art und Weise möglichen Kategorisierungsversuchen, als dies in der Natur der Fall zu sein scheint. Sozial- und Naturwissenschaften eint, dass beide ihren Gegenstand in ihren Theorien und Methoden auf Regelmäßigkeiten hin zurüsten. Während dies in den Natur-wissenschaften wiederholt zu Erkenntniserfolgen führt, lässt sich dies für die Sozialwissenschaft nicht in gleichem Umfang behaupten. Das heißt nicht, dass die Sozialwissenschaften nicht in der Lage wären, Informationen zur Verfügung zu stellen, die etwa darüber berichten, welche Lebensstile von welchen Klassen oder Milieus bevorzugt werden, welchen Bildungserfolg Kinder und Jugendliche aus verschiedenen Klassen oder Milieus statistisch erwarten können, wie sich die Rollenverteilung zwischen den Geschlechtern darstellt oder wie sich der Anteil rassistischer oder antisemitischer Einstellungen in der Bevölkerung verändert. Das Problem ist nun nicht, dass, wie bereits Max Weber konstatiert hat, die jeweils forschenden Subjekte normative Einstellungen haben, die sie zu den jeweiligen Fragestellungen motivieren. In den aufgezählten Beispielen werden diese traditionell von politisch links motivierten Subjekten bearbeitet. Das Problem ist, dass diese politische Einstellung sich nicht durch Theorien und Methoden in eine objektive Betrachtung der Gesellschaft überführen lässt. Den view-from-nowhere gibt es nicht und das heißt: Theorien und Methoden sind nicht unschuldig. Sie markieren den jeweiligen Beobachterstandpunkt, den es als normativ neutralen Standpunkt nicht gibt. Was ein radikalkonstruktivistisches Wissenschaftsverständnis asseriert, ist, dass die normativen Hintergründe nicht zufällig sind, sondern notwendig. Theorien und Methoden bilden nicht normfrei eine objektive Wirklichkeit im Sinne eines Korrespondenzverhältnisses ab. Dass es soziale Ungleichheit gibt, wird kaum bestritten werden. Welche Brisanz soziale Ungleichheit, welche Folgewirkungen, welche Ursachen und welche Bedeutung soziale Ungleichheit für die Gesellschaft hat, hängt indessen von den Theorien und Methoden ab, mit den denen sozialen Ungleichheit analysiert wird. Um es plakativ zu machen: Marktliberal orientierte Subjekte werden andere Antworten geben als sozialdemokratisch orientierte Subjekte, und diese werden andere Antworten geben als marxistisch orientierte Subjekte. Dies ist aber keine Böswilligkeit oder Unfähigkeit, sondern entspringt der Notwendigkeit, einen spezifischen Beobachterstandpunkt beziehen zu müssen, wenn beobachtet werden soll.

Thomas S. Kuhn und Pierre Bourdieu hatten schon darauf hingewiesen, dass in den realen Wissenschaftsinstitutionen keineswegs immer das Prinzip des besseren wissenschaftlichen Arguments gilt. Die Wissenschaftsinstitutionen waren und sind auch Austragungsorte für Machtkämpfe, in denen es einerseits um die Verteilung von Ressourcen geht, und andererseits um den Einfluss politischer Überzeugungen. Die Auseinandersetzungen zwischen Wirtschaftsliberalismus und Keynesianismus bieten dafür ein Beispiel. Es wäre wohl verfehlt, zu vermuten, es ginge dabei allein um die wahre Beschreibung der ökonomischen Verhältnisse und Dynamiken. Allzu deutlich sind beide wirtschaftstheoretischen Alternativen mit unterschiedlichen Wirtschaftspolitiken verwoben, sodass die unterschiedlichen Parteien immer auch ein Interesse daran haben, einflussreiche Positionen zu besetzen, um der eigenen Wirtschaftspolitik eine wissenschaftliche Anerkennung zu verleihen. Würde es den view-from-nowhere geben, wäre diese Auseinandersetzung wohl zu entscheiden. Kurzum: Die These, dass die Wissenschaften ein normatives Geschäft sind, findet sich auch in der realen Wissenschaftspraxis. Dass die kein Zufall ist, sondern der Wissenschaft notwendig inhäriert, ist der Kern der These. Dennoch sollen die Wissenschaften mehr oder etwas anders sein als ein normativer Debattierclub. Wären sie dies, wären sie von Politik nicht zu unterscheiden. Wenngleich Theorien und Methoden nicht den Status einer objektiven Abbildung der Wirklichkeit haben, kommt ihnen dennoch die Funktion zu, Objektivität zu repräsentieren. Wenn allerdings von einem radikalen Subjektverständnis ausgegangen wird, kann Objektivität nicht vorausgesetzt werden. Jedes Subjekt hat bzw. konstruiert seine eigene Objektivität. Wissenschaftliche Theorien und Methoden können als abstrakte Aussagensysteme und konkrete Handlungsanweisungen diese Differenzen aber überbrücken, gerade weil sie keinen abbildenden Charakter haben. Wissenschaftliche Theorien und Methoden können intersubjektiv verstanden werden, weil sie zunächst rationale Denkmuster sind, die jedes Subjekt potenziell prozessieren kann. Dass sich im Laufe der Geschichte eine Mathematisierung als Leitideal aller Wissenschaften durchgesetzt hat, erfüllt genau diese Anforderung. Mathematische Aussagen können von allen Subjekten verstanden werden, weil sie auf differente Objektivitätskonstruktionen anwendbar sind. Dennoch sind Theorien und Methoden mehr als reine Mathematik. Sie stellen deskriptive Aussagen zur Verfügung, die immer auch einen empirischen Gehalt haben. An diesem scheiden sich dann die Geister, nicht nur weil unterschiedliche Subjekte unterschiedliche Objektivitätskonstruktionen prozessieren, sondern auch, weil Theorien und Methoden unterschiedliche Objektivitätskonstruktionen implizieren. Die Legitimität von Theorien und Methoden als wissenschaftliche Theorien und Methoden bemisst sich also nicht an einer intersubjektiv geteilten Objektivität, sondern daran, dass Theorien und Methoden einem potenziellen subjektiven Erleben zugänglich gemacht werden müssen. Anders formuliert: Wissenschaftliche Theorien müssen in Aussagen transformierbar sein, die im Rahmen von methodischen Handlungsanweisungen überprüfbar sind. Die kontraintuitive Aussage der Zeitdilatation konnte etwa durch das Hafele-Keating-Experiment erlebbar gemacht werden. Vier Cäsium-Atomuhren wurden mit einem Flugzeug viermal um die Erde geflogen und mit einer Uhr auf der Erde verglichen. Das habermasche System-Lebenswelt-Paradigma kann etwa darauf verweisen, dass die umweltpolitischen Kommunikationen in der Lebenswelt tatsächlich zur Gesetzesveränderungen geführt haben, die auch für die Subsysteme bindend sind, es also eine politische Steuerung auch der Ökonomie gegeben hat. Die Theorie der funktionalen Differenzierung könnte anführen, dass politische Kommunikationen im Wirtschaftssystem grundsätzlich unter der Prämisse der Erzeugung von Zahlungsfähigkeit kommuniziert werden, und diese Prämisse die Zustimmung oder Ablehnung der politischen Kommunikationen selektiert. Empirische Argumente haben also auch in einem radikalkonstruktivistischen Wissenschaftsverständnis einen bedeutenden Stellenwert. Sie entscheiden mit darüber, ob Aussagen überhaupt eine wissenschaftliche Kommunikation darstellen oder eben nicht. Die Funktion empirischer Argumente ist dabei ähnlich wie bei Popper. Es geht darum, Aussagen oder Theorien potenziell in die Form empirisch überprüfbarer Aussagen bringen zu können. Weil solche Aussagen im Rahmen der Wissenschaft methodisch kontrolliert sind, lassen sich die Subjekte nicht primär auf andere Objektivitätskonstruktionen ein. Sie lassen sich allgemein auf Regeln ein, denen sie dadurch zustimmen, dass sie eine wissenschaftliche Einstellung einnehmen. Dies schließt selbstverständlich eine Methodenkritik oder Methodenveränderung nicht aus. Doch auch veränderte oder erweiterte Methoden bleiben: Handlungsanweisungen oder eben Regeln.

Wissenschaftliche Diskussionen bedienen sich empirischer Argumente, um alternative Theorien oder Aussagen zu widerlegen. Wird die Grenze nicht überschritten, dass sich tatsächlich kein subjektives Erleben mit bestimmten Theorien verbinden lässt, sind solche Diskussionen selten zu entscheiden. Alternative wissenschaftliche Theorien zeichnen sich gleichermaßen dadurch aus, dass sie ein mögliches subjektives Erleben implizieren, sodass auf dieser Ebene eine Entscheidung nicht zu erwarten. Imre Lakatos' Vorschlag, Theorien dann zu ersetzen, wenn sie eine Gehaltserweiterung versprechen, scheint eher ein Motor der Theorieentwicklung zu sein. Bourdieus Klassentheorie ist empirisch betrachtet nicht „wahrer" als die marxistische Klassentheorie. Beide können auf eine subjektive Erlebbarkeit verweisen. Es gibt nach wie vor diejenigen, die die Produktionsmittel besitzen, und diejenigen, die nur ihre Arbeitskraft verkaufen können. Genauso differenzieren sich letztere aber in kulturelle Milieus (Klassenfraktionen) aus, die entlang von Lebensstilvariablen kategorisierbar sind. Bourdieus Klassentheorie stellt aber eine deutliche Gehaltserweiterung dar, die es attraktiv werden lässt, die marxistische Klassentheorie ad acta zu legen. Theorieerweiterungen oder -substitutionen laufen also nicht nach dem Schema ab, dass zwischen empirischen Aussagen und Wirklichkeit eine Korrespondenz bestünde, die über das Schicksal von Theorien entscheidet, sondern danach, welche Zielsetzungen mit alternierenden Theorien verbunden sind oder verbunden werden können. Theorien werden empirisch weder bestätigt noch umstandslos widerlegt.

Die subjektive Erlebbarkeit im Rahmen einer wissenschaftlichen Einstellung wird durch theoretische und methodische Handlungsanweisungen generiert, die potenziell von allen Subjekten ausgeführt werden können. Die Objektivität

wissenschaftlicher Aussagen verschiebt sich damit von dem klassischen Korrespondenzverhältnis auf intersubjektiv (kognitiv und praktisch) nachvollziehbare
Regeln. Pointierter: Objektivität ist ein intersubjektives Verhältnis, und kein Verhältnis zur Wirklichkeit. Weil nun diese Regeln kein Abbild der Wirklichkeit
sind, und ihnen selbst keine Objektivität zugeschrieben werden kann, implizieren
sie, so die These, normative Hintergrundannahmen. Was die wissenschaftliche
Einstellung leistet, ist, innerhalb des normativen Rahmens einen Regelkanon
aufzubieten, der es erlaubt, die Hintergrundannahmen zu invisibilisieren und in
eine intersubjektive Anschlussfähigkeit zu transformieren. Dass ein Kommunikationsbereich ausdifferenziert wird, der weitestgehend normfrei operieren soll,
ist dabei selbst eine normative Entscheidung. Die klassische Aufklärungsperiode
hatte die Grundlagen der modernen Wissenschaft nicht allein als Selbstzweck
gegen theologische oder scholastische Denkmuster gelegt. Es ging auch um das
Versprechen auf eine allen Subjekten gleichermaßen zugängliche Wirklichkeit als
Bedingung der Möglichkeit für individuelle Freiheit und demokratische Teilhabe.
Der klassische Empirismus hatte dazu die sensualistische Wirklichkeitserfahrung
als modus vivendi einer transparenten intersubjektiven Anschlussfähigkeit, die
in einer gemeinsam geteilten Objektivität ihren Prüfstein findet, empfohlen und
damit das Projekt einer Metaphysikkritik angeschoben. Aus radikalkonstruktivistischer Perspektive wird zwar der Empfehlung des klassischen Empirismus nicht
gefolgt, aber das Motiv der Metaphysikkritik wird dadurch gesichert, dass auf
ein Regelwissen abgestellt wird, dass jenseits von – oder besser: vor – Objektivitätskonstruktionen residiert. Kantisch gesprochen: Das Regelwissen formuliert
eine Objektivitätskonstruktion, die subjektives Erleben anleitet oder überhaupt
erst möglich macht. Um es an einem einfachen Beispiel zu illustrieren: Die
bourdieusche Klassentheorie kann als Regel gelesen werden, ein subjektives Erleben zu organisieren, das bestimmte sozioökonomische Positionen mit kulturellen
Praktiken korreliert. Dies kann dann in Form standardisierter Fragebögen oder
in Form qualitativer Interviews umgesetzt werden, die beide als Methode intersubjektiv nachvollziehbar sind. Das Motiv der Transparenz geht im Modell der
methodischen Kontrollierbarkeit auf.

Die Invisibilisierung der normativen Hintergrundannahmen kann mit Vaihinger
dann als eine Einstellung des „Als-Ob" konzipiert werden. Es geht nicht darum,
dass faktisch auf eine objektive Wirklichkeit Bezug genommen wird. Es reicht
aus, wenn so getan wird, als würde dies der Fall sein. Für eine wissenschaftliche
Kommunikation ist dies deswegen von Bedeutung, als sich damit eben eine Kommunikation ausdifferenzieren lässt, die als Wissenschaft auftreten kann. Subjekte,
die wissenschaftlich kommunizieren, müssen im Zweifel bereit sein, methodische
Handlungsanweisungen umzusetzen, um ein subjektives Erleben zu generieren.

Subjekte, die politisch kommunizieren, müssen dies nicht – oder zumindest nicht im gleichen Maß. Politisch kommunizierende Subjekte können auf wissenschaftliche Argumente zurückgreifen, sie müssen sich aber auch darauf einstellen, über Normen und Interessen zu debattieren, die in der wissenschaftlichen Kommunikation als Argument keine Legitimation haben. Und auch der Stellenwert wissenschaftlicher Argumente ist in der politischen Einstellung ein anderer. Wie schon geschrieben: Sie können über mögliche Nebenfolgen von politischen Entscheidungen informieren oder politische Fragestellungen anregen, sie können die politische Entscheidungsfindung aber nicht ersetzen.

Theorien und Methoden sind nicht nur Handlungsanweisungen zum Generieren subjektiver Erlebnisse. Sie stellen zugleich einen Interpretationsrahmen für diese Erlebnisse zur Verfügung. Adorno hatte in seiner Positivismuskritik darauf insistiert, dass empirische oder statistische Daten allein noch kein Erklärungsmuster sind. Begriffe wie Herrschaft, Entfremdung, gesellschaftliche Integration oder Modernisierung lassen sich zwar in methodische Handlungsanweisungen übersetzen, sie schießen jedoch über die empirischen Forschungsergebnisse hinaus. Dass etwa Ungleichheitsverhältnisse immer auch Herrschaftsverhältnisse sind, ist zwischen verschiedenen politischen Lagern innerhalb der Soziologie umstritten, wobei sich die Diskussion durchaus auf die gleiche empirische Datenlage beziehen kann. Die Diskussion ist jedoch für das Verständnis von Gesellschaft nicht unbedeutend und sie ist vor allem nicht unbedeutend, wenn es darum geht, politisch auf Ungleichheitsverhältnisse zu reagieren. Wenn Ungleichheitsverhältnisse Herrschaft implizieren, würde etwa eine ausschließlich monetäre Strategie (Finanzierung der Schulen, Anhebung staatlicher Sozialtransfers) nicht ausreichen, um die mit Ungleichheitsverhältnissen verbundenen Probleme (Bildungsgerechtigkeit, gesellschaftliche Partizipation) zu überwinden. Adorno (1968/1997) selbst hatte mit seinem Urteil, dass die modernen Gesellschaften sich zwar zu einer Industriegesellschaft entwickelt haben, diese aber gleichzeitig als Spätkapitalismus zu bezeichnen sind, die Bedeutung begrifflicher Interpretationen deutlich gemacht. Moderne Gesellschaft als Industriegesellschaften zu beschreiben, meinte schließlich nicht nur, dass die Gesellschaften ihren Reichtum vornehmlich der Industrieproduktion, und nicht mehr der Landwirtschaft, verdanken. Es meinte auch, dass die sozialen und wirtschaftlichen Fragen des 19. Jahrhunderts beantwortet sind und eine Phase der (politischen und wirtschaftlichen) Stabilität erreicht wurde. Adorno hält demgegenüber daran fest, dass die Dynamiken der kapitalistischen Wirtschaft weiterhin die gesellschaftlichen Verhältnisse prägen. Mit der Vorsilbe „spät" geht er dabei über die „Kritik der politischen Ökonomie" (Marx) hinaus und diagnostiziert eine Tendenz zur Monopolisierung und totalen

Integration der Gesellschaft. Es dürfte kein Zufall sein, das der Kritische Theoretiker Adorno an der Begrifflichkeit des Kapitalismus festhalten möchte. Seine
Interpretation der Verhältnisse dient dem Zweck, die kritikwürdigen Verhältnisse
auch weiterhin als solche benennen zu können.
Der Interpretationsrahmen, den nicht nur Adorno in Anspruch nimmt, ist ein
notwendiger Teil der Wissenschaft. Er ist im Rahmen eines radikalkonstruktivistischen Wissenschaftsverständnisses der Teil, der die Wissenschaft mit ihren
normativen Hintergründen in Beziehung setzt. Andersherum formuliert, geht der
normative Hintergrund über den notwendigen Interpretationsaufwand wieder in
die wissenschaftlichen Ergebnisse ein. Dies ermöglicht dann eine öffentliche
Diskussion wissenschaftlicher Forschungen und Theorien unter der Ägide politischer Auseinandersetzungen. Zu betonen ist, dass dadurch der Bereich normfreier
wissenschaftlicher Kommunikation nicht ausgehebelt wird. Das methodisch ange-
leitete Generieren subjektiver Erlebnisse bleibt eine Quelle der Irritation, die in
einer wissenschaftlichen Einstellung das Potenzial haben muss, auf den Interpretationsrahmen zurückzuwirken. Die gesellschaftliche Funktion der Wissenschaft,
neues Wissen zur Verfügung zu stellen, wäre ansonsten nicht erfüllbar. Wissenschaftlich eingestellte Subjekte müssen die Bereitschaft mitbringen, aktiv eine
Passivität (McDowell) zu prozessieren, die für unerwartete Erlebnisse offen ist.
Dies nicht zu tun, fällt berechtigterweise unter den Ideologieverdacht. Wie dann
mit unerwarteten Erlebnissen umgegangen wird, ist durch wissenschaftstheoretische Überlegungen nicht sinnvoll zu stipulieren. Es war eine Möglichkeit, auf
die Umlaufbahn des Uranus damit zu reagieren, einen weiteren Planeten zu
vermuten. Es wäre aber auch eine Möglichkeit gewesen, zu versuchen, die newtonsche Physik zu modifizieren, oder diese gleich ganz aufzugeben. Der Zweck
der Ausdifferenzierung einer normfreien Kommunikation, die durch theoretische
und methodische Handlungsanweisungen strukturiert ist, ist also nicht nur, ein
Pendant für das Konzept der Objektivität anzubieten, sondern auch, einen Bereich
subjektiven Erlebens zu markieren, der intentional auf Irritationen ausgerichtet ist.
Wissenschaft ist schließlich nicht allein durch einen „Als-Ob"-Objektivitätsbezug
von anderen gesellschaftlichen Kommunikationen abgegrenzt, sondern in einem
hohen Maße auch durch das Ideal einer kritischen Reflexion, oder anders formuliert: Durch das In-Fragestellen tradierten Wissens. Dies findet selbstverständlich
auch in der Politik oder in der Kunst statt. Für die Wissenschaft kann jedoch
behauptet werden, sie hat sich dieses Ideal zum Programm gemacht. Eine kritische Reflexion kann sich dabei auf die Handlungsanweisungen selbst beziehen
und in Form einer Methodenkritik operationalisiert werden. Sie kann sich aber
auch darauf beziehen, dass – ganz im popperschen Sinne – die wissenschaftlich

eingestellten Subjekte solche Erlebnisse provozieren, von denen sie eine Irritation erwarten können. Der Begriff der Irritation soll dabei nicht als Synonym für einen Falsifizierungsprozess verstanden werden. Auch subjektive Erlebnisse, die Hypothesen bestätigen, haben einen irritierenden Charakter insofern, als die den hypothetischen Status von Aussagen in einen bewährten Status überführen. Sie führen zu veränderten kognitiven Schemata.

Aus einer radikalkonstruktivistischen Perspektive stellt sich das Wissenschaftsprinzip dar als ein Zusammenspiel aus normativen Hintergrund, theoretischen und methodischen Handlungsanweisungen und subjektivem Erleben. Im Zentrum steht ein Kommunikationsbereich, der durch die Invisibilisierung der normativen Hintergründe eine intersubjektive Anschlussfähigkeit dadurch ermöglicht, dass mittels methodischer und theoretischer Handlungsanweisungen eine Objektivität im Modus des „Als-Ob" generiert wird. Weil dies aber nur ein „Als-Ob"-Modus ist, schließt sich ein radikalkonstruktivistisches Wissenschaftsverständnis dem Diktum Feyerabends für eine Methodenfreiheit an. Wenn eine faktische Objektivität als Prüfstein für Methoden ausfällt, lässt sich keine Methode als wahre Methode inthronisieren. Anders als bei Feyerabend muss dies aber nicht mit einem generellem Verzicht auf einen Rationalitätsanspruch einhergehen. Methoden und Theorien konstruieren ein Objektivität, die als subjektives Erleben Irritationen auslösen soll. Es ist denkbar, dass einzelne Subjekte Methoden und Theorien entwickeln. Sobald diese jedoch als wissenschaftliche Wahrheitskommunikation konzipiert wird, setzt sich sie den Bedingungen einer intersubjektiven Einlösung des Wahrheitsanspruches aus. Idealerweise werden diese Bedingungen dann nicht als ein autoritärer Prozess definiert, sondern nach dem Modell einer herrschaftsfreien Kommunikation, wie es von Jürgen Habermas beschrieben wurde. Das Ziel einer solchen Kommunikation ist es, eine rational motivierte Zustimmung zu kontroversen Aussagen zu ermöglichen. Rationalität soll dabei mehr sein als Zweckrationalität. Diese könnte auch im Fall einer autoritären Durchsetzung von Wahrheitsansprüchen eine Zustimmung motivieren, wenn es darum geht, mögliche Sanktionen bei einer Ablehnung des autoritären Anspruches zu vermeiden. Habermas geht es um eine kommunikative Rationalität, die sich am besseren Argument entzündet. Was im Rahmen einer wissenschaftlichen Einstellung als das bessere Argument gilt, kann durch den Stellenwert subjektiver Erlebnisse, deren methodische Einbindung und deren theoretische Interpretation konkretisiert werden. Damit wird nun freilich eine Ebene der Selbstreflexivität ins Spiel gebracht, die darin besteht, dass im Rahmen einer wissenschaftlichen Einstellung mit besseren Argumenten darüber zu entscheiden wäre, was als besseres wissenschaftliches Argument gelten soll. Diese Selbstreflexivität (oder: Zirkularität) ist jedoch das Signum moderner Gesellschaften, die vor der Daueraufgabe stehen, diese Selbstreflexivität immer wieder zu bearbeiten. Die gravierendere Problematik, die sich mit dem Ideal der herrschaftsfreien Kommunikation verbindet, ist, dass dieses Ideal mitnichten normfrei wäre, wobei jedoch auch in diesem Fall erst durch eine herrschaftsfreie Kommunikation zu entscheiden wäre, ob die Norm der Herrschaftsfreiheit die Kommunikation fundieren soll. Anders formuliert: In das Ideal der herrschaftsfreien Kommunikation geht über die Diskursregeln, die die Herrschaftslosigkeit operationalisieren sollen, eine Dogmatik ein, die darin besteht, das Motiv der Herrschaftslosigkeit bereits vorauszusetzen. Wenngleich damit auf ein Problem hingewiesen wird, das durch das generellere Problem der nicht still zu stellenden Selbstreflexivität moderner Gesellschaft bedingt ist, soll dies an dieser Stelle keineswegs als Kritik verstanden werden. Im Gegenteil wird dadurch nur nochmals verdeutlicht, dass es darauf ankommt, mit demokratischen Mitteln für die je eigenen Überzeugungen zu werben, und dies gilt auch für die Überzeugung, Gesellschaften sollten weitestgehend herrschaftsfrei organisiert sein. Die Frage im vorliegenden Zusammenhang ist, ob entgegen Feyerabend mit dem Modell der herrschaftsfreien Kommunikation ein Rationalitätsanspruch für die Wissenschaften rehabilitiert werden kann? Wenn es nach Habermas geht, ist die Antwort eindeutig. Ein rational motivierter Konsens stellt eine Form von Rationalität dar. Wenn modernen Gesellschaften das Problem der Selbstreflexivität inhäriert, ist dies eine legitime Setzung von Rationalität, die zudem den Gehalt der Kritischen Theorie, wie sie hier verfolgt werden soll, auf den Punkt bringt. Die Wissenschaften beziehen ihren Rationalität nicht aus einer Korrespondenz mit der Wirklichkeit. Sie können aber eine Rationalität entfalten, die letztlich mehr leistet, als das Korrespondenzmodell. Wenn Wahrheit verstanden wird als konsensuelles Ergebnis eines herrschaftsfreien Diskurses, haben unterschiedliche Subjekte mit divergierenden Wirklichkeitskonstruktionen dennoch (oder gerade deswegen) die Möglichkeit, intersubjektive Anschlussfähigkeit zu erzeugen. Der Prüfstein für wissenschaftliche Aussagen oder Theorien ist also nicht mehr eine empirisch von allen Subjekten in gleicher (sensualistischer) Weise zugängliche Wirklichkeit, sondern das Argumentationsspiel, auf das sich die wissenschaftlich eingestellten Subjekte einlassen. Das strenge Ideal des Positivismus, durch Transparenz metaphysische Ansprüche zu destruieren, kann auf diese Weise auch durch ein radikalkonstruktivistisches Paradigma abgedeckt werden. Dass es bei dem Argumentationsspiel eine hohe Dissenswahrscheinlichkeit gibt, dass das Argumentationsspiel immer auch auf sich selbst zur Anwendung gebracht wird und über das, was Wissenschaft ist, kontrovers diskutiert wird, tut der Wissenschaft keinen Abbruch. Im Gegenteil: Es macht die Faszination und Offenheit der Wissenschaft aus, die als bloß passive Abbildung der Wirklichkeit ein möglicherweise langweiliges Abarbeiten an der Wirklichkeit wäre.

Die herrschaftsfreie, demokratische Wahrheitskommunikation ist (bzw. sollte sein) das generalisierte Ideal oder der kleinste gemeinsame Nenner des normativen Hintergrundes der Wissenschaft. Nach innen wird dies als Freiheit von Forschung und Lehre realisiert. Nach außen betont dies den aufklärerischen Charakter der Wissenschaft. Das Projekt der modernen Wissenschaft ist ein Projekt gegen unbegründete Herrschaftsansprüche. Dies hat eine inhaltliche Seite, die darin besteht, konkrete Aussagen oder Theorien bezüglich ihres Wahrheitsgehaltes zu überprüfen. Ob Atomkraftwerke sicher sind oder nicht, ist keine politische Frage, sondern eine wissenschaftliche. Die Wissenschaft als aufklärerisches Projekt zu interpretieren, hat aber auch eine allgemeine Seite. Das Prozessieren von Wissenschaft reproduziert das gesamtgesellschaftliche Ideal einer Demokratisierung der Gesellschaft. Dies nicht in dem Sinne, dass die Subjekte in allen Handlungsfeldern synonym zur Wissenschaft diskutieren oder diskutieren sollten. Dies in dem Sinne, dass das wissenschaftliche Diskutieren, wenn es denn herrschaftsfrei organisiert ist, als eine Art regulatives Ideal fungieren kann, von dem aber notwendig in anderen Handlungsfeldern abgewichen muss. Politische Diskussionen sollten zwar auch nach dem Ideal der Herrschaftslosigkeit organisiert sein. Sie haben aber einen anderen Gegenstand und ein anderes Telos, sodass subjektive Befindlichkeiten, Emotionen oder Interessen in ihnen einen legitimen Stellenwert haben müssen. Über Befindlichkeiten, Emotionen oder Interessen lässt sich aber nicht in gleicher Art und Weise diskutieren, wie über die Relationalität von Raum und Zeit oder die Veränderung der Familienverhältnisse. Die wissenschaftlichen Diskurse können also nur ein regulatives Ideal darstellen. Wenn Luhmann immer wieder betont, dass das Prozessieren der Funktionssysteme immer auch der Vollzug der Gesellschaft als Ganze ist, kann entgegen Luhmann aus der Perspektive der Kritischen Theorie die Funktion der Wissenschaft für die Gesellschaft erweitert werden: Sie stellt nicht nur neues Wissen zur Verfügung, sondern sie repräsentiert als Ideal das Projekt der Aufklärung und das Projekt der Demokratisierung. Dies macht dann einen Wissenschaftsjournalismus so bedeutsam, der die von Dewey angedachte Kontinuität zwischen Alltag und Wissenschaft nicht nur in Form der Wissensvermittlung von der Wissenschaft zurück in den Alltag organisiert, sondern der über diesen Weg auch an das Ideal einer herrschaftsfreien Diskussion erinnert. Freilich ist diese Repräsentation der Aufklärung und der Demokratisierung nicht allein auf die Wissenschaft beschränkt. Zu denken wäre etwa an die Philosophie oder die Kunst, aber auch politische Diskurse, die auf ihre Art und Weise dazu beitragen können, aufklärerisches Denken und das Ideal der Demokratie zu fördern.

Das hohe Ansehen, dass die Wissenschaftlichkeit in der Kritischen Theorie seit jeher genossen hat, wird auch mit einem radikalkonstruktivistischen Wissenschaftsverständnis gerechtfertigt. Zugleich wird mit diesem ein Scientismus ausgebremst, der den Wissenschaften eine dominierende Rolle in der Gesellschaft einräumen würde. Eine solche Rolle können die Wissenschaften nicht einnehmen, weil sie keine objektiven Aussagen über eine subjektunabhängige Wirklichkeit formulieren können. Sie können sie aber auch nicht nach ihrer idealen Seite als gewichtige Aufklärungsinstanz hin einnehmen, weil das Ideal einer herrschaftsfreien Diskussion im Rahmen der Wissenschaft von den Subjekten andere (eben: wissenschaftliche) Einstellungen abverlangt, als in der Politik, der Familie oder der Wirtschaft. Gerade aber weil den Wissenschaften der Anspruch auf objektive Aussagen entzogen wird, ist eine Kritische Theorie als Wissenschaft möglich. Das, was eine solche Wissenschaft dann auszeichnet, ist nicht so sehr, dass sie spezifische Methoden verwenden würde, sondern dass sie die normativen Hintergründe ihrer Interpretationen explizit macht. Sie weiß, dass sie die Gesellschaft in kritischer Absicht beschreibt, dass sie empirische Daten in kritischer Absicht interpretiert, dass sie die Methoden in kritischer Absicht weiterentwickelt, und sie weist diese Absicht auch aus. Damit macht sich sie angreifbarer, aber genau das dürfte auch ihr Anliegen sein: Eine Diskussion zu provozieren, die weit über den Rahmen der Wissenschaft hinaus eine emanzipatorische Wirkung entfaltet.

# Die Wissenschaft des Subjekts

Ein kleiner Mönch erzählt von seinen Eltern und seiner Schwester, die als Bauern in der Campagna leben. Er erzählt von ihrer harten Arbeit, ihrer ärmlichen Behausung, ihrem ärmlichem Essen. Er erwähnt ihre abgearbeiteten Hände, ihren beschränkten Wissensradius, der eigentlich nur die Ölbäume umfasst, und er vergisst nicht zu betonen, dass es einfache Leute sind. Doch trotz dieser widrigen Umstände, so der Mönche weiter, fühlen sich diese Menschen irgendwie geborgen. Denn auch in ihrem unglücklichen Dasein liegt eine Ordnung, aus der sie Kraft schöpfen können. Es gibt den Kreislauf der Jahreszeiten, der ihnen den Takt ihrer landwirtschaftlichen Bemühungen vorgibt, es gibt den Kreislauf der Eintreibung der Steuern, der ihnen den Takt ihrer gesellschaftlichen Pflichten anzeigt, und es gibt den Takt des Bodenwischens, der sie regelmäßig an ihre häuslichen Aufgaben erinnert. Sicher, es gibt auch den geordneten Gang des körperlichen Verfalls, der, durch die belastende Arbeit noch befeuert, unaufhaltsam voranschreitet. Doch in alldem liegt eine Notwendigkeit, an die sich diese einfachen Leute klammern können. Es ist aber nicht so sehr die Sicherheit der Erwartungen, die sich aus dieser Notwendigkeit speist, auf die der kleine Mönch hinaus möchte. Die einfachen Leute wie seine Eltern und seine Schwester können sich wegen dieser Regelmäßigkeiten eingebunden fühlen in eine höhere Ordnung, die Gott geschaffen hat. Es ist nicht irgendeine Ordnung, die diese einfachen Leute Jahr für Jahr mit Regelmäßigkeiten versorgt, an denen sie sich ausrichten können. Es ist eine göttliche Ordnung, geschaffen, damit sie sich in dieser Ordnung bewähren können. Die Hoffnung, dass sie diese Bewährungsprobe bestehen können, macht diese einfachen Leute stark. Sie ermutigt sie, das Joch zu tragen, das ein wohlwollender Gott ihnen auferlegt hat. Sie lässt sie nicht daran zweifeln, dass alles in Ordnung ist mit der Ordnung, sei sie auch noch so belastend und demütigend. Aber, so der kleine Mönch weiter, diese Ordnung, diese Hoffnung ist bedroht. Sie ist bedroht durch die Vorstellung, dass sich dieses kärgliche Leben

R. Beer, *Die Wissenschaft des Subjekts*,
https://doi.org/10.1007/978-3-658-37294-1_5

zwischen Ölbäumen und von Rauch geschwärzten Balken, zwischen Bodenwischen und Steuernzahlen ganz schnöde auf einem Steinklumpen abspielt, der im leeren Raum sinnlos dahinfliegt und kein bisschen bedeutender ist als all die anderen Steinklumpen, die auch in diesem leeren Raum sinnlos dahinfliegen. Der kleine Mönch ist sich sicher. Würde er das seinen Eltern, seiner Schwester und allen anderen einfachen Leuten erzählen, sie würden sich betrogen fühlen. Es würde kein göttliches Auge auf ihnen ruhen, niemand würde ihnen diesen Platz zugewiesen haben, auf dem sie so schwer zu tragen haben. Sie würden die Last dann nicht mehr tragen und ertragen können, weil sie vor eine nackte Wirklichkeit gestellt würden, in der all ihre Entbehrungen, all der Hunger und all der Schweiß umsonst gewesen sind. Nein, so rührend-liebevoll der kleine Mönch von dem Leben seiner Eltern, seiner Schwester und der einfachen Leuten gesprochen hat, so sehr kann er es nicht über das Herz bringen, diese einfachen Leute zu enttäuschen. Er kann es nicht. Sich vor sie stellen und ihnen sagen, es ist alles ein Schwindel gewesen mit der Ordnung und mit der Hoffnung. In Wirklichkeit führt ihr ein karges Leben auf einem kargen Steinklumpen, ohne Sinn und ohne Ziel, nur mit diesen Ölbäumen, den schwarzen Balken und den Steuern.

Die Rede ist von Brechts Drama „Das Leben des Galilei" (Brecht 1938–39/1967) und der kleine Mönch erzählt dies alles dem Protagonisten des Stückes Galileo Galilei. Brecht fasst in dieser Rede des Mönchs das Dilemma um die Wissenschaft zusammen. Der Mönch wird uns zwar als kleiner Mönch präsentiert, er ist aber wohl nur klein an Körpergröße. Er informiert Galilei darüber, dass er Mathematik studiert hat, und er möchte ihm seine Beweggründe dafür darlegen, dass er die Astronomie für eine schädliche Wissenschaft hält. Er weiß, dass die Faktenlage für Galilei spricht. Er versucht auch gar nicht, das alte Denken mit den Hinweisen auf die unantastbaren Lehren des Aristoteles und der Heiligen Schrift als wahres Denken zu deklarieren. Er ahnt oder weiß es sogar, die neuen Lehren haben eine politische und kulturelle Sprengkraft, die weit über die Frage hinaus geht, ob sich nun die Sonne um die Erde, oder die Erde um die Sonne dreht. Das wäre letztlich für beide Seiten auch egal. Auf einer Erde, die sich um die Sonne dreht, lässt sich genauso gut eine religiöse Ordnung errichten, als auf einer Erde als Scheibe, um die herum sich die Sonne und die Planeten drehen. Gleiches gilt andersherum. Eine Ordnung, aufgebaut auf den Prinzipien der Vernunft, setzt keine spezifische Kosmologie voraus. Sie setzt einzig den Gebrauch der Vernunft voraus. Das, was Galilei mit seinem neuen Denken anstößt, zielt auf den Kern der religiösen Ordnung. Er entleert die Natur ihrer göttlichen Teleologie und Vorsorge und er maßt sich an, diese sinnlose Natur mit den Mitteln der Vernunft dechiffrieren zu können. Das neue Denken, für das Galilei in Brechts Stück steht, ist ein Denken, das sich nicht länger auf die Überlieferung alter Texte verlassen möchte. Es möchte selber denken und das heißt: selber forschen, selber rechnen, selber experimentieren. Das neue Denken droht, sich selbst an die Stelle Gottes zu setzen, weil es Gott in seinem Forschen, Rechnen und Experimentieren nicht finden kann, und weil ihm daher gar nicht anders übrig bleibt, als auf sich selbst zu vertrauen. Die Mahnungen des Mönches, den einfachen Leuten ihre Hoffnung, und sei sie auch erwiesenermaßen falsch, zu nehmen, sei ein unmenschlicher Akt, kann Galilei auch konsequenterweise damit kontern, dass er dem Mönch auseinandersetzt, dass seine neuen Wasserpumpen den einfachen Leuten mehr helfen würden als leere Hoffnungen, und dass der Wohlstand, der durch diese Pumpen möglich wird, die einfache Leute in den Stand versetzen kann, sich Tugenden zu leisten, die in ihrem ärmlichen Leben die Last nur vergrößern würden. Galilei, so darf Brecht wohl verstanden, muss mehr sein als ein Naturphilosoph oder Physiker. Er muss die politische und kulturelle Klaviatur mitspielen können, weil es eben um mehr geht als nur um die Erde und die Sonne.

Dies zeigt Brecht auch in der Szene, in der er den neuen, durchaus wissenschaftsfreundlichen Papst und den Inquisitor miteinander disputieren lässt. Der Inquisitor interessiert sich nicht so sehr für die Hoffnungen der einfachen Leute, aber er sieht die gleiche Gefahr, die von dem neuen Denken ausgeht. Die europäischen Gesellschaften sind durch Pest und Reformation zerrüttet, die alte Ordnung ist erschüttert, und wenn jetzt noch die Astronomen mit ihren Himmelserkundungen an den Beinen des heiligen Stuhls sägen, fällt auch die letzte Bastion, die dem zweifelnden Denken noch entgegensteht. Doch damit nicht genug. Die Maschinen, die Galilei anpreist, bergen das Potenzial die gesellschaftliche Hierarchie infrage zu stellen, weil schon Aristoteles wusste, dass es keiner Sklaven, keiner Herren und Knechte mehr bedarf, wenn die Arbeit von Maschinen erledigt werden kann. Der Gipfel der Impertinenz ist für den Inquisitor freilich, dass Galilei nicht lateinisch schreibt, sondern in der Sprache der Fischweiber und Wollhändler. Das muss auch der Papst einräumen, dass Galilei damit schlechten Geschmack beweist. Was ihn jedoch mehr beunruhigt, ist, dass die neuen Sternenkarten Vorteile in der Navigation mit sich bringen, sodass daran materielle Interessen der handeltreibenden Seestädte geknüpft sind. Andererseits setzten diese Sternenkarten aber nun mal die neuen Lehren voraus. Die eine verbieten und die anderen erlauben: ist das nicht ein Widerspruch? Zweifellos ist es einer, aber Brecht lässt den Inquisitor großzügig darüber hinweg sehen.

Auch der Papst und der Inquisitor wissen um den Stellenwert der neuen Lehren. Sie wissen, dass diese ihre wissenschaftliche Berechtigung haben. Ihr kurzes Gespräch offenbart, was noch mehr auf dem Spiel steht als die Hoffnungen der einfachen Leute: Das große Ganze der europäischen Gesellschaften und der ökonomischen Interessen. Die wissenschaftlichen Erkenntnisse, das neue Wissen, das mit den neuen Lehren verbunden ist, tragen deutlich sichtbare Früchte. Doch legitimiert dies eine Lehre, die in der Konsequenz darauf hinausläuft, Gott zu entthronen und damit eine gesellschaftliche Ordnung einzureißen, die bei aller Widrigkeit auch Trost spenden kann? Und vielleicht noch erwägenswerter: Was soll nach dieser Ordnung kommen? Droht das Chaos? Der Krieg aller gegen alle? Vielleicht verteidigen der Inquisitor und die Kardinäle schlichtweg nur ihre privilegierte Stellung innerhalb dieser Ordnung. Aber Brecht lässt sie Argumente vortragen, die weit darüber hinaus gehen, und die deutlich machen, dass die Umstellung von einem religiös fundiertem Weltbild auf ein wissenschaftliches Weltbild mehr ist als eine Umstellung konkreter Wissensbestände. Wissenschaft kann nicht betrieben werden, wenn der Wissenschaft durch tradierte Texte ein Rahmen gesetzt wird, der nicht überschritten werden darf, weil die gesellschaftliche Ordnung sich durch diese Texte legitimiert. Das wissenschaftliche Denken sui generis ist bereits der Angriff auf eine Ordnung, die durch Herrschaft und Dogmen charakterisiert ist und die durch Herrschaft und Dogmen stabilisiert wird.

Die Erfolgsgeschichte der modernen Wissenschaften ist aus dieser Perspektive nicht primär eine Erfolgsgeschichte bezüglich der Anwendungen der Wissenschaften. Dennoch steht selbstverständlich außer Frage, dass die Anwendungen der Wissenschaften dazu beigetragen haben, das Leben der Menschen zu erleichtern. Wenn eine körperlich belastende Arbeit in der Landwirtschaft oder der Bauwirtschaft durch Maschinen erledigt werden kann, fördert dies nicht nur die Produktivität, es kann auch ein Schutz für die Gesundheit von Menschen sein, deren Arbeit spürbar erleichtert wird. Viele weitere Beispiele ließen sich aufzählen, die auf die eine oder andere Weise dazu beigetragen haben, das Leben der Menschen zu verbessern. Für eine Kritische Theorie von besonderer Bedeutung ist dabei, dass die wissenschaftlichen Errungenschaften auch durchaus das Potenzial haben, tradierte Herrschaftslegitimationen erodieren lassen. Der bereits erwähnte Aristoteles hatte schon in der Antike erkannt, dass „die (planenden und beaufsichtigenden) Meister keine Gehilfen und die Herren keine Sklaven" (Aristoteles 1991, Bd.1:15) bräuchten, wenn „jedes Werkzeug auf Geheiß oder mit eigener Voraussicht seine Aufgabe erledigen könnte" (Ebd.). Marx hatte diesen Gedanken aufgenommen und konstatiert: „Das Reich der Freiheit beginnt in der Tat erst da, wo das Arbeiten, das durch Not und äußere Zweckmäßigkeit bestimmt ist, aufhört." (Marx 1894/1970: 828) Dies ist einer der Gründe, warum Marx auf eine wissenschaftlich angetriebene Entfaltung der Produktivkräfte als Bedingung der Möglichkeit für eine klassenlose Gesellschaft gesetzt hatte. Dass sein Enthusiasmus im Laufe des 20. Jahrhunderts durch Anwendungen wissenschaftlichen

Wissens zu unmenschlichen Zwecken einerseits und aufgrund ökologischer Folgewirkungen andererseits gedämpft wurde, fügt dem emanzipatorischen Potenzial wissenschaftlichen Wissens keinen Abbruch bei. Es kommt allerdings darauf, den Einsatz wissenschaftlichen Wissens im Lichte höherer Werte – wie etwa den Menschenrechten – zu debattieren.

Dass wissenschaftliches Wissen immer wieder erfolgreich in Anwendungen übersetzt werden konnte, gilt als ein Ausweis für die Wahrheitsfähigkeit dieses Wissens. Tatsächlich wird mit der Anwendungsfähigkeit wissenschaftlichen Wissens die radikalkonstruktivistische Dekonstruktion des Wahrheitsbegriffes vor eine argumentative Herausforderung gestellt. Ist es nicht naiv, den Wahrheitsbegriff aufzugeben, wenn sich wiederholt zeigt, dass wissenschaftliches Wissen erfolgreich in diversen Anwendungen umgesetzt werde kann, dieses Wissen also offensichtlich wahr sein muss? Das Problem ist, dass mit dem Erfolgskriterium kein hinreichend plausibles Äquivalent für Wahrheit angeboten wird. So wie sich fragen lässt: Was ist Wahrheit?, so lässt sich fragen: Was ist Erfolg? War das ptolemäische Weltbild zu seiner Zeit nicht erfolgreich? Hatte es nicht Ordnung in die Himmelserscheinungen gebracht und damit ein Bedürfnis befriedigt? War das Atommodell Demokrits erfolglos, weil es jahrhundertelang als falsch galt? War Newtons Physik vollumfänglich wahr, weil sie lange erfolgreich war? Die Beantwortung der Fragen hängt deutlich erkennbar davon ab, welche Bedeutung mit dem Begriff Erfolg verbunden wird. Möglicherweise lässt sich die Bedeutung so justieren, dass sie eindeutig mit gelingen Anwendungen wissenschaftlichen Wissens zusammenfällt. Es bleibt dann aber die Frage, wieso ein solcher Erfolgsbegriff ein externes Kriterium oder sogar ein Synonym für die Beurteilung der Wahrheitsfähigkeit wissenschaftlichen Wissens sein sollte. Den Wahrheitsbegriff über andere Begriffe, deren Stellenwert nicht weniger fragil ist, zu klären oder sogar zu definieren, mag eine legitime Strategie sein. Die radikalkonstruktivistische Strategie der Dekonstruktion des Wahrheitsbegriffes hat aber demgegenüber den Vorteil, den aufklärerischen und demokratischen Gehalt der Wissenschaften radikaler zu pointierten. Gerade weil es keine objektive Wahrheit gibt, ist die Wissenschaft ein offenes Prozessieren, das sinnvollerweise auf demokratische Prinzipien verwiesen ist. Die Wissenschaft fügt sich auf diese Weise in das Projekt einer liberalen, offenen Gesellschaft ein, deren demokratische Grundlagen nicht durch eine objektive Wahrheit beschränkt wird. Genau aus dem selben Grund macht es aber dennoch Sinn, einen Wahrheitsbegriff beizubehalten, der als kommunikative Verpflichtung zu einer argumentativen Praxis verstanden wird. Eine herrschaftsfreie, demokratische Kommunikation ist keine beliebige Kommunikation, sondern eine, die sich an rationalen Argumenten orientiert, die eine hohe Chance auf intersubjektive Zustimmung haben. Den Anspruch auf Wahrheit zu erheben, zielt genau darauf – unabhängig davon oder gerade aus dem Grund, dass eine objektive Wahrheit nicht zu haben ist.

Es ist also nicht primär das konkrete wissenschaftliche *Wissen,* das den aufklärerischen und emanzipatorischen Gehalt der Wissenschaft manifestiert, sondern das wissenschaftliche *Denken.* Dieses nötigt den Subjekten in der wissenschaftlichen Einstellung eine spezifische Haltung gegenüber der Umwelt ab, die damit beginnt, tradiertes Wissen und tradierte Denkmuster infrage zu stellen. Francis Bacons (1620/1990) Idolenlehre ist hierfür ein ideengeschichtlicher Aufschlag. Die Aufforderung, sich mit Begriffen und Wissensbeständen nicht zufrieden zu geben, ist ein zentrales Motiv der Wissenschaften geworden, und sie deckt sich mit dem politischen Ansinnen der Kritischen Theorie, sich auch mit gesellschaftlichen Verhältnissen nicht zufrieden zu geben, wenn diese als entwürdigend oder belastend erlebt werden. Was die wissenschaftliche Einstellung an die Stelle von Dogmen und Überlieferungen setzt, ist aber nicht ein beliebiges Austauschen von Begriffen, sondern ein theoretisch und methodisch kontrolliertes Entwickeln von Begriffen. Das Subjekt in der wissenschaftlichen Einstellung ist kein Subjekt, das neue Dogmen gegen alte Dogmen austauscht und sich dabei in einem emanzipatorischem Prozess wähnt. Die Crux der wissenschaftlichen Einstellung besteht eben darin, dass sich das wissenschaftliche Subjekt auf Bedingungen einlässt, von denen es sich irritieren lassen muss. Es schiebt Prozesse an, die darauf angelegt sind, sich seiner epistemologischen Hoheit zu entziehen. Der Vorteil dieser Einstellung ist, dass dadurch eine Kommunikation ausdifferenziert werden kann, die eine intersubjektive Anschlussfähigkeit ermöglicht. Der Gegenpol wäre etwa eine ästhetische Einstellung (Beer 2018), in der das Subjekt die Umwelt nicht begrifflich erfassen möchte, sondern die Umwelt als Anreiz für ein Spiel mit der Sinnlichkeit und dem Verstand konstruiert. Weil es dabei weder um eine theoretische noch um eine praktische Absicht geht, ist eine solche Einstellung kommunikativ bestenfalls darstellbar, aber nicht kommunizierbar im Sinne der Herstellung einer intersubjektiven Anschlussfähigkeit. Eine wissenschaftliche Kommunikation soll jedoch genau dies leisten, und sie kann dies nur leisten, wenn das Subjekt temporär die eigene Erkenntnishoheit auf eine Passivität umstellt. Die generelle epistemologische Hoheit und Aktivität des Subjekts wird dadurch nicht ausgehebelt. Es behält diese insofern, als es jederzeit die Einstellung wechseln kann, und als es das Subjekt selbst ist, das eine Passivität prozessiert. Diese Passivität ist im Rahmen der wissenschaftlichen Einstellung auch nicht einfach eine klassisch empiristische Sinnespassivität, sondern das Ausführen von theoretischen und methodischen Handlungsanweisungen, die die Bedingungen der Erkenntnis arrangieren. Erkannt wird nicht irgendetwas, an dem

sich ohnehin keine Informationen ablesen ließen. Erkannt wird, was durch Mess-
apparate gemessen wird, und diese Messungen bzw. die Messergebnisse sind
in der wissenschaftlichen Einstellung die Quelle der Irritationen. Für das radikalkonstruktivistische Wissenschaftsverständnis bleibt dabei die radikale Stellung
des Subjekts erhalten. Die wissenschaftliche Praxis ist ein Akt des Konstruie-
rens nach Maßgabe subjektiver Begriffe und Kategorien. In diesem Sinne ist die
„Wissenschaft des Subjekts" als Genitivus subjectivus zu lesen. Es ist das Subjekt, das die Wissenschaft gestaltet. Dies schließt den Genitivus objektivus als
eine legitime Lesart der „Wissenschaft des Subjekts" nicht aus, wenn es etwa um
die Kognitionswissenschaft geht.

Dass das Subjekt eine wissenschaftliche Einstellung einnehmen sollte, ist aus
Sicht der Kritischen Theorie deswegen zu wünschen, weil mit dieser Einstellung
ein Denken verlangt wird, das unbegründete Herrschaftsansprüche delegitimieren
kann. Dies ist die besondere Leistung der Wissenschaft, dass sie zu kognitiven
Prozessen anregt, die als Ideologie- oder Dogmenkritik ihren Teil dazu leisten,
grundsätzlich jeglichen Anspruch kritisch zu reflektieren. Die moderne Gesellschaft ist nicht primär eine Gesellschaft, die sich dadurch auszeichnet, dass sie
Flugzeuge, Kühlschränke und weltweite Kommunikationsmöglichkeiten zur Verfügung stellt. Die moderne Gesellschaft zeichnet sich vornehmlich dadurch aus,
dass sie einem Denken aufsitzt, das eine Wahrheitskommunikation erwartet, die
eine intersubjektive Anschlussfähigkeit und Transparenz als Telos hat. Ansprüche müssen argumentativ eingelöst werden. Der klassische Empirismus hatte dies
über die allen Subjekten gleichermaßen zur Verfügung stehenden Sinne eingefordert, der subjektive Idealismus Kants durch den allen Subjekten gleichermaßen
zur Verfügung stehenden Verstandesapparat und die kommunikative Theorie von
Jürgen Habermas durch die allen Subjekten gleichermaßen zukommenden Dis-
kursrechte. Die radikalkonstruktivistische Reformulierung der Kritischen Theorie
reiht sich in diese Tradition ein. Die intersubjektive Anschlussfähigkeit beginnt
mit der subjektiven Fähigkeit, sich selbstdeterminierend auf eine Kommunikation einzustellen, die den Bedingungen der Transparenz genüge tun kann: Eine
Kommunikation in Form von Argumenten, die ihre Geltung aus den Methoden
und Theorien beziehen, die die Subjekte zwanglos als wissenschaftlich legitim
anerkennen können. Dabei muss es sich nicht um einen echten Konsens im Sinne
eines gemeinsamen Erlebens handeln muss. Es reicht aus, wenn die beteiligten
Subjekte eine Konsensualität jeweils für sich prozessieren.

Eine Wissenschaft, die als Beitrag zu Aufklärung und Demokratie gelten kann,
setzt selbstverständlich freie Rahmenbedingungen voraus. Dies meint einerseits
die Freiheit von Forschung und Lehre. Dies meint aber auch, die Wissenschaften
von externen Abhängigkeiten zu befreien, die aus einer möglichen Verbindung

mit ökonomischen Interessen entstehen können. Dies meint schließlich, dass
der Zugang zur wissenschaftlichen Kommunikation allen Subjekten gleichermaßen offen stehen muss. Der Zugang darf weder durch institutionelle Schranken
versperrt sein, noch durch ungleichheitsbedingte Herrschaftseffekte. Dass die
„Wissenschaft des Subjekts" tatsächlich in diesem Sinne zu einem Genitivus
subjectivus wird, ist eine politische und gesellschaftliche Aufgabe, die seit jeher
ein Ansinnen der Kritische Theorie war. Sie weiß, dass die Wissenschaft ihre
Aufgabe der Aufklärung und Demokratie nur in einer aufgeklärten und demokratischen Gesellschaft optimal erfüllen kann. Dieses Zusammenspiel zwischen
Wissenschaft und Gesellschaft forciert sie dadurch, dass sie ihre normativen Hintergründe explizit macht und darauf drängt, die Emanzipationshindernisse zu
beseitigen, die eine freie wissenschaftliche Praxis und einen freien Zugang der
Subjekte zu dieser Praxis behindern. Letztlich kommt es aber auf die Subjekte an,
die ihre epistemologische Hoheit ausspielen müssen, oder in den berühmten Worten Kants (1783/1991: 53): „sich seines Verstandes ohne Leitung eines anderen
zu bedienen". Dass dies keine unrealisierbare Aufgabe ist, soll die Rückbindung
des Subjektbegriffes an die konstruktivistische Erkenntnistheorie demonstrieren.
Dass trotz des scharfen Schnitts zwischen dem Subjekt und seiner Umwelt ein
gesellschaftlicher Bezug des Subjekts denkbar ist, sollen die Überlegungen zur
Wissenschaft darlegen. Die Philosophie kann ein reines Subjekt anbieten. Mittels der Differenzlogik weist das Subjekt aber über seine Reinheit hinaus. Die
Soziologie kann dies aufnehmen und deutlich machen, dass das Prozessieren
von Gesellschaft nur dann gelingt, wenn sich das Subjekt auf Fremdreferenzen
einstellt, die es zu einem Prozess der Selbstdetermination veranlassen können.
Die Kritische Theorie kann als interdisziplinäres Projekt die Motivation für ein
solches Einlassen auf Fremdreferenzen und Selbstdetermination beisteuern. Das
Subjekt findet auf diese Weise nicht nur aus der Tautologie der Selbstreferenz
heraus. Das Subjekt prozessiert damit ein Denken, das seine epistemologische
Aktivität und seine politische Freiheit reproduzieren kann, wenn dieses Denken
auf argumentativ begründete Regeln abzielt. Die Wissenschaft zu seinem eigenen
Projekt zu machen, ist keine Bürde für das Subjekt, sondern eine Möglichkeit
seine potenzielle Emanzipationsfähigkeit zur Anwendung zu bringen. Die Gesellschaft so einzurichten, dass diese Möglichkeit allen Subjekten offen steht, sollte
daher im eigenen Interesse der Subjekte liegen.

# Literatur

Adler, Max (1936): Das Rätsel der Gesellschaft, Zur erkenntnis-kritischen Grundlegung der Sozialwissenschaft, Wien: Saturn-Verlag.

Adorno, Theodor W./ Horkheimer, Max (1944/1987): Dialektik der Aufklärung, in: Max Horkheimer: Gesammelte Schriften Bd. 5, Frankfurt: Fischer.

Adorno, Theodor W. (1950/1995): Studien zum autoritären Charakter, Frankfurt: Suhrkamp.

Adorno, Theodor W. (1956/1998): Zur Metakritik der Erkenntnistheorie, in: ders.: Gesammelte Schriften Bd. 5, Darmstadt: Wissenschaftliche Buchgesellschaft.

Adorno, Theodor W. (1962/1998): Zur Logik der Sozialwissenschaften, in: ders.: Gesammelte Schriften Bd.8 (Soziologische Schriften I), Darmstadt: Wissenschaftliche Buchgesellschaft.

Adorno, Theodor W. (1963/1998): Résumé über Kulturindustrie, in: ders.: Gesammelte Schriften Bd. 10.1 (Kulturkritik und Gesellschaft I), Darmstadt: Wissenschaftliche Buchgesellschaft.

Adorno, Theodor W. (1966/1998): Negative Dialektik, in: ders.: Gesammelte Schriften Bd. 6, Darmstadt: Wissenschaftliche Buchgesellschaft.

Adorno, Theodor W. (1967/1998): Einleitung zu Emile Durkheim, „Soziologie und Philosophie", in: ders.: Gesammelte Schriften Bd.8 (Soziologische Schriften I), Darmstadt: Wissenschaftliche Buchgesellschaft.

Adorno, Theodor W. (1968a/1993): Einleitung in die Soziologie, in: ders.: Nachgelassene Schriften Abt. IV Bd. 15, Frankfurt: Suhrkamp.

Adorno, Theodor W. (1968b/1997): Spätkapitalismus oder Industriegesellschaft?, in: ders.: Gesammelte Schriften Bd.8 (Soziologische Schriften I), Darmstadt: WBG.

Adorno, Theodor W. (1969a/1998a): Gesellschaftstheorie und empirische Forschung, in: ders.: Gesammelte Schriften Bd.8 (Soziologische Schriften I), Darmstadt: Wissenschaftliche Buchgesellschaft.

Adorno, Theodor W. (1969b/1998b): Freizeit, in: ders.: Gesammelte Schriften Bd. 10.2 (Kulturkritik und Gesellschaft II), Darmstadt: Wissenschaftliche Buchgesellschaft.

© Der/die Herausgeber bzw. der/die Autor(en), exklusiv lizenziert durch Springer Fachmedien Wiesbaden GmbH, ein Teil von Springer Nature 2022
R. Beer, *Die Wissenschaft des Subjekts*,
https://doi.org/10.1007/978-3-658-37294-1

Adorno, Theodor W. (1998): Zu Subjekt und Objekt, in: ders: Gesammelte Schriften Bd. 10.2 (Kulturkritik und Gesellschaft II), Darmstadt: Wissenschaftliche Buchgesellschaft.

Ahrens, Johannes/Beer,Raphael/Bittlingmayer, Uwe H./ Gerdes, Jürgen (2008): Beschreiben und/oder Bewerten, Bd. 1: Normativität in sozialwissenschaftlichen Forschungsfeldern (Hg.), Münster: Lit-Verlag.

Ahrens, Johannes et al. (2011): Normativität. Über die Hintergründe sozialwissenschaftlicher Theoriebildung (Hg.), Wiesbaden: VS-Verlag.

Aristoteles (1991): Politik (4 Teilbände), in: ders.: Werke Bd. 9 (Hg. von Hellmut Flashar), Darmstadt: Wissenschaftliche Buchgesellschaft.

Bacon, Francis (1620/1990): Neues Organon, Darmstadt: Wissenschaftliche Buchgesellschaft.

Bateson, Gregory (1987): Geist und Natur. Eine notwendige Einheit, Frankfurt: Suhrkamp.

Beck, Ulrich (1986): Risikogesellschaft, Frankfurt: Suhrkamp.

Beer, Raphael (2004): Das Subjekt zwischen Auflösung und Erfindung. Ein ideengeschichtlicher Essay über die gleichzeitige Fragilität und Stabilität des Subjekts, in: Matthias Grundmann/Raphael Beer (Hg.): Subjekttheorien interdisziplinär. Diskussionsbeiträge aus Sozialwissenschaften, Philosophie und Neurowissenschaften, Münster: Lit-Verlag.

Beer, Raphael (2007): Erkenntniskritische Sozialisationstheorie. Kritik der sozialisierten Vernunft, Wiesbaden: VS-Verlag.

Beer, Raphael (2015): Erkenntnis und Gesellschaft. Zur Rekonstruktion des Subjekts in emanzipatorischer Absicht, Wiesbaden: Springer VS.

Beer, Raphael (2018): Die Ästhetik des Subjekts, Wiesbaden: Springer VS.

Beer, Raphael (2020): Die Politik des Subjekts, Wiesbaden: VS Verlag.

Berger, Johannes (1986): Die Versprachlichung des Sakralen und die Entsprachlichung der Ökonomie, in: Axel Honneth (Hg.): Kommunikatives Handeln. Beiträge zu Jürgen Habermas' Theorie des kommunikativen Handelns, Frankfurt: Suhrkamp.

Berlinski, David (2002): Der Apfel der Erkenntnis. Sir Isaac Newton und die Entschlüsselung des Universums, Europäische Verlagsanstalt: Hamburg.

Blasche, Siegfried et al. (1988): Kants transzendentale Deduktion und die Möglichkeit von Transzendentalphilosophie (Hg.), Frankfurt: Suhrkamp.

Bourdieu, Pierre (1979/1994): Die feinen Unterschiede. Kritik der gesellschaftlichen Urteilskraft, 7. Aufl., Frankfurt: Suhrkamp.

Bourdieu, Pierre (1983/1997): Die verborgenen Mechanismen der Macht, Hamburg: VSA-Verlag.

Bourdieu, Pierre (1984/1995): Sozialer Raum und Klassen, in: ders.: Sozialer Raum und Klassen. Leçon sur leçon. 2 Vorlesungen, 3. Aufl., Frankfurt: Suhrkamp.

Bourdieu, Pierre (1988/1992): Homo academicus, Frankfurt: Suhrkamp.

Bourdieu, Pierre (1998): Vom Gebrauch der Wissenschaft. Für eine klinische Soziologie des wissenschaftlichen Feldes, Konstanz: UVK.

Brandom, Robert B. (2001): Begründen und Begreifen. Eine Einführung in den Inferentialismus, Darmstadt: Wissenschaftliche Buchgesellschaft.

Brecht, Bertold (1938–39/1967): Das Leben des Galilei, in: ders.: Gesammelte Werke Bd. 3 (Stücke 3), Frankfurt: Suhrkamp.

Bürgin, Luc (1997): Die Irrtümer der Wissenschaft. Verkannte Genies, Erfinderpech und kapitale Fehlurteile, Erftstadt, area Verlag.

Carnap, Rudolf (1930/2004): Die alte und die neue Logik, in: ders.: Scheinprobleme in der Philosophie und andere metaphysikkritische Schriften, Hamburg: Meiner.

Carnap, Rudolf (1932/2004): Überwindung der Metaphysik durch logische Analyse der Sprache, in: ders: Scheinprobleme in der Philosophie und andere metaphysikkritische Schriften, Hamburg: Meiner.

Carnap, Rudolf (1934/2004): Über den Charakter der philosophischen Probleme, in: ders: Scheinprobleme in der Philosophie und andere metaphysikkritische Schriften, Hamburg: Meiner.

Carnap, Rudolf (1936/1992): Wahrheit und Bewährung, in: Gunnar Skirbekk (Hg.): Wahrheitstheorien, Frankfurt: Suhrkamp.

Cassirer, Ernst (1910/2000): Substanzbegriff und Funktionsbegriff. Untersuchungen über die Grundfragen der Erkenntniskritik, in: ders.: Gesammelte Werke Bd. 6, Darmstadt: Wissenschaftliche Buchgesellschaft.

Chalmers, Alan F. (2007): Wege der Wissenschaft. Einführung in die Wissenschaftstheorie, 6. Aufl., Berlin/Heidelberg: Springer.

Comte, Auguste (1844/1994): Rede über den Geist des Positivismus, Hamburg: Meiner.

Davidson, Donald (1992/2004): Die zweite Person, in: ders.: Subjektiv, intersubjektiv, objektiv, Frankfurt: Suhrkamp

Descartes, René (1628/1993): Regulae ad directionem ingenii, Hamburg: Meiner.

Descartes, René (1637/1990): Discours de la méthode, Hamburg: Meiner.

Descartes, René (1641/1994): Meditationen über die Grundlagen der Philosophie (mit den sämtlichen Einwänden und Erwiderungen), Hamburg: Meiner.

Dewey, John (1925/2007): Erfahrung und Natur, Frankfurt: Suhrkamp.

Dewey, John (1929/2013): Die Suche nach Gewissheit, Frankfurt: Suhrkamp.

Dewey, John (1938/2002) Logik. Die Theorie der Forschung, Frankfurt: Suhrkamp.

Duhem, Pierre (1906/1998): Ziel und Struktur der physikalischen Theorien, Hamburg: Meiner.

Durkheim, Emile (1893/1992): Über soziale Arbeitsteilung. Studie über die Organisation höherer Gesellschaften, Frankfurt: Suhrkamp.

Durkheim, Emile (1895/1991): Die Regeln der soziologischen Methode, Frankfurt: Suhrkamp.

Durkheim, Emile (1898/1976): Individuelle und kollektive Vorstellungen, in: ders.: Soziologie und Philosophie, Frankfurt: Suhrkamp.

Engels, Friedrich (1845/1957): Die Lage der arbeitenden Klasse, in: Marx-Engels-Werke Bd. 2, Berlin: Dietz-Verlag.

Engels, Friedrich (1882/1987): Die Entwicklung des Sozialismus von der Utopie zur Wissenschaft, in: Marx-Engels-Werke Bd. 19, Berlin.

Feyerabend, Paul (1975/1999): Wider den Methodenzwang, Frankfurt: Suhrkamp.

Feyerabend, Paul (1980): Erkenntnis für freie Menschen, Frankfurt: Suhrkamp.

Feyerabend, Paul (1995): Zeitverschwendung, 3. Aufl., Frankfurt: Surhkamp.

Fichte, Johann Gottlieb (1794/1971): Grundlage der gesamten Wissenschaftslehre, in: Fichtes Werke Bd. 1 (Zur theoretischen Philosophie I) (Hg. von Immanuel Hermann Fichte), Berlin: Walter de Gruyter & Co.

Fichte, Johann Gottlieb (1797/1971): Erste Einleitung in die Wissenschaftslehre, in: Fichtes Werke Bd. 1 (Zur theoretischen Philosophie I) (Hg. von Immanuel Hermann Fichte), Berlin: Walter de Gruyter & Co.

Fichte, Johann Gottlieb (1800/1971): Die Bestimmung des Menschen, in: Fichtes Werke Bd. 2 (Zur theoretischen Philosophie II) (Hrsg. von Immanuel Hermann Fichte), Berlin: Walter de Gruyter & Co.

Foerster, Heinz (1993): Über das Konstruieren von Wirklichkeiten, in: ders.: Wissen und Gewissen, Frankfurt: Suhrkamp.

v. Foerster, Heinz (2000): Entdecken oder erfinden. Wie lässt sich Verstehen verstehen?, in: Heinz Gumin/Heinrich Meier (Hg.): Einführung in den Konstruktivismus, München: Piper.

Friedell, Egon (1927–31/2009): Kulturgeschichte der Neuzeit, Zürich: Diogenes.

Frank, Manfred (2001): Selbstbewusstsein und Selbsterkenntnis, in: Lutz Wingert/Klaus Günther (Hrsg.): Die Öffentlichkeit der Vernunft und die Vernunft der Öffentlichkeit. Festschrift für Jürgen Habermas, Frankfurt: Suhrkamp.

Fritzsch, Harald (1996): Eine Formel verändert die Welt. Newton, Einstein und die Relativitätstheorie, 3. Aufl., München: Piper.

Geier, Manfred (2004): Der Wiener Kreis, 4. Aufl., Hamburg: Rowohlt.

v. Glasersfeld, Ernst (1997): Radikaler Konstruktivismus. Ideen, Ergebnisse, Probleme, Frankfurt: Suhrkamp.

v. Glasersfeld, Ernst (2000a): Konstruktion der Wirklichkeit und des Begriffs der Objektivität, in: Heinz Gumin/Heinrich Meier (Hg.): Einführung in den Konstruktivismus, München: Piper.

v. Glasersfeld, Ernst (2000b): Einführung in den radikalen Konstruktivismus, in: Paul Watzlawick (Hg.): Die erfundene Wirklichkeit, München: Piper.

Habermas, Jürgen (1972/1984): Wahrheitstheorien, in: ders.: Vorstudien und Ergänzungen zur Theorie des kommunikativen Handelns, Frankfurt: Suhrkamp.

Habermas, Jürgen (1981): Theorie des kommunikativen Handelns (2 Bd.), Frankfurt: Suhrkamp.

Habermas, Jürgen (1983): Moralbewusstsein und kommunikatives Handeln, Frankfurt: Suhrkamp.

Habermas, Jürgen (1991): Erläuterungen zur Diskursethik, Frankfurt: Suhrkamp.

Habermas, Jürgen (1994): Faktizität und Geltung. Beiträge zur Diskurstheorie des Rechts und des demokratischen Rechtsstaates, Erw. Ausg., 4. Aufl., Frankfurt: Suhrkamp.

Helvétius, Claude-Adrien (1758/1973): Vom Geist, Berlin/Weimar: Aufbau-Verlag.

Helvétius, Claude-Adrien (1795/1976): Vom Menschen, von seinen geistigen Fähigkeiten und von seiner Erziehung, Berlin/Weimar: Aufbau-Verlag.

Horn, Christoph (2014): Nichtideale Normativität. Ein neuer Blick auf Kants politische Philosophie, Frankfurt: Suhrkamp.

Horkheimer, Max (1937a/1988a): Traditionelle und kritische Theorie, in: ders.: Gesammelte Schriften Bd. 4, Frankfurt: Fischer.

Horkheimer, Max (1937b/1988b): Nachtrag, in: ders.: Gesammelte Schriften Bd. 4, Frankfurt: Fischer.

Hume, David (1739a/1989): Ein Traktat über die menschliche Natur. Buch I (Über den Verstand), 2. Aufl., Hamburg: Meiner.

Hume, David (1739b/1978): Ein Traktat über die menschliche Natur. Buch III (Über Moral), Hamburg: Meiner.

Hume, David (1740/1980): Abriß eines neuen Buches: Ein Traktat über die menschliche Natur, Hamburg: Meiner.

Hume, David (1748/1993): Eine Untersuchung über den menschlichen Verstand, Hamburg: Meiner.

Janich, Peter (1992): Grenzen der Naturwissenschaft, München: Beck.

Janich, Peter (1996a): Dialog und Naturwissenschaft, in: ders.: Konstruktivismus und Naturerkenntnis. Auf dem Weg zum Kulturalismus, Frankfurt: Suhrkamp.

Janich, Peter (1996b): Was ist Wahrheit? Eine philosophische Einführung, München: Beck.

Janich, Peter (1996c): Die methodische Ordnung von Konstruktionen. Der Radikale Konstruktivismus aus der Sicht des Erlanger Konstruktivismus, in: ders.: Konstruktivismus und Naturerkenntnis. Auf dem Weg zum Kulturalismus, Frankfurt: Suhrkamp.

Janich, Peter (1997a): Kleine Philosophie der Naturwissenschaften, München: Beck.

Janich, Peter (1997b): Das Maß der Dinge. Protophysik von Raum, Zeit und Materie, Frankfurt: Suhrkamp.

Janich, Peter (2000): Was ist Erkenntnis? Eine philosophische Einführung, München: Beck.

Kant, Immanuel (1770/1993): De mundi sensibilis atque intelligibilis forma et principiis (Von der Form der Sinnen- und Verstandeswelt und ihren Gründen), in: ders.: Werkausgabe Bd. 5 (Hg. von Wilhelm Weischedel), Frankfurt: Suhrkamp.

Kant, Immanuel (1781[7]/1992): Kritik der reinen Vernunft (2 Bd.), in: ders.: Werkausgabe Bd.3/4 (Hg. von Wilhelm Weischedel), Frankfurt: Suhrkamp.

Kant, Immanuel (1783a/1993): Prolegomena zu einer jeden künftigen Metaphysik, die als Wissenschaft wird auftreten können, in: ders.: Werkausgabe Bd. 5 (Hg. von Wilhelm Weischedel), Frankfurt: Suhrkamp.

Kant, Immanuel (1783b/1991): Beantwortung der Frage: Was ist Aufklärung?, in: ders.: Werkausgabe Bd. 11 (Hg. von Wilhelm Weischedel), Frankfurt: Suhrkamp.

Kracauer, Siegfried (1922/2006): Soziologie als Wissenschaft, in: ders.: Werke Bd. 1 (Hg. von Inka Mülder-Bach/Ingrid Belke), Frankfurt: Suhrkamp.

Kuhn, Thomas S. (1962/1976): Die Struktur wissenschaftlicher Revolutionen, Frankfurt: Suhrkamp.

Kurt, Ronald (1995): Subjektivität und Intersubjektivität. Kritik der konstruktivistischen Vernunft, Frankfurt/New York: Campus.

La Mettrie, Julien Offray de (1748/2009): Die Maschine Mensch, Hamburg: Meiner.

Lauth, Bernhard/Sareiter, Jamel (2005): Wissenschaftliche Erkenntnis. Eine ideengeschichtliche Einführung in die Wissenschaftstheorie, Paderborn: Mentis.

Lakatos, Imre (1971/1982): Popper zum Abgrenzungs- und Induktionsproblem, in: Imre Lakatos/John Worrall/Gregory Currie (Hg.): Philosophische Schriften. Die Methodologie der wissenschaftlichen Forschungsprogramme, Wiesbaden: Springer Fachmedien.

Lakatos, Imre (1973/1982): Falsifikation und die Methodologie wissenschaftlicher Forschungsprogramme, in: Imre Lakatos/John Worrall/Gregory Currie (Hg.): Philosophische Schriften. Die Methodologie der wissenschaftlichen Forschungsprogramme, Wiesbaden: Springer Fachmedien.

Locke, John (1690a/1988): Versuch über den menschlichen Verstand (2 Bd.), Hamburg: Meiner.

Locke, John (1690b/1992): Zwei Abhandlungen über die Regierung, Frankfurt: Suhrkamp.

Lohoff, Ernst/Trenkle, Norbert (2013): Die große Entwertung. Warum Spekulation und Staatsverschuldung nicht die Ursache der Krise sind, 2. Aufl., Münster: UNRAST-Verlag.

Luhmann, Niklas (1988/1995): Wie ist Bewusstsein an Kommunikation beteiligt?, in: Sozio-
logische Aufklärung Bd.6. Die Soziologie und der Mensch, Opladen: Westdeutscher
Verlag.
Luhmann, Niklas (1994): Die Wissenschaft der Gesellschaft, 2. Aufl., Frankfurt: Suhrkamp.
Luhmann, Niklas (1998): Die Gesellschaft der Gesellschaft (2 Bd.), Frankfurt: Suhrkamp.
Luhmann, Niklas (2002): Einführung in die Systemtheorie (Hg. Von Dirk Baecker), Heidel-
berg: Carl-Auer Verlag.
Luhmann, Niklas (2005): Einführung in die Theorie der Gesellschaft (Hg. Von Dirk Bae-
cker), Heidelberg: Carl-Auer Verlag.
Marx, Karl (1844/1956): Zur Kritik der Hegelschen Rechtsphilosophie. Einleitung, in: Marx-
Engels-Werke Bd.1, Berlin: Dietz-Verlag.
Marx, Karl (1845/1990): Thesen über Feuerbach, in: Marx-Engels-Werke Bd.3, Berlin:
Dietz-Verlag.
Marx, Karl (1867/1988): Das Kapital Bd. 1, in: Marx-Engels-Werke Bd. 23, Berlin: Dietz-
Verlag.
Marx, Karl (1894/1970): Das Kapital Bd. 3, in: Marx-Engels-Werke Bd. 25, Berlin: Dietz-
Verlag.
Marx, Karl/Engels, Friedrich (1845–46/1990): Die deutsche Ideologie, in: Marx-Engels-
Werke Bd.3, Berlin: Dietz-Verlag.
Marx, Karl/Engels, Friedrich (1848/1959): Manifest der kommunistischen Partei, in: Marx-
Engels-Werke Bd. 4, Berlin: Dietz-Verlag.
McDowell (1996/2001): Geist und Welt, Frankfurt: Suhrkamp.
Menger, Karl (1934/1997): Moral, Ethik und Weltgestaltung (Hg. von Uwe Czaniera), Frank-
furt: Suhrkamp.
Neckel, Sighard (1991): Status und Scham, Frankfurt/New York: Campus.
Neurath, Otto (1936/1979): Empirische Soziologie, in: ders.: Wissenschaftliche Weltauffas-
sung, Sozialismus und Logischer Empirismus, Frankfurt: Suhrkamp.
Newton, Sir Isaac (1687/2013): Mathematische Grundlagen der Naturphilosophie, Sankt
augustin, Academia.
Parsons, Talcott (1972/1985): Das System moderner Gesellschaften, Weinheim/München:
Juventa.
Piaget, Jean (1970a/1980): Abriß der genetischen Epistemologie, Olten/Freiburg: Walter
Verlag.
Piaget, Jean (1970b/2003): Meine Theorie der geistigen Entwicklung, Weinheim/Basel:
Beltz.
Piaget, Jean (1976): Die Äquilibration der kognitiven Strukturen, Stuttgart: Klett-Verlag.
Popper, Karl (1934/2005): Logik der Forschung, in: ders.: Gesammelte Werke Bd. 3 (Logik
der Forschung) (Hg. von Herbert Keuth), Tübingen: Mohr Siebeck.
Popper, Karl (1945a/2003a): Die offene Gesellschaft und ihre Feinde I, in: ders.: Gesammelte
Werke Bd. 6 (hg. von Hubert Kiesewetter), Tübingen: Mohr Siebeck.
Popper, Karl (1945b/2003b): Die offene Gesellschaft und ihre Feinde II, in: ders.: Gesam-
melte Werke Bd. 6 (hg. von Hubert Kiesewetter), Tübingen: Mohr Siebeck.
Popper, Karl (1957/2009): Wissenschaft: Vermutungen und Widerlegungen, in: ders.:
Gesammelte Werke Bd. 10 (Vermutungen und Widerlegungen) (Hg. von Herbert Keuth),
Tübingen: Mohr Siebeck.

Popper, Karl (1958/2009): Über die Stellung der Erfahrungswissenschaft und der Metaphysik, in: ders.: Gesammelte Werke Bd. 10 (Vermutungen und Widerlegungen) (Hg. von Herbert Keuth), Tübingen: Mohr Siebeck.

Popper, Karl (1960/2009): Von den Quellen unseres Wissen und unserer Unwissenheit, in: ders.: Gesammelte Werke Bd. 10 (Vermutungen und Widerlegungen) (Hg. von Herbert Keuth), Tübingen: Mohr Siebeck.

Popper, Karl (1963a/2009a): Die Abgrenzung zwischen Wissenschaft und Metaphysik, in: ders.: Gesammelte Werke Bd. 10 (Vermutungen und Widerlegungen) (Hg. von Herbert Keuth), Tübingen: Mohr Siebeck.

Popper, Karl (1963b/2009b): Wahrheit, Rationalität und das Wachstum der Erkenntnis, in: Gesammelte Werke Bd. 10 (Vermutungen und Widerlegungen) (Hg. von Herbert Keuth), Tübingen: Mohr Siebeck.

Quine, Willard Van Orman (1951/2011): Zwei Dogmen des Empirismus, in: ders.: Von einem logischen Standpunkt aus, Reclam jun.: Stuttgart.

Richards, John/v. Glasersfeld, Ernst (2000): Die Kontrolle von Wahrnehmung und die Konstruktion von Realität, in: Siegfried J. Schmidt (Hg.): Der Diskurs des radikalen Konstruktivismus, Frankfurt: Suhrkamp.

Ricken, Friedo (1994): Antike Skeptiker, München: Beck.

Röthlein, Brigitte (2002): Schrödingers Katze, Einführung in die Quantenphysik, 4. Aufl., München: dtv.

Römpp, Georg (2010): Ludwig Wittgenstein, Köln, Weimar, Wien; Böhlau Verlag.

Römpp, Georg (2018): Philosophie der Wissenschaft, Köln: Böhlau Verlag.

Rooney, Anne (2016): Geschichte der Physik, Fränkisch-Crumbach: Tosa.

Rossi, Pietro (1987): Vom Historismus zur historischen Sozialwissenschaft, Frankfurt: Suhrkamp.

Roth, Gerhard (1997): Das Gehirn und seine Wirklichkeit, Frankfurt: Suhrkamp.

Rusch, Gebhard (1987): Erkenntnis, Wissenschaft, Geschichte. Von einem konstruktivistischen Standpunkt, Frankfurt: Suhrkamp.

Schäfer, Rainer (2006): Johann Gottlieb Fichtes >Grundlage der gesamten Wissenschaftslehre< von 1794, Darmstadt: Wissenschaftliche Buchgesellschaft.

Sartre, Jean-Paul (1946/2007): Der Existenzialismus ist ein Humanismus, in ders.: Der Existenzialismus ist ein Humanismus und andere philosophische Essays 1943–1948, Hamburg: Rowohlt.

Schlick, Moritz (1910–11/2017): Das Wesen der Wahrheit nach der modernen Logik, in: ders.: Philosophische Logik (hg. von Bernd Philippi), Frankfurt: Suhrkamp.

Schlick, Moritz (1925/1979): Allgemeine Erkenntnislehre, Frankfurt: Suhrkamp.

Schlick, Moritz (1930/2002): Fragen der Ethik, Frankfurt: Suhrkamp.

Schnädelbach, Herbert (2000): Descartes und das Projekt der Aufklärung, in: Niebel, Friedrich/Horn, Angelica/ders. (Hg): Descartes im Diskurs der Neuzeit, Frankfurt: Suhrkamp.

Schulze, Gerhard (1997): Die Erlebnisgesellschaft. Kultursoziologie der Gegenwart, 7. Aufl., Frankfurt/New York: Campus.

Seck, Carsten (2008): Theorien und Tatsachen. Eine Untersuchung der wissenschaftstheoriegeschichtlichen Charakteristik der theoretischen Philosophie des frühen Moritz Schlick, Paderborn: Mentis.

Singer, Wolf (2002): Der Beobachter im Gehirn. Essays zur Hirnforschung, Frankfurt: Suhrkamp.

Spencer-Brown, George (1969/1999): Gesetze der Form, 2. Aufl., Lübeck: Bohmeier Verlag.

Suhr, Martin (2005): John Dewey zur Einführung, Hamburg: Junius.

Thiel, Udo (Hg.): Klassiker Auslegen – John Locke: Über den menschlichen Verstand, Berlin: Akademie Verlag.

Vaihinger, Hans (1911/2007): Die Philosophie des Als Ob, VDM Verlag: Saarbrücken.

Vester, Michael et al. (2001): Soziale Milieus im gesellschaftlichen Wandel. Zwischen Integration und Ausgrenzung, Frankfurt: Suhrkamp.

Weber, Max (1904/1988): Die Objektivität sozialwissenschaftlicher und sozialpolitischer Erkenntnis, in: ders.: Gesammelte Schriften zur Wissenschaftslehre, 7. Aufl., Tübingen: UTB.

Weber, Max (1906/1988): Objektive Möglichkeit und adäquate Verursachung in der historischen Kausalbetrachtung, in: ders.: Gesammelte Schriften zur Wissenschaftslehre, 7. Aufl., Tübingen: UTB.

Weber, Max (1918/1988): Der Sinn der >Wertfreiheit< der soziologischen und ökonomischen Wissenschaften, in: ders.: Gesammelte Aufsätze zur Wissenschaftslehre, 7. Aufl., Tübingen: UTB.

Weber, Max (1921/1980): Wirtschaft und Gesellschaft, Tübingen: Mohr.

Wellmer, Albrecht (1969): Der heimliche Positivismus der Marxschen Geschichtsphilosophie, in: ders.: Kritische Gesellschaftstheorie und Positivismus, Frankfurt: Suhrkamp.

Wiltsche, Harald A. (2013): Einführung in die Wissenschaftstheorie, Göttingen: Vandenhoeck&Ruprecht.

Wittgenstein, Ludwig (1921/1969): Tractatus logico-philosophicus, in: ders.: Schriften Bd. 1, Frankfurt: Suhrkamp.

Printed in the United States
by Baker & Taylor Publisher Services